IFRS/IAS – US GAAP – HGB
Rechnungslegung im Vergleich

Handbuch

von

Mag. Beate Butollo
Mag. Mirjam Schmidt-Karall
Mag. Gerhard Prachner

und der Mitarbeit von

Mag. Bettina Maria Szaurer

2. Auflage

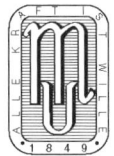

Wien 2006
Manzsche Verlags- und Universitätsbuchhandlung

Zitiervorschlag: *Butollo/Schmidt-Karall/Prachner,* IFRS/IAS – US GAAP – HGB² (2006)
[Seite]

ISBN-10: 3-214-12681-4
ISBN-13: 978-3-214-12681-0

© 2006 MANZ'sche Verlags- und Universitätsbuchhandlung GmbH, Wien
Telefon: (01) 531 61-0
E-Mail: verlag@MANZ.at
World Wide Web: www.MANZ.at
Satz: Zehetner Ges. m. b. H., A-2105 Oberrohrbach

Vorwort

Der Erfolg der ersten Auflage hat uns bewogen, diese auf den letzten Stand zu bringen. Aus gegebenem Anlass musste das Autorenteam geändert werden.

In die zweite Auflage wurden die Änderungen seit Juni 2002 im Bereich von HGB, IFRS/IAS und US GAAP eingearbeitet. In allen drei Bereichen war eine rasante Entwicklung zu beobachten.

Besonders bedanken möchten wir uns bei Frau Mag. Bettina Szaurer, die wesentliche Teile im internationalen Teil überarbeitet hat und vor allem bei der Endredaktion maßgeblich beteiligt war. Bei Herrn Mag. Gerhard Margetich bedanken wir uns wieder für die Überarbeitung der IFRS und US GAAP Teile bezüglich derivativer Finanzinstrumente.

Teile aus dem Vorwort zur ersten Auflage:

Das vorliegende Buch soll dem Leser ermöglichen, ein allgemeines und doch umfassendes Verständnis über die Gemeinsamkeiten und Unterschiede der beschriebenen Rechnungslegungssysteme zu erlangen. Naturgemäß kann eine derartige Darstellung nicht sämtliche Details der Unterschiede, die zwischen den einzelnen Systemen bestehen, in voller Tiefe abdecken. Mit der vorliegenden Gegenüberstellung soll jedoch einerseits dem Anwender eine Hilfestellung für die Umstellung des Finanz- und Rechnungswesens auf internationale bzw. US-Vorschriften geboten werden, andererseits soll es als Nachschlagewerk dienen.

Durch die Darstellung der Gemeinsamkeiten und Unterschiede vor allem im Bereich der Bewertungskonzepte kann es auch als Einstiegswerk herangezogen werden. Unterstützend wurden für den internationalen Bereich Veröffentlichungen und internes Material von PricewaterhouseCoopers, insbesondere die Broschüre „International Accounting Standards – Similarities and Differences", herangezogen. Die einzelnen Themenkreise werden anhand der einzelnen Bilanzposten bzw Posten der Gewinn- und Verlustrechnung im Detail erläutert.

Wien, am 30. April 2006

Beate Butollo   *Mirjam Schmidt-Karal*   *Gerhard Prachner*

Inhaltsverzeichnis

I. Rechnungslegungsrahmen

II. Allgemeine Anforderungen

III. Bestandteile des Jahresabschlusses

V. Erträge

VI. Aufwendungen

VII. Vermögenswerte

VIII. Schulden

Abkürzungsverzeichnis

BC	Basis for Conclusion
bspw	beispielsweise
bzw	beziehungsweise
CON	FASB Concepts
dh	das heißt
ED	Exposure Draft
EITF	Emerging Issues Task Froce Issues
FAS	FASB Statements
FASB	Financial Accounting Standards Board
FIN	FASB Interpretations
ggf	gegebenenfalls
HGB	Handelsgesetzbuch
IAS	International Accounting Standards
IASB	International Accounting Standard Board
idR	in der Regel
IFRS	International Financial Reporting Standards
IG	Guidance on Implementing
IN	Introduction
iSd	im Sinne des/der
iVm	in Verbindung mit
IWP	Institut Österreichischer Wirtschaftsprüfer
ReLÄG	RechnungsLegungsÄnderungsGesetz
SAB	Staff Accounting Bulletin
SIC	Standard Interpretation Committee
SOP	Statement of Position
ua	unter anderem
va	vor allem
zB	zum Beispiel

Literaturhinweise

Weiterführende Literatur

PricewaterhouseCoopers

PwC Acquisitions: Accounting and transparency under IFRS 3 (2004)

PwC Adopting IFRS – IFRS 1 First-time Adoption of International Financial Reporting Standards (2004)

PwC Applying IFRS – interactive electronic publication, guidance on the application of IFRS

PwC Building the European Capital Market – A review of developments (2006)

PwC Comperio – online library of financial reporting and assurance literature

PwC Counting the cost of share plans (2005)

PwC Crunch Time: Embedding IFRS in the Oil & Gas and Utilities Industries (2003)

PwC Europe and International Financial Reporting Standards 2005: Your Questions Answered (2005)

PwC Financial instruments under IFRS: Revised IAS 32 and IAS 39 (2004)

PwC Financial Reporting in Hyperinflationary Economies – Understanding IAS 29 (2002)

PwC IAS 39 – achieving hedge accounting in practice (2005)

PwC IAS for banks: Application of IAS in practice (2002)

PwC IFRS – A Pocket Guide (2004)

PwC IFRS – Disclosure Checklist (2005)

PwC IFRS – Measurement Checklist (2005)

PwC IFRS – Illustrative Consolidated Corporate Financial Statements 2005 (2005)

PwC IFRS – Illustrative Consolidated Financial Statements 2004 – Banks (2004)

PwC IFRS – Illustrative Consolidated Financial Statements 2004 – Insurance (2004)

PwC IFRS – Illustrative Consolidated Financial Statements 2004 – Investment Property (2004)

PwC IFRS – Illustrative Financial Statements 2004 – Investment Funds (2004)

PwC IFRS – Illustrative Interim Consolidated Financial Statements 2005 – for first-time adopters of IFRS (2005)

PwC IFRS – Impact of improvements, amendments and new standards (2005)

PwC IFRS – Impact of improvements, amendments and new standards for continuing users of IFRS (2005)

PwC IFRS Aktuell – monatlicher Newsletter von PwC Österreich

PwC IFRS for SMEs (2005)

PwC IFRS News – monthly newsletter

PwC Making the Change to IFRS (2002)

PwC Manual of Accounting – IFRS for the UK (2006)

PwC P2P – e-learning solution for IFRS (2005)

PwC Ready for take-off? IFRS Survey (2004)

PwC Ready to take the plunge? IFRS Survey (2004)

PwC Share-based Payment – A practical guide to IFRS 2 (2004)

PwC Similarities & Differences – Comparison of IFRS and US GAAP (2004)

PwC Similarities & Differences – Comparison of IFRS, US GAAP and German GAAP (2004)

PwC World Watch (newsletter) – Governance and Corporate Reporting

PwC Bilanzierung von Finanzinstrumenten nach IAS 32 und IAS 39 (2005)

PwC Checkliste zur Bewertung von Bilanzposten (2006)

PwC Checkliste zu den Angabepflichten 2005 (2005)

PwC Die Vorschriften zum Hedge Accounting nach IAS 39 (2004)

PwC Gemeinsamkeiten und Unterschiede: IFRS, US GAAP und deutsches Recht im Vergleich (2005)
PwC IFRS 1 – Erstmalige Anwendung der IFRS (2005)
PwC IFRS für Banken (2005)
PwC IFRS für Investmentfonds (2003)
PwC IFRS-Konzernabschluss 2004 am Beispiel eines Musterkonzerns (2005)
PwC Deutsche Revision, Internationale Rechnungslegung[6] (2003)

Sonstige Literatur

Adler/Düring/Schmaltz, Rechnungslegung und Prüfung der Unternehmen[6] (2001)
Adler/Düring/Schmaltz, Rechnungslegung nach internationalen Standards (2005)
AICPA, AICPA Professional Standards (2005)
Beckscher Bilanz-Kommentar Handels- und Steuerrecht[6] – §§ 238 bis 339 HGB (2006)
Bertl/Deutsch/Hirschler, Buchhaltungs- und Bilanzierungshandbuch[4] (2004)
Egger/Samer/Bertl, Der Jahresabschluss nach dem HGB, Band 1[9] Einzelabschluss (2005)
Egger/Samer/Bertl, Der Jahresabschluss nach dem HGB, Band 2[5] Konzernabschluss (2004)
Exposure Draft – Amendment to IAS 19 Employee benefits
Exposure Draft – Amendment to IAS 37
Exposure Draft – Proposed Amendments to IAS 27 "Consolidated and Separate Financial Statements"
Exposure Draft – Proposed Amendments to IFRS 3 Business Combinations
FASB, Current Text, 2005 Edition (2005)
FASB, EITF Abstracts: A Summary of Proceedings of the FASB Emerging Issues Task Force (2005)
FASB, Original Pronouncements (2005)
FASB, The IASC-U.S. Comparison Project: A Report on the Similarities and Differences between IASC Standards and U.S. GAAP, 2nd Edition (1999)
IASB, International Accounting Standards 2005 (2005)
Jabornegg (Hrsg), HGB Kommentar (1999)
Kieso/Weygandt/Warfield, Intermediate Accounting, 10th Edition (2001)
Küting/Weber, Handbuch der Rechnungslegung, Band Ia[5] (2005)
Straube, Kommentar zum Handelsgesetzbuch, 2. Band[2] Rechnungslegung (2000)
Wagenhofer, Internationale Rechnungslegungsstandards[5] (2005)

Nützliche Internet-Adressen

http://www.aicpa.org	American Institute of Certified Public Accountants (AICPA)
http://www.afrac.at	Austrian Financial Reporting and Auditing Committee
http://www.aicpa.org	American Institute of Certified Public Accountants (AICPA)
http://europa.eu.int/comm/internal_market/accounting/index_de.htm	
	Europäische Kommission, Rechnungslegung
http://www.fasb.org	Financial Accounting Standards Board (FASB)
http://www.fee.be	Fédération des Experts Comptables Européens (FEE)
http://www.iasb.org	International Accounting Standards Board (IASB)
http://ifac.org	International Federation of Accountants (IFAC)
http://www.iosco.org	International Organization of Securities Commissions (IOSCO)
http://www.pwc.com/at/ger/main/home/index.html	
	PricewaterhouseCoopers Österreich
http://www.pwc.com/ifrs	PricewaterhouseCoopers, IFRS
http://www.sec.gov	Securities Exchange Commission (SEC)

I. Rechnungslegungsrahmen

IFRS und US GAAP basieren auf Rahmenkonzepten („Framework", in weiterer Folge „F"). Diese stellen die Grundlage für die Entwicklung von Rechnungslegungs-Standards dar, und dienen gleichzeitig als Auffangbecken für Sachverhalte, die nicht durch Standards abgedeckt sind.

Das **HGB** beinhaltet zwar kein einheitliches „gesatztes" Rahmenkonzept im Sinne der internationalen Vorschriften, die Grundsätze ordnungsmäßiger Buchführung und Bilanzierung (GoB) übernehmen hingegen eine ähnliche Funktion. Die GoB haben sich aus gesetzlichen Vorschriften, Rechtsprechung, Gewohnheitsrecht und Aussagen der Berufsorganisationen (Kammer, IWP) entwickelt. Die GoB sind den spezifischen handelsrechtlichen Regelungen untergeordnet.

Die einzelnen Grundsätze in der internationalen und nationalen – österreichischen – Rechnungslegung sind unterschiedlich ausgeprägt und gewichtet. Die Zielrichtungen und die Funktionen der Rechnungslegung unterscheiden sich zum Teil wesentlich.

1. Zielrichtung

IFRS   IFRS-Abschlüsse dienen vorwiegend Informationszwecken und sind primär an bestehende und potenzielle Investoren gerichtet.

Weitere Abschlussadressaten entsprechend dem Rahmenkonzept sind Kreditgeber, Lieferanten und andere Gläubiger, Kunden, Arbeitnehmer, Regierungen und ihre Institutionen sowie die Öffentlichkeit (F.9). Die genannten Adressatengruppen haben teils übereinstimmende, teils voneinander abweichende Informationsbedürfnisse. Da Investoren dem Unternehmen Risikokapital zur Verfügung stellen, wird im IFRS-Rahmenkonzept fingiert, dass die Angaben aus den Abschlüssen, die ihrem Informationsbedarf entsprechen, auch jenen der meisten anderen Adressaten entsprechen (F.10).

Daher kommt auch dem Konzernabschluss eine erhöhte Bedeutung zu.

US GAAP   Vergleichbar mit IFRS (CON 1.34 ff).

HGB   Der österreichische Einzelabschluss dient neben Informationszwecken auch dem Gläubigerschutz und wird als Grundlage für die Bemessung von Gewinnausschüttung und Steuern herangezogen. Im Verhältnis zwischen Handels- und Steuerbilanz gilt der Grundsatz der Maßgeblichkeit der Handels- für die Steuerbilanz (Ausnahmen bestehen im Bereich der umgekehrten Maßgeblichkeit).

Das Vorsichtsprinzip ist nach Handelsrecht besonders stark ausgeprägt, der Gläubigerschutz steht im Vordergrund.

Der Konzernabschluss hingegen dient überwiegend Informationszwecken.

2. Qualitative Anforderungen an Finanzinformationen

IFRS   Das IFRS-Rahmenkonzept fordert, dass Finanzinformationen folgende qualitative Grundanforderungen erfüllen müssen: Verständlichkeit (F.25), Relevanz (F.26 ff), Verlässlichkeit (F.31 ff) und Vergleichbarkeit (F.39 ff).

US GAAP   Eine Reihe von Standards definiert den IFRS vergleichbare Charakteristika, wobei der Stetigkeitsgrundsatz (CON 2.120 ff) stärker im Vordergrund steht (CON 1.16, CON 1.28).

HGB   Der Jahresabschluss hat den Grundsätzen ordnungsmäßiger Buchführung und Bilanzierung zu entsprechen und ein möglichst getreues Bild der Vermögens-, Finanz- und Ertragslage des Unternehmens zu vermitteln (§§ 195, 222 Abs 2 HGB). Die Grundsätze ordnungsmäßiger Bilanzierung (GoB) beruhen einerseits auf handelsrechtlichen Bestimmungen, andererseits auf Gewohnheitsrecht gewordenen, übereinstimmenden Aussagen von Praxis und Lehre und beinhalten im Wesentlichen folgende Prinzipien: Bilanzwahrheit, -klarheit, -vollständigkeit, -kontinuität, Going concern und das Vorsichtsprinzip in allen seinen Ausprägungen.

3. Berichtselemente

IFRS   Das IFRS-Rahmenkonzept kennt fünf Berichtselemente: Vermögenswerte, Schulden, Eigenkapital, Erträge einschließlich Gewinne sowie Aufwendungen einschließlich Verluste (F.49 ff).

Vermögenswerte sind in der Verfügungsmacht des Unternehmens stehende Ressourcen, Schulden stellen gegenwärtige Verpflichtungen dar, die jeweils aus Ereignissen in der Vergangenheit resultieren. Vermögenswerte und Schulden werden in der Bilanz immer dann angesetzt, wenn es als wahrscheinlich („probable") gilt, dass dem Unternehmen entweder ein wirtschaftlicher Nutzen zu- (Vermögenswerte) oder ein solcher aus diesen abfließt (Schulden). Dieser wirtschaftliche Nutzen muss verlässlich ermittelbar sein.

Eigenkapital wird als rein rechnerische Residualgröße definiert, die sich nach Abzug aller Schulden von den Vermögenswerten eines Unternehmens ergibt (F.49).

Erträge stellen eine Zunahme des wirtschaftlichen Nutzens dar, die zu einer Erhöhung des Eigenkapitals führt. Aufwendungen stellen eine Verminderung des wirtschaftlichen Nutzens dar und resultieren in einer Eigenkapitalminderung. Erträge und Aufwendungen sind von Eigenkapitalerhöhungen bzw -minderungen zu unterscheiden, welche durch Einlagen von bzw Ausschüttungen an Anteilseigner entstehen.

Erträge stellen eine Zunahme des wirtschaftlichen Nutzens dar, der im Rahmen der gewöhnlichen Geschäftstätigkeit des Unternehmens erzielt wird (Umsatzerlöse). Davon zu unterscheiden sind Gewinne, die ebenfalls zu einer Zunahme wirtschaftlichen Nutzens führen, jedoch keine Umsatzerlöse darstellen (andere Erträge).

US GAAP   Vergleichbar mit IFRS (CON 6.1).

HGB Grundsätzlich vergleichbar mit IFRS, im Detail bestehen jedoch Abweichungen.

Als Ausfluss des Vorsichtsprinzips ist die Aktivierungsfähigkeit von Vermögensgegenständen nach HGB restriktiver gefasst als nach IFRS, die Passivierungsfähigkeit von Schulden hingegen weiter. Beide Begriffe sind gesetzlich nicht definiert. Die international gebräuchlichen Vermögenswerte („Assets") umfassen auch Rechnungsabgrenzungsposten und Bilanzierungshilfen.

Vermögensgegenstände umfassen nach der herrschenden Ansicht körperliche Gegenstände und Rechte, die nach der Verkehrsauffassung einen selbständigen Wert darstellen und für sich übertragbar sind.

Verbindlichkeiten beinhalten neben den Verbindlichkeiten im rechtlichen Sinn (einklagbar) auch faktische Verpflichtungen.

Das Eigenkapital ist, vergleichbar mit IFRS, als rechnerischer Saldo aus Vermögen und Schulden zu verstehen.

Erträge und Aufwendungen sind grundsätzlich vergleichbar mit IFRS.

4. Bewertungskonventionen

IFRS Historische Anschaffungs- oder Herstellungskosten („Cost") stellen die vorrangige Bewertungsmaxime dar. Sie sind definiert als der zum Erwerb oder zur Herstellung eines Vermögenswertes entrichtete Betrag an Zahlungsmitteln/Zahlungsmitteläquivalenten oder der beizulegende Zeitwert einer anderen Entgeltform zum Zeitpunkt des Erwerbes oder der Herstellung (IAS 16.6, IAS 38.8, IAS 40.5).

Darüber hinaus hat der beizulegende Zeitwert („Fair Value") in verstärktem Maße als alternativer Wertmaßstab innerhalb des IFRS-Rechnungslegungsrahmens an Bedeutung gewonnen. Der beizulegende Zeitwert ist jener Betrag, zu dem zwischen sachverständigen, vertragswilligen und voneinander unabhängigen Geschäftspartnern ein Vermögenswert getauscht oder eine Schuld beglichen werden könnte (IAS 39.9).

Folgende Aktiva können nach IFRS optional zum beizulegenden Zeitwert angesetzt werden: Immaterielle Vermögenswerte (im Rahmen der Folgebewertung, jedoch nur bei Vorhandensein eines aktiven Marktes; IAS 38.75), Sachanlagen (IAS 16. 31) und als Finanzinvestition gehaltene Immobilien (IAS 40.33).

Die Bewertung mit dem beizulegenden Zeitwert ist für bestimmte Kategorien von Finanzinstrumenten (IAS 39.46, .47, .89, .95 und .102) und für bestimmte landwirtschaftliche Vermögenswerte (IAS 41.12) zwingend vorgeschrieben.

Langfristige Vermögenswerte bzw Schulden (wie etwa Ausleihungen und Kreditverbindlichkeiten oder bis zur Endfälligkeit zu haltende finanzielle Vermögenswerte) sind grundsätzlich zum Barwert („Present Value") des künftigen Nettomittelzuflusses bzw -abflusses anzusetzen, der erwartungsgemäß im normalen Geschäftsverlauf erzielt wird bzw für eine Erfüllung der Schuld erforderlich ist (F.100).

Die Bewertungsgrundlage der historischen Anschaffungs- oder Herstellungskosten wird, insbesondere im Bereich der Vorräte, mit dem Konzept der Bewertung zum Nettoveräußerungswert („Net Realisable Value") kombiniert. Nettoveräußerungswert ist definiert als der geschätzte, im normalen Geschäftsgang erzielbare Verkaufserlös abzüglich der geschätzten Kosten bis zur Fertigstellung und der geschätzten notwendigen Vertriebskosten (IAS 2.6).

Bei der Erfassung von Wertminderungen von Sachanlagen und immateriellen Vermögenswerten sieht IAS 36 ebenfalls eine Verknüpfung der historischen Anschaffungs- und Herstellungskosten mit einem Referenzwert vor, der ua auch aus dem beizulegenden Zeitwert abzuleiten ist. Dabei wird der Buchwert der in Rede stehenden Vermögenswerte mit dem erzielbaren Betrag verglichen. Dieser entspricht dem höheren aus beizulegendem Zeitwert abzüglich geschätzter Vertriebskosten und dem internen Nutzungswert (IAS 36.6 iVm IAS 36.59).

US GAAP Vergleichbar mit IFRS. Abgesehen von bestimmten Kategorien von Finanzinstrumenten (FAS 133 und FAS 115), die mit dem beizulegenden Zeitwert anzusetzen sind, ist eine Neubewertung verboten.

HGB Grundsätzlich erfolgt die handelsrechtliche Bewertung nach dem Anschaffungs- bzw Herstellungskostenprinzip (§ 203 Abs 2 und Abs 3 HGB), es bestehen jedoch mehr oder weniger unterschiedliche Definitionen im Vergleich zu IFRS.

Anschaffungskosten entsprechen weitgehend der IFRS-Definition, jedoch können Fremdfinanzierungskosten nicht einbezogen werden.

Bei den Herstellungskosten besteht ein großer Gestaltungsspielraum zwischen Mindest- und Höchstansatz.

Neubewertungen über die historischen Anschaffungs-/Herstellungskosten hinaus sowie Barwert-Methoden sind nach HGB nicht vorgesehen (Ausnahme: Wahlrecht beim Konzernabschluss zwischen Buchwert- und Neubewertungsmethode – § 260 HGB).

5. Möglichkeiten der Abweichung von Standards

IFRS Die Vermittlung eines den tatsächlichen Verhältnissen entsprechenden Bildes („Fair Presentation") gilt als vorrangiger Grundsatz, wobei das bei Einhaltung der IFRS-Vorschriften gewährleistet ist (IAS 1.13). Ein Abweichen von bestehenden Standards ist nur in dem äußerst seltenen Fall zulässig, dass nur dadurch ein den tatsächlichen Verhältnissen entsprechendes Bild der Vermögens-, Finanz- und Ertragslage in Übereinstimmung mit den im IFRS-Rahmenkonzept enthaltenen Zielsetzungen erreicht und eine irreführende Berichterstattung vermieden wird (IAS 1.17). Art der und Grund für die Abweichung, Bezeichnung des Standards und der Interpretation sowie die sich ergebende finanzielle Auswirkung sind angabepflichtig (IAS 1.18).

Etwaige Konflikte zwischen lokalen Rechnungslegungsgrundsätzen und IFRS können nicht zu einer Abweichung von IFRS-Standards führen, letztere sind zwingend einzuhalten. Werden bei der Erstellung des Abschlusses nicht sämtliche IFRS eingehalten, liegt kein IFRS-Abschluss vor.

US GAAP Hier steht ebenso die Vermittlung eines den tatsächlichen Verhältnissen entsprechenden Bildes im Vordergrund, ein Abweichen von Standards kommt jedoch in der Praxis ausgesprochen selten vor.

HGB Im Gegensatz zu IFRS kommt der Generalklausel der Vermittlung eines möglichst getreuen Bildes der Vermögens-, Finanz- und Ertragslage nur subsidiäre Bedeutung gegenüber den Einzelvorschriften und den GoB zu (kein „overriding principle"). Sollte der Jahresabschluss jedoch kein möglichst getreues Bild vermitteln, sind zusätzliche Anhangangaben erforderlich (§ 222 Abs 2 HGB).

6. Schließung von Regelungslücken

IFRS Bezieht sich ein Standard oder eine Interpretation ausdrücklich auf einen Geschäftsvorfall oder auf sonstige Ereignisse oder Bedingungen, so sind die anzuwendenden Bilanzierungs- und Bewertungsmethoden auf Basis des relevanten Standards oder der relevanten Interpretation zu bestimmen (IAS 8.7).

Scheidet eine Subsumtion unter einen konkreten Standard aus, so hat das Unternehmen eine adäquate Bilanzierungs- und Bewertungsmethode nach folgender Hierarchie zu bestimmen (IAS 8.11 und IAS 8.12):
- analoge Anwendung von Standards und Interpretationen, die vergleichbare Sachverhalte regeln;
- die im Rahmenkonzept enthaltenen Definitions-, Ansatz- und Bewertungskriterien für Vermögenswerte, Schulden, Aufwendungen und Erträge;
- jüngste Verlautbarungen anderer Standardsetter, sofern diese Rechnungslegungskreise über ein vergleichbares Rahmenkonzept zur Entwicklung von Bilanzierungs- und Bewertungsmethoden verfügen, oder anerkannte Branchenpraktiken (sofern jeweils sichergestellt ist, dass kein Verstoß gegen das IFRS-Rahmenkonzept vorliegt).

US GAAP US GAAP kennt keine Regelungslücken. Im „House of GAAP" wird eine Hierarchie von anzuwendenden Standards, Interpretationen und anderer Literatur festgelegt. Es gibt keinen Verweis auf andere Rechnungslegungskonzepte.

HGB Grundsätzlich sind die Bestimmungen des Rechnungslegungsgesetzes nach den traditionellen Auslegungsmethoden gemäß §§ 6 f ABGB auszulegen.

Sind auf EU-Ebene Regelungen vorgegeben, ist im Wege einer richtlinienkonformen Interpretation die Übereinstimmung mit den europarechtlichen Vorgaben zu gewährleisten.

7. Erstmalige Anwendung der Rechnungslegungsvorschriften

IFRS   IFRS 1 „Erstmalige Anwendung der IFRS" regelt umfassend den erstmaligen Übergang von lokaler Berichterstattung (HGB) auf IFRS. Der erstmalige Jahresabschluss nach IFRS ist unter einheitlicher Anwendung der zum Bilanzstichtag geltenden Standards und Interpretationen aufzustellen (einschließlich der Vergleichsperiode), so als ob das Unternehmen schon immer in Übereinstimmung mit IFRS bilanziert hätte (IFRS 1.7). Die Anwendung der Standards und Interpretationen ist somit retrospektiv vorzunehmen. Eine Anwendung der in einzelnen Standards und Interpretationen enthaltenen Übergangsvorschriften scheidet grundsätzlich aus, es sei denn, IFRS 1 verweist explizit auf diese.

Folgende Zeitpunkte unterscheidet IFRS 1 bei einem erstmals nach IFRS aufgestellten Jahresabschluss:

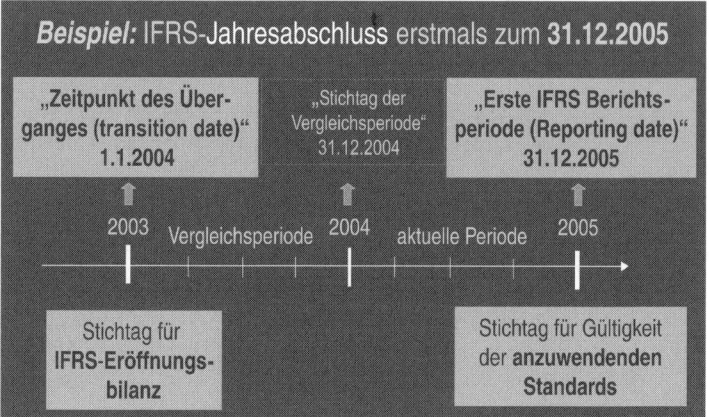

Ausgehend von der lokalen Berichterstattung ist zu prüfen, ob bisher nach HGB angesetzte Vermögenswerte und Schulden die jeweiligen Definitions- und Ansatzkriterien der IFRS-Vorschriften erfüllen (IFRS 1.10). Ggf sind zusätzliche Posten in die Bilanz aufzunehmen, für die nach IFRS ein Aktivierungsgebot, jedoch nach HGB ein Aktivierungsverbot besteht (zB für selbsterstellte Software). Gleichermaßen sind Bilanzposten zu eliminieren, die nicht den Definitions- und Ansatzkriterien der IFRS-Vorschriften entsprechen (zB Aufwandsrückstellungen). Darüber sind ggf Umgliederungen in der Bilanz vorzunehmen.

Maßgeblich für den erstmaligen Ansatz der Vermögenswerte und Schulden sind die Bewertungsvorschriften der IFRS. Das bedeutet, dass sämtliche Vermögenswerte und Schulden nach den entsprechenden Regelungen der IFRS-Standards und Interpretationen zu bewerten sind (IFRS 1.10).

Die Anpassungen aus dem Übergang von lokaler Berichterstattung auf IFRS sind erfolgsneutral als Anpassung der Gewinnrücklagen in der Eröffnungsbilanz der frühest dargestellten Berichtsperiode zu erfassen (IFRS 1.11).

Daneben besteht eine Reihe von optionalen Vereinfachungen und verpflichtenden Ausnahmen, die bei der Erstellung der Eröffnungsbilanz zu beachten sind:

Optionale Vereinfachungen	Verpflichtende Ausnahmen
1. Unternehmenszusammenschlüsse*	1. Ausbuchung (derecognition) finanzieller Vermögenswerte und Schulden ("financial assets/liabilities") iSv IAS 39
2. Beizulegender Zeitwert oder Neubewertung als Ersatz für Anschaffungs- oder Herstellungskosten ("deemed cost")	
	2. Bilanzierung von Sicherungsgeschäften ("Hedge Accounting")
3. Leistungen an Arbeitnehmer*	3. Schätzungen
4. Kumulierte Umrechnungsdifferenzen aus ausländischen Tochterunternehmen*	4. Als zur Veräußerung gehalten klassifizierte Vermögenswerte und aufgegebene Geschäftsbereiche ("Noncurrent assets held for sale")
5. Zusammengesetzte Finanzinstrumente ("Compound Instruments")	
6. Zeitpunkt des Überganges ("Transition date") für Tochterunternehmen	
7. Kategorisierung finanzieller Vermögenswerte oder Schulden ("financial assets/liabilities")	
8. Transaktionen mit anteilsbasierten Zahlungen ("Share based payment")	
9. Versicherungsverträge	
10. Finanzinstrumente*	
11. Abbruchkosten u. Ä.	
12. Leasingverträge*	

Für die mit * gekennzeichneten Vereinfachungen gilt das sachliche Stetigkeitsgebot.

US GAAP Nach US GAAP bestehen zwar keine speziellen Regelungen für die erstmalige Anwendung, einzelne Standards sehen jedoch spezielle Übergangsregelungen vor. Sonderbestimmungen beinhalten Vorschriften für aus einem Unternehmen oder Konzern ausgegliederte und veräußerte Geschäftsbereiche oder Tochtergesellschaften und für den Fall der erstmaligen Aufstellung von Jahresabschlüssen nach einem Börsengang. Einmal angewendete Bilanzierungs- und Bewertungsvorschriften sollten in den Folgejahren beibehalten werden (Stetigkeitsgebot) (CON 2.120).

HGB Es besteht keine konkrete Regelung über die erstmalige Anwendung. Die österreichischen Rechnungslegungsvorschriften wurden 1990 als Drittes Buch des HGB kodifiziert und sind seitdem nach Maßgabe von Übergangsbestimmungen in der jeweils geltenden Fassung anzuwenden. Etwaige Anpassungsnotwendigkeiten gehen in die laufende Gewinn- und Verlustrechnung ein, verbunden mit einer Erläuterungspflicht im Anhang.

Bei der Anwendung der HGB-Bestimmungen und der Grundsätze ordnungsgemäßer Buchführung und Bilanzierung steht vor allem der Grundsatz der Bewertungsstetigkeit im Vordergrund, der in Ausnahmefällen durchbrochen werden kann, etwa im Falle von Änderungen von

Gesetz oder Rechtsprechung oder strukturellen Veränderungen des Unternehmens; prinzipiell bezieht sich der Grundsatz der Bewertungsstetigkeit auf die Beibehaltung einmal gewählter Bewertungs- und Abschreibungsmethoden, nicht jedoch auf Bilanzansatzwahlrechte.

8. Auswirkung von neuen Standards

IFRS   Neue Standards und Interpretationen sind idR zukünftig anzuwenden, abhängig vom festgelegten Zeitpunkt des In-Kraft-Tretens (so genanntes „effective date"). Häufig sehen diese Bestimmungen auch die Möglichkeit einer freiwillig früheren Anwendung vor.

Ist ein Standard oder eine Interpretation veröffentlicht, aber auf Grund des „effective date" noch nicht zwingend anzuwenden und optiert das Unternehmen auf keine freiwillig frühere Anwendung, sind die künftigen Auswirkungen der neuen Standards und Interpretationen im Anhang zu beschreiben und zu quantifizieren (IAS 8.30).

US GAAP   Vergleichbar mit IFRS.

HGB   Grundsätzlich ist ein neues Gesetz ab jenem Zeitpunkt anzuwenden, der im Gesetz selber angegeben wird. Ist keine In-Kraft-Tretens-Bestimmung enthalten, so tritt das Gesetz am Tag nach der Veröffentlichung im Bundesgesetzblatt in Kraft und ist ab diesem Zeitpunkt anzuwenden. Eine – nicht im Gesetz selbst vorgesehene – freiwillige frühere Anwendung ist nach nationalem Recht grundsätzlich nicht vorgesehen.

9. Relevante Vorschriften

IFRS   Framework (F.), IAS 1, IAS 2, IAS 8, IAS 16, IAS 36, IAS 38, IAS 39, IAS 40, IAS 41, IFRS 1.

US GAAP   CON 1-7, FAS 115, FAS 133, FAS 149.

HGB   §§ 195, 201, 203, 222, 260, GoB, §§ 6 f ABGB.

II. Allgemeine Anforderungen

1. Übereinstimmung mit zu Grunde liegendem Rechnungslegungssystem

IFRS Unternehmen müssen explizit darauf hinweisen, dass ihr Jahresabschluss in Übereinstimmung mit IFRS erstellt wurde. Das ist nur dann der Fall, wenn sämtliche Standards und Interpretationen eingehalten wurden, anderenfalls liegt kein IFRS-Abschluss vor (IAS 1.14).

US GAAP Börsennotierte US-amerikanische Gesellschaften müssen US GAAP-Vorschriften und darüber hinausgehende Bestimmungen der Securities and Exchange Commission („SEC") einhalten. Ausländische Gesellschaften, die an einer US-amerikanischen Börse notiert sind, können Jahresabschlüsse entweder nach US GAAP oder auf Basis eines anderen umfassenden Rechnungslegungsregelwerkes (zB IFRS) aufstellen. Voraussetzung dafür ist, dass im Anhang eine Überleitung des Jahresergebnisses und des Eigenkapitals auf US GAAP erfolgt und hierbei US GAAP- und SEC-Offenlegungsbestimmungen eingehalten werden (SEC Regulation S-X: Rule 4-01).

Es bestehen grundsätzlich keine gesetzlichen Berichterstattungsverpflichtungen für nicht-börsennotierte US-amerikanische Unternehmen. Ausnahmen bestehen für so genannte speziell reglementierte Unternehmen („Regulated Entities").

HGB Österreichische Jahresabschlüsse müssen in Übereinstimmung mit handelsrechtlichen Bestimmungen und den GoB aufgestellt werden.

Für Konzernabschlüsse wurde durch das Rechnungslegungsänderungsgesetz 2004 (ReLÄG 2004) in Umsetzung der IAS-Verordnung (Verordnung [EG] 1606/2002) eine neue Regelung getroffen.

Bisher galten Konzernabschlüsse, die nach international anerkannten Rechnungslegungsstandards (IFRS, US GAAP) aufgestellt wurden und mit der 7. EU-Bilanzrichtlinie (83/349/EWG-Konzernabschluss) in Einklang standen, als befreiend im Sinne des HGB. Nunmehr sind Gesellschaften, deren Wertpapiere in einem EU-Mitgliedstaat zum Handel in einem geregelten Markt zugelassen sind, verpflichtet, für Geschäftsjahre, die nach dem 31. Dezember 2004 beginnen, ihre konsolidierten Abschlüsse nach den von der EU übernommenen internationalen Rechnungslegungsstandards (IFRS) aufzustellen (§ 245a Abs 1 HGB).

Alle übrigen Gesellschaften, die einen Konzernabschluss aufstellen, haben das Wahlrecht, ob sie IFRS (oder HGB) anwenden wollen (§ 245a Abs 2 HGB). Dies gilt für Geschäftsjahre, die nach dem 31. Dezember 2004 beginnen (§ 906 Abs 11 HGB).

Stellt ein Mutterunternehmen seinen Konzernabschluss nach IFRS auf, so hat es bei der Offenlegung ausdrücklich darauf hinzuweisen (§ 245a Abs 3 HGB).

Für zwei Gruppen von Gesellschaften wurde bereits im ReLÄG 2004 die Möglichkeit vorgesehen, die Verpflichtung zur Aufstellung eines Konzernabschlusses nach IFRS erst für Geschäftsjahre, die nach dem 31. Dezember 2006 beginnen, vorzusehen: Einerseits sind dies Unternehmen, von denen lediglich Schuldtitel zum Handel an einem geregelten Markt im Sinne des § 2 Z 37 BWG zugelassen sind. Andererseits dürfen Unternehmen, deren Wertpapiere bereits vor der Veröffentlichung der IAS-Verordnung im Amtsblatt der EG (also vor dem 11. September 2002) zum öffentlichen Handel in einem Drittstaat zugelassen sind und deshalb nach diesen Rechnungslegungsstandards ihren Konzernabschluss aufstellen (§ 906 Abs 12 HGB), für Geschäftsjahre, die vor dem 1. Januar 2007 beginnen, einen befreienden Konzernabschluss nach § 245a HGB in der Fassung des BGBl I 1999/49 (also nach IFRS oder auch US GAAP) aufstellen.

Mit dem Gesellschaftsrechtsänderungsgesetz 2005 (GesRÄG 2005) wird nun auch Mutterunternehmen, die nicht verpflichtet sind, einen Konzernabschluss nach international anerkannten Rechnungslegungsgrundsätzen aufzustellen, ermöglicht, § 245a HGB in der Fassung des BGBl I 1999/49 weiterhin bis zu Geschäftsjahren anzuwenden, die nach dem 31. Dezember 2006 beginnen (§ 906 Abs 12 letzter Satz idF GesRÄG 2005).

Es ist bei diesen EU-konformen IFRS-Abschlüssen unbedingt Folgendes zu beachten:

Die EU hat die meisten Standards und Interpretationen in ihren Rechtsbestand übernommen (siehe dazu unten stehende Tabelle). Einige wurden jedoch nicht übernommen. Dies hat zur Folge, dass ein IFRS-Abschluss gem § 245a HGB zwar ein EU-konformer ist, jedoch in den wenigsten Fällen ein IASB-konformer sein wird. Denn, wie oben ausgeführt, darf ein Abschluss nur dann als IFRS-Abschluss bezeichnet werden, wenn sämtliche vom IASB herausgegebenen Standards und Interpretationen eingehalten wurden. Im Falle eines § 245a HGB-Abschlusses sind jedoch ausschließlich die von der EU übernommenen Standards und Interpretationen einzuhalten. Demnach ist bei der Bezeichnung eines Abschlusses als IFRS-Abschluss unbedingt zu untersuchen, ob es sich um einen EU-konformen IFRS-Abschluss oder um einen IASB-konformen IFRS-Abschluss handelt.

Bei Fertigstellung des vorliegenden Werkes war der Stand des Übernahmeprozesses durch die EU folgender:

Übernommene Standards und Interpretationen	Grundlage der Übernahme
IAS 7, 11, 12, 14, 15, 18, 19, 20, 22, 23, 26, 29, 30, 34, 35, 37, und 41 SIC 1, 2, 3, 6, 7, 8, 9, 10, 11, 12, 13, 14, 15, 18, 19, 20, 21, 22, 23, 24, 25, 27, 28, 29, 30, 31, 32 und 33	VO 1725/2003 vom 29. 9. 2003 über die Übernahme aller anerkannten IAS (ohne IAS 32 und IAS 39)
IFRS 1	VO 707/2004 vom 6. 4. 2004 zur Übernahme von IFRS 1

Übernommene Standards und Interpretationen	Grundlage der Übernahme
IAS 39	VO 2086/2004 vom 19. 11. 2004 zur Übernahme von IAS 39
IFRS 3, 4 und 5, IAS 36 und 38	VO 2236/2004 vom 29. 12. 2004 zur Übernahme von IFRS 3–5 und IAS 36 und 38
IAS 32 und IFRIC 1	VO 2237/2004 vom 29. 12. 2004 über die Übernahme des IAS 32 und IFRIC 1
IAS 1, 2, 8, 10, 16, 17, 21, 24, 27, 28, 31, 33 und 40	VO 2238/2004 vom 29. 12. 2004 über die Übernahme aller anerkannten IAS (improved) ohne IAS 32, 39, 36 und 38
IFRS 2	VO 211/2005 vom 4. 2. 2005 zur Übernahme von IFRS 2

Überdies erfordert der § 245a HGB zusätzlich zur Einhaltung der von der EU übernommenen Standards und Interpretationen die Anwendung folgender Vorschriften des HGB:

- Aufstellung des Jahresabschlusses in Euro und in deutscher Sprache (§ 193 Abs 4 zweiter Halbsatz HGB),
- Unterzeichnung des Jahresabschlusses durch den Kaufmann (§ 194 HGB),
- Einreichung der Jahresabschlüsse, Lageberichte, Konzernabschlüsse und Konzernlageberichte der Tochterunternehmen an das Mutterunternehmen (§ 247 Abs 3 HGB),
- verpflichtende Konzernanhangangaben gemäß § 265 Abs 2 bis 4 HGB,
- Angabe der durchschnittlichen Zahl der Arbeitnehmer (§ 266 Z 4 HGB),
- Angabe der Beträge der an Mitglieder des Vorstandes und Aufsichtsrates gewährten Vorschüsse und Kredite (§ 266 Z 5HGB),
- Angabe der Bezüge der Mitglieder des Vorstandes und Aufsichtsrates (§ 266 Z 7 HGB),
- Regelungen zum Konzernlagebericht (§ 267 HGB).

2. Berichtswährung für Erstellung des Jahresabschlusses

IFRS   Berichtswährung ist jene Währung, in der der Jahresabschluss eines Unternehmens erstellt wird. Als Berichtswährung gilt die funktionale Währung des Unternehmens. Diese bestimmt sich nach dem primären wirtschaftlichem Umfeld, in dem das Unternehmen tätig ist (IAS 21.8). Im Regelfall wird die funktionale Währung der Währung jenes Landes entsprechen, in dem das Unternehmen seinen Sitz hat. IAS 21 nennt verschiedene Merkmale, die bei der Bestimmung der funktionalen Währung heranzuziehen sind (zB welche Währung beeinflusst wesentlich die Verkaufspreise, in welcher Währung werden die zur Umsatzerzielung notwendigen Beschaffungsvorgänge beglichen.)

Jede andere Währung außer der Berichtswährung wird als Fremdwährung („Foreign Currency") bezeichnet (IAS 21.8).

Sollte sich die funktionale Währung auf Grund neuer Umstände im primären wirtschaftlichen Umfeld ändern, ist die geänderte funktionale Währung prospektiv zu verwenden (21.35). Über diese Tatsache und die Gründe der Änderung ist im Anhang zu berichten (IAS 21.54).

IAS 21 bietet die Möglichkeit, den Jahresabschluss in einer beliebigen – von der funktionalen Währung abweichenden – Währung zu veröffentlichen (IAS 21.38). In diesem Zusammenhang wird der Begriff Darstellungswährung („Presentation Currency") verwendet. Wird von dieser Möglichkeit Gebrauch gemacht, sind sowohl diese Tatsache als auch die Gründe dafür im Anhang anzugeben (IAS 21.53). Es wird zwischen zwei Szenarien unterschieden.

Falls die Bewertungswährung nicht die Währung eines Landes mit Hyperinflation ist, so gilt:
- Vermögenswerte und Schulden sind zu den Stichtagskursen der jeweiligen Bilanzstichtage umzurechnen.
- Aufwendungen und Erträge sind mit den historischen Transaktionskursen oder einem hinreichend guten Näherungswert umzurechnen.
- Resultierende Währungsdifferenzen sind direkt im Eigenkapital zu erfassen.

Ist die Bewertungswährung die Währung eines Landes mit Hyperinflation, so sind sämtliche Positionen der Bilanz und der Gewinn- und Verlustrechnung – sowohl die der Berichtsperiode als auch jene der Vergleichsperiode/n – mit dem Stichtagskurs der Berichtsperiode umzurechnen.

US GAAP Es wird der Begriff der funktionalen Währung („Functional Currency") verwendet. Diese ist definiert als die Währung des primären wirtschaftlichen Umfeldes, in dem das Unternehmen tätig ist. Es bestehen keine Vorschriften zur Berichterstattung in einer abweichenden Berichtswährung.

HGB Für alle Geschäftsjahre, die nach dem 1. Januar 2002 enden, ist die gesetzlich zwingend vorgeschriebene Berichtswährung EUR (§ 193 Abs 4 HGB).

3. Berichterstattung in einer Hochinflationswirtschaft

IFRS Wenn das berichtende Unternehmen seine Bücher in der Währung eines Hochinflationslandes führt, dann muss es seinen Jahresabschluss in der am Bilanzstichtag geltenden Maßeinheit ausdrücken („Measuring Unit Current at the Balance Sheet Date"; IAS 29.8). Der lokale Abschluss einer in einem Hochinflationsland ansässigen Tochtergesellschaft ist vor seiner Umrechnung in die Berichtswährung der Muttergesellschaft daher durch Indexierung, beispielsweise an das allgemeine Preisniveau, neu zu bewerten. Ohne Indexierung, also bei Beibehaltung von Nominalwerten, würde der Jahresabschluss der Tochtergesellschaft ein verzerrtes Bild abgeben. Vergleichszahlen aus Vorperioden sind ebenfalls mit der am Bilanzstichtag des laufenden Jahres geltenden Maßeinheit neu zu bewerten. Ein aus der Umrechnung der Nettoposition der monetären Posten resultierender Gewinn oder Verlust ist in das Periodenergebnis einzubeziehen und gesondert zu erfassen.

US GAAP Vergleichbar mit IFRS; Inflationsbereinigte Jahresabschlüsse dürfen jedoch nicht als primäre Jahresabschlüsse verwendet werden, wenn US-Dollar die Berichtswährung des betreffenden Unternehmens darstellt (SEC Regulation S-X: Rule 3-20).

HGB Es bestehen keine gesetzlichen Regelungen.

Einzelabschlüsse sind von dieser Problematik insofern nicht betroffen, als Österreich kein Hochinflationsland darstellt.

Für Konzernabschlüsse gilt Folgendes: Bei der Einbeziehung ausländischer Tochterunternehmen aus einem Hochinflationsland wird die Zeitbezugsmethode empfohlen. Die Stichtagsmethode ist, abgesehen von der Verwendung von inflationsbereinigten Abschlüssen, nicht zulässig.

4. Bestandteile des Jahresabschlusses

Jahresabschlüsse nach den jeweiligen Rechnungslegungsvorschriften umfassen folgende Bestandteile:

Bestandteil	IAS	US GAAP	HGB
Bilanz	✓	✓	✓
Gewinn- und Verlustrechnung	✓	✓	✓
Eigenkapital-veränderungsrechnung	✓ (a) („Statement of Changes in Shareholders' Equity")	✓ („Statement of Changes in Stockholders' Equity")	✓ (b)
Darstellung der realisierten Gewinne und Verluste	✓ (a) („Statement of Recognised Gains and Losses")	✓ („Statement of Comprehensive Income")	–
Kapitalflussrechnung	✓	✓	✓ (c)
Bilanzierungs- und Bewertungsmethoden	✓	✓	✓ (d)
Anhang	✓ (e)	(✓) (e)	✓ (f)

✓ Zwingender Bestandteil   – kein zwingender Bestandteil

(a) Nicht in der Gewinn- und Verlustrechnung erfasste realisierte Gewinne und Verluste können wahlweise nach zwei Alternativen dargestellt werden.
Bevorzugte Methode: Erfassung im so genannten Statement of Recognised Gains and Losses, wobei sonstige Bewegungen im Eigenkapital (Transaktionen mit Anteilseignern; Transfers zwischen Eigenkapitalkomponenten) im Anhang zu erläutern sind. Ein Statement of Changes in Shareholders' Equity wäre in diesem Fall nicht zu erstellen.
Alternativ zulässige Methode: Erfassung zusammen mit den sonstigen Bewegungen im Eigenkapital (Transaktionen mit Anteilseignern; Transfers zwischen Eigenkapitalkomponenten) im Statement of Changes in Shareholders' Equity. Ein Statement of Recognised Gains and Losses wäre in diesem Fall nicht zu erstellen.

(b) Im Einzelabschluss ist die Darstellung eines Eigenkapitalspiegels nicht verpflichtend. Im Konzernabschluss ist die Darstellung der Komponenten des Eigenkapitals und ihrer Entwicklung für Geschäftsjahre, die nach dem 31. Dezember 2004 beginnen, ein verpflichtender Bestandteil.

(c) Eine Verpflichtung zur Erstellung einer Kapitalflussrechnung besteht nach HGB nicht; eine Kapitalflussrechnung ist jedoch nach dem Fachgutachten KFS/BW 2 vorgesehen. De facto werden Kapitalflussrechnungen bei börsennotierten Gesellschaften aufgestellt. Für Geschäftsjahre, die nach dem 31. Dezember 2004 beginnen, ist die Konzernkapitalflussrechnung gesetzlich vorgesehener Bestandteil des Konzernabschlusses.

(d) Erläuterung im Anhang (§ 236 HGB).

(e) Der Anhang stellt einen integralen Bestandteil von Bilanz, GuV, Eigenkapitalveränderungsrechnung bzw Darstellung der realisierten Gewinne und Verluste und Kapitalflussrechnung dar.

(f) Abhängig von der jeweiligen Größenklasse bestehen im Bereich der mittelgroßen und kleinen Kapitalgesellschaften Abweichungen hinsichtlich des von Gesetzes wegen erforderlichen Umfangs der Angaben.

5. Größenklassen

IFRS IFRS kennt keine dem HGB vergleichbare Einteilung von Kapitalgesellschaften nach den Größenklassen. Erleichterungen hinsichtlich spezifischer Angabe- und Ausweiserfordernisse leiten sich jedoch aus dem Wesentlichkeitskonzept nach IAS 1 ab. Demnach müssen in einzelnen Standards geregelte Angaben nicht gemacht werden, wenn die daraus resultierenden Informationen nicht wesentlich sind (IAS 1.31). Die Wesentlichkeit wird definiert als ein Auslassen oder eine Falschdarstellung von Geschäftsvorfällen, die alleine oder kumuliert mit anderen Vorgängen die Entscheidungen der Abschlussadressaten beeinflussen können. Wesentlichkeit bestimmt sich nach Art, Umfang und Häufigkeit des Geschäftsvorfalles in Abhängigkeit mit der Gesamtwürdigung aller Umstände (IAS 1.11).

Zusätzlich gelten manche Standards nur für Unternehmen, die an der Börse notieren oder eine Börsennotierung beabsichtigen (zB IAS 14 Segmentberichterstattung, IAS 33 Ergebnis je Aktie).

US GAAP Vergleichbar mit IFRS. Zusätzlich gilt, dass die Prüfungspflicht nur für solche Unternehmen besteht, die bei der Securities and Exchange Commission registriert sind.

HGB Handelsrechtlich wird eine Einordnung nach den Größenklassen für den Einzelabschluss in kleine, mittelgroße und große Kapitalgesellschaften vorgenommen, woraus unterschiedliche Angabepflichten im Anhang resultieren. Darüber hinaus sind kleine Gesellschaften mit beschränkter Haftung ohne gesetzlich erforderlichen Aufsichtsrat nicht prüfungspflichtig (§ 268 Abs 1 HGB).

Gesetzlich sind jeweils drei Merkmale für die Qualifizierung als kleine bzw mittelgroße Kapitalgesellschaft angeführt. Bei Überschreiten von zwei der drei Merkmale an zwei aufeinander folgenden Stichtagen gelten die Rechtsfolgen der jeweiligen Größenklasse für die Einordnung der Gesellschaft ab dem folgenden Geschäftsjahr.

Große Kapitalgesellschaften sind solche, die mindestens zwei der drei für mittelgroße angeführten Merkmale überschreiten. Eine Kapitalgesellschaft gilt stets als groß, wenn ihre Aktien oder andere Wertpapiere an einem geregelten Markt im Sinne des § 2 Z 37 BWG oder an einem anerkannten, für das Publikum offenen, ordnungsgemäß funktionierenden Wertpapiermarkt in einem Vollmitgliedstaat der OECD zum Handel zugelassen sind.

Folgende Größenmerkmale gelten nach HGB für Geschäftsjahre, die nach dem 31. Dezember 2004 beginnen. Für den Eintritt der Rechtsfolgen sind gemäß Übergangsregelung die geänderten Größenmerkmale auch für Beobachtungszeiträume anzuwenden, die vor diesem Zeitpunkt liegen (dies bedeutet, dass für den Eintritt der Rechtsfolge zum 31. Dezember 2005 die Beurteilung der Geschäftsjahre 2003 und 2004 bereits nach diesen neuen Größenmerkmalen zu erfolgen hat):

Kleine Kapitalgesellschaft (§ 221 Abs 1 HGB)	EUR
Bilanzsumme	3,65 Mio
Umsatzerlöse	7,30 Mio
Arbeitnehmer	50

Mittelgroße Kapitalgesellschaft (§ 221 Abs 2 HGB)	EUR
Bilanzsumme	14,6 Mio
Umsatzerlöse	29,2 Mio
Arbeitnehmer	250

6. Vergleichsinformationen

IFRS　　Sofern ein spezieller Standard nichts anderes erlaubt oder vorschreibt, sind im Jahresabschluss Vergleichsinformationen aus der vorangegangenen Periode für alle quantitativen Informationen anzugeben. Vergleichsinformationen sind in die verbalen und beschreibenden Erläuterungen einzubeziehen, wenn es für das Verständnis des Abschlusses der Berichtsperiode von Bedeutung ist (F.42, IAS 1.36).

　　Wenn die Darstellung oder Gliederung von Posten im Jahresabschluss geändert wird, so sind gleichfalls die Vergleichsinformationen der vorangegangenen Periode anzupassen, ausgenommen dies ist praktisch nicht durchführbar (IAS 1.38).

US GAAP　　Entsprechend den SEC-Bestimmungen müssen Vergleichszahlen von zwei vorhergehenden Jahren für alle Bestandteile des Jahresabschlusses mit Ausnahme der Bilanz – hier sind nur Angaben für das Vorjahr erforderlich – angegeben werden. Diese Regelung besteht auch für börsennotierte Gesellschaften, welche ein von US GAAP abweichendes Rechnungslegungssystem verwenden, und etwa auf der Basis einer Einnahmen-Ausgaben-Rechnung oder auf der Basis steuerlicher Wertansätze bilanzieren (SEC Regulation S-X: Rule 3-01 und 3-02; siehe auch APB 43 ch 2 A1 ff).

HGB   Für alle Teile des Jahresabschlusses inklusive Anhang sind die Vorjahreszahlen in vollen € 1.000 anzugeben. Sollten die aktuellen Zahlen nicht mit den Vorjahreszahlen vergleichbar sein (etwa wegen eines anderen Ausweises infolge geänderter tatsächlicher oder rechtlicher Verhältnisse), so bestehen zwei Möglichkeiten: Angabe und Erläuterung der Nicht-Vergleichbarkeit im Anhang oder Anpassung der Vorjahresbeträge (§ 223 Abs 2 HGB).

7. Relevante Vorschriften

IFRS   Framework (F.), IAS 1, IAS 21, IAS 29.

US GAAP   APB 43, SEC Regulation S-X.

HGB   §§ 193, 221, 223, 236, 245a, 268, 906.

III. Bestandteile des Jahresabschlusses

A. Bilanz

1. Gliederungsschema

IFRS Es besteht kein fest vorgeschriebenes Gliederungsschema für die Bilanz. Während das IFRS-Rahmenkonzept lediglich eine getrennte Darstellung von Vermögenswerten und Schulden in der Bilanz fordert, enthält IAS 1 eine Auflistung von Elementen, die als separate Bilanzposten zu zeigen sind (Mindestgliederungsschema, IAS 1.68).

Folgende Posten müssen zwingend in der Bilanz gesondert ausgewiesen werden:

Vermögenswerte: Sachanlagen, als Finanzinvestitionen gehaltene Immobilien, immaterielle Vermögenswerte, finanzielle Vermögenswerte, nach der Equity-Methode bilanzierte Finanzanlagen, biologische Vermögenswerte, Vorräte, Forderungen aus Lieferungen und Leistungen und sonstige Forderungen, zur Veräußerung gehaltene langfristige Vermögenswerte und Gruppen von Vermögenswerten, Steuererstattungsansprüche, latente Steueransprüche sowie Zahlungsmittel und Zahlungsmitteläquivalente.

Eigenkapital und Schulden: gezeichnetes Kapital und Rücklagen, die den Anteilseigner der Muttergesellschaft zuzuordnen sind, Minderheitsanteile am Eigenkapital (gelten als Bestandteil des Eigenkapitals), Verbindlichkeiten aus Lieferungen und Leistungen und sonstige Verbindlichkeiten, finanzielle Schulden, Rückstellungen, laufende Steuerschulden, latente Steuerschulden und Schulden im Zusammenhang mit zur Veräußerung gehaltenen langfristigen Vermögenswerten und Gruppen von Vermögenswerten.

Zusätzliche Zeilen sind in die Bilanz aufzunehmen, wenn eine solche Darstellung für das Verständnis der Finanzlage des Unternehmens relevant ist (IAS 1.69). Die für die Geschäftsleitung bestehende Gestaltungsfreiheit hinsichtlich der Darstellungsform sollte im Rahmen einer vernünftigen kaufmännischen Beurteilung ausgeübt werden.

IAS 30 regelt darüber hinausgehende Mindestanforderungen an das Gliederungsschema für die Bilanz von Banken und ähnlichen Finanzinstitutionen.

Die Bilanz ist zwingend in kurzfristige und langfristige Bilanzposten zu unterteilen (IAS 1.51), mit Ausnahme von latenten Steueransprüchen und -schulden, die immer als langfristig auszuweisen sind, auch wenn diese kurzfristige Bestandteile beinhalten (IAS 1.70).

Eine Gliederung nach zunehmender Liquidität ist nur im Ausnahmefall gestattet, wenn dadurch eine relevantere und zuverlässigere Information über die Vermögenslage erzielt wird. In der Praxis beschränkt sich die Anwendung des Ausnahmefalls lediglich auf die Bilanzen von Banken und ähnlichen Finanzinstitutionen.

US GAAP Die Summe der Aktiva wird der Summe aus Verbindlichkeiten und Eigenkapital gegenübergestellt. Die einzelnen ausweispflichtigen Posten sind vergleichbar mit IFRS, werden aber üblicherweise nach absteigender Liquidität gegliedert. Die Gliederungstiefe sollte derart gewählt sein, dass alle wesentlichen Posten zum Ausweis kommen (SEC Regulation S-X: Rule 5-02).

HGB Das HGB enthält ein detailliertes Gliederungsschema für die Bilanz von Kapitalgesellschaften in Kontenform. Die nach Art X der 4. EU-Bilanzrichtlinie (78/660/EWG – Einzelabschluss) vorgesehene Möglichkeit einer Gliederung in Staffelform ist handelsrechtlich nicht zulässig (§ 224 HGB). Dieses Schema wird de facto auch von Nicht-Kapitalgesellschaften eingehalten, für Banken, Versicherungen und Sparkassen bestehen Sondervorschriften in den Spezialgesetzen.

Der Jahresabschluss beinhaltet folgende Elemente (§ 196 HGB): Vermögensgegenstände, Rückstellungen, Verbindlichkeiten, Rechnungsabgrenzungsposten, Aufwendungen und Erträge.

2. Unterscheidung zwischen kurz- und langfristigen Posten

IFRS Nur jene Vermögenswerte und Schulden sind als kurzfristig zu betrachten, die mindestens eines der folgenden Kriterien erfüllen: (1) sie sind zum Verkauf oder zum Verbrauch innerhalb des gewöhnlichen operativen Geschäftszyklus bestimmt (Vermögenswerte) bzw werden innerhalb des gewöhnlichen operativen Geschäftszyklus beglichen (Schulden), (2) sie werden primär für Handelszwecke gehalten, (3) sie werden innerhalb von zwölf Monaten nach dem Bilanzstichtag wahrscheinlich realisiert oder getilgt oder (4) es handelt sich um Zahlungsmittel oder Zahlungsmitteläquivalente(IAS 1.57, IAS 1.60).

Ein Unternehmen hat seine finanziellen Schulden als kurzfristig zu klassifizieren, wenn deren Tilgung innerhalb von zwölf Monaten nach dem Bilanzstichtag fällig wird. Dies gilt auch dann, wenn: (1) deren ursprüngliche Laufzeit einen Zeitraum von mehr als zwölf Monaten umfasst und (2) das Unternehmen beabsichtigt, die Verpflichtung auf einer langfristigen Basis zu refinanzieren und diese Absicht von einer Refinanzierungs- oder Umschuldungsvereinbarung getragen wird, die nach dem Bilanzstichtag aber vor der Freigabe zur Veröffentlichung des Jahresabschlusses abgeschlossen wird (IAS 1.63). Ein Ausweis als langfristiger Posten kommt demzufolge nur in Betracht, wenn die Refinanzierungsvereinbarung noch vor dem Bilanzstichtag abgeschlossen wird oder wenn die Refinanzierung oder Verlängerung im ausschließlichen Ermessen des Unternehmens liegt und nicht von einer Zustimmung des Kreditgebers abhängig ist.

Enthalten Darlehensvereinbarungen Zusicherungen des Kreditnehmers (Vertragsklauseln), dass die Schuld bei Verletzung bestimmter, an die

Vermögens- und Finanzlage des Kreditnehmers geknüpfte, Bedingungen auf Anforderung zu zahlen ist, sind diese Schulden bei einer Verletzung dieser Vertragsklauseln nur dann als langfristig auszuweisen, wenn der Kreditgeber noch vor dem Bilanzstichtag eine Nachfrist von mindestens zwölf Monaten nach dem Bilanzstichtag gewährt (IAS 1.65 f).

US GAAP   Vergleichbar mit IFRS. Die SEC-Richtlinien legen jene Mindestinformationen fest, die eine Bilanz beinhalten muss (SEC Regulation S-X: Rule 5-02).

HGB   Gesetzlich vorgesehen ist entweder eine Anmerkung der Fristigkeiten von Forderungen und Verbindlichkeiten in der Bilanz oder eine Angabe im Anhang, wobei in der Praxis üblicherweise Angaben im Anhang erfolgen (§ 225 Abs 3 und Abs 6 HGB).

3. Saldierung von Vermögenswerten und Schulden

IFRS   Vermögenswerte und Schulden dürfen grundsätzlich nicht saldiert werden, außer ein Standard oder eine Interpretation erlauben oder fordern eine Saldierung (IAS 1.32). Beispielsweise werden finanzielle Vermögenswerte und finanzielle Schulden nach IAS 32 saldiert, wenn das Unternehmen einen Rechtsanspruch hat, die erfassten Beträge gegeneinander aufzurechnen und beabsichtigt, den Ausgleich auf Nettobasis herbeizuführen oder gleichzeitig den Vermögenswert zu realisieren und die Schuld zu tilgen (IAS 32.42).

Darüber hinaus sehen manche Standards spezielle Verrechnungsvorschriften vor (IAS 11 – Fertigungsaufträge bzw IAS 19 – Leistungen an Arbeitnehmer).

US GAAP   Eine Saldierung ist erlaubt, wenn die Parteien einander eindeutig bestimmbare Beträge schulden, die Saldierung beabsichtigt und von Rechts wegen erzwingbar ist.

HGB   Grundsätzlich besteht ein gesetzliches Saldierungsverbot für Aktiva und Passiva, Aufwendungen und Erträge sowie für Grundstücksrechte und Grundstückslasten (§ 196 Abs 2 HGB).

Ausnahmen hiervon bestehen im Falle des Vorliegens der zivilrechtlichen Tatbestandsmerkmale einer Kompensation sowie bei Vorliegen der Voraussetzungen für die Bildung von Bewertungseinheiten. Im Zweifelsfall ist jedoch immer von einem Saldierungsverbot auszugehen.

4. Relevante Vorschriften

IFRS   Framework (F.), IAS 1, IAS 32.

US GAAP   SEC Regulation S-X.

HGB   §§ 196, 224, 225.

B. Gewinn- und Verlustrechnung

1. Gliederungsschema

IFRS Es besteht kein standardisiertes Gliederungsschema für die Gewinn- und Verlustrechnung (F.48 und .69 ff). Das Unternehmen hat das Wahlrecht, diese entweder nach dem Gesamtkosten- („Nature of Expense Method") oder dem Umsatzkostenverfahren („Function of Expense Method" oder „Cost of Sales Method") darzustellen (IAS 1.88 iVm IAS 1.91 und .92).

Zumindest folgende Posten müssen in der Gewinn- und Verlustrechnung ausgewiesen werden (Mindestgliederungsschema, IAS 1.81): Umsatzerlöse, Finanzierungsaufwendungen, Gewinn- und Verlustanteile an assoziierten Unternehmen und an Joint Venture-Unternehmen, die nach der Equity-Methode bilanziert werden, Steueraufwendungen, Gesamtsumme aus dem Ergebnis nach Steuern des aufgegebenen Geschäftsbereichs sowie dem Ergebnis nach Steuern aus der Bewertung des aufgegebenen Geschäftsbereichs auf den niedrigeren beizulegenden Zeitwert abzüglich Veräußerungskosten (einschließlich des tatsächlichen Abgangsergebnisses nach Steuern) und Periodenergebnis.

Zusätzliche Zeilen sind in die Gewinn- und Verlustrechnung aufzunehmen, wenn diese relevant für ein Verständnis der Ertragslage des Unternehmens sind (IAS 1.83).

Das Periodenergebnis ist in den Teil, der auf die Anteilseigner der Muttergesellschaft entfällt, sowie in den den Minderheitenanteilen zuzurechnenden Teil, aufzusplitten. Diese Aufteilung ist unmittelbar unterhalb der Gewinn- und Verlustrechnung zu zeigen (IAS 1.82).

US GAAP Es kann zwischen zwei Darstellungsformen gewählt werden – dem ein- und dem mehrstufigen Gliederungsschema („Single-Step" und „Multiple-Step Income Statements").

Das einstufige Schema weist zunächst sämtliche Erträge in einem Block aus, mit separaten Posten für Umsatzerlöse, Dividendenerträge, Mieterträge und andere. In einem zweiten Block werden sämtliche Aufwendungen, einschließlich des Steueraufwands nach dem Umsatzkostenverfahren, dargestellt.

Das zweistufige Gliederungsschema unterscheidet zwischen operativen und nicht-operativen Geschäftsvorfällen und stellt Aufwandspositionen den jeweiligen Ertragspositionen gegenüber.

Beide Gliederungsschemata sind bezüglich dem Ausweis irregulärer Posten, welche nach dem Ergebnis aus der gewöhnlichen Geschäftstätigkeit („Income from Continuing Operations") erfolgen, identisch. Folgende drei irregulären Posten können in der bezeichneten Reihenfolge, nach Abzug von Ertragsteuern beim jeweiligen Posten zum Ansatz kommen:
1. Einstellung von Bereichen,
2. außerordentliche Erträge und Aufwendungen,
3. Änderung von Bilanzierungs- und Bewertungsmethoden.

HGB   Das HGB beinhaltet folgende Regelungen betreffend die Gestaltung der Gewinn- und Verlustrechnung:

Für Kapitalgesellschaften ist ein festes Gliederungsschema in Staffelform gesetzlich vorgesehen, wobei die Möglichkeit besteht, zwischen dem Gesamtkosten- und dem Umsatzkostenverfahren zu wählen (§ 231 HGB). Die beiden Verfahren unterscheiden sich im betrieblichen Bereich.

Für Banken, Versicherungen und Sparkassen bestehen Sondervorschriften in den jeweiligen Sondergesetzen.

2. Außerordentliche Erträge und Aufwendungen

IFRS   Ein gesonderter Ausweis von außerordentlichen Erträgen und Aufwendungen in der Gewinn- und Verlustrechnung bzw eine entsprechende Anhangangabe ist nach IFRS nicht zulässig (IAS 1.85). Sämtliche Posten der Gewinn- und Verlustrechnung stellen ordentliche Posten dar.

US GAAP   Für außerordentliche Posten müssen die Definitionsmerkmale „ungewöhnlich" und „selten" („Unusual and Infrequent") gleichermaßen erfüllt sein. Im Gegensatz zu IFRS sind Gewinne aus dem vorzeitigen Erlöschen von Verbindlichkeiten grundsätzlich als außerordentliche Posten auszuweisen. Außerordentliche Posten (APB 30.20 ff) werden gesondert und nach Abzug von Ertragsteuern in der Gewinn- und Verlustrechnung ausgewiesen. Die Offenlegung der auf den Posten entfallenden Ertragsteuer kann wahlweise in der Gewinn- und Verlustrechnung oder im Anhang erfolgen (APB 30.10 f iVm SEC Regulation S-X: Rule 5-03).

HGB   Außerordentliche Erträge und Aufwendungen sind zwingend gesondert in der Gewinn- und Verlustrechnung auszuweisen (§ 231 Abs 2 Z 18 und 19 und Abs 3 Z 17 und 18 HGB). Beträge, die für die Beurteilung der Ertragslage nicht von untergeordneter Bedeutung sind, müssen hinsichtlich ihres Betrages und ihrer Art im Anhang erläutert werden.

Außerordentliche Erträge und Aufwendungen betreffen Geschäftsvorfälle, die in Anbetracht der Geschäftstätigkeit des Unternehmens selten und ihrer Art nach ungewöhnlich sind. Dabei ist auch auf das hinter der Erstellung des Jahresabschlusses stehende Ziel, mehrere Perioden miteinander vergleichbar zu machen, abzustellen.

3. Einstellung von Bereichen

IFRS   Der Posten betrifft eigenständige und bedeutende Bestandteile des Unternehmens, die durch Veräußerung aufgegeben werden (IFRS 5 – „Zur Veräußerung gehaltene langfristige Vermögenswerte und aufgegebene Geschäftsbereiche").

Es erfolgt ein offener Ausweis der Gesamtsumme aus dem Ergebnis nach Steuern des aufgegebenen Geschäftsbereichs (einschließlich Bewertung auf den niedrigeren beizulegenden Zeitwert abzüglich Veräußerungskosten sowie des Abgangsergebnisses, jeweils nach Steuern, so genannte

„discontinued operations") unterhalb des Ergebnisses aus den fortzuführenden Geschäftsbereichen (so genannte „continued operations").

US GAAP Vergleichbar mit IFRS. Der Ausweis erfolgt als eigener Posten nach dem
Ergebnis aus der gewöhnlichen Geschäftstätigkeit, netto nach Abzug
hierauf anfallender Ertragsteuern (so genannte „Discontinued Operations"), FAS 144.41.

HGB Das Ergebnis aus der Betriebsaufgabe ist in der Regel unter den außerordentlichen Posten auszuweisen und im Anhang zu erläutern.

4. Saldierung von Erträgen und Aufwendungen

IFRS Erträge und Aufwendungen dürfen grundsätzlich nicht saldiert werden,
außer ein Standard oder eine Interpretation erlauben oder fordern eine
Saldierung (IAS 1.32).

Nach IAS 1 können andere Erträge (außerhalb der gewöhnlichen Geschäftstätigkeit des Unternehmens) mit den dazugehörigen Aufwendungen saldiert werden, wenn diese Darstellung dem wirtschaftlichen Gehalt
dieser Geschäftsvorfälle entspricht. IAS 1 gestattet etwa die Saldierung
von Buchgewinnen und -verlusten aus der Veräußerung von langfristigen Vermögenswerten oder die Zuführung zu einer sonstigen Rückstellung mit dem Ertrag aus einer gegenläufigen Erstattung von fremden
Dritten (IAS 1.34).

Zusätzlich dürfen Gewinne und Verluste ähnlicher Geschäftsvorfälle saldiert werden, vorausgesetzt es handelt sich um unwesentliche Beträge (zB
Gewinne und Verluste aus Währungsumrechnungen). Eine Saldierung
scheidet hingegen aus, wenn es sich um wesentliche Beträge handelt (IAS
1.35).

US GAAP Grundsätzlich wie IFRS.

HGB Es besteht ein grundsätzliches Verrechnungsverbot von Aufwendungen
und Erträgen (§ 196 Abs 2). Allerdings enthalten die §§ 231 ff einige gesetzlich verankerte Saldierungsmöglichkeiten wie etwa die Verrechnung
von Erlösen mit Erlösschmälerungen (§ 232 Abs 1).

5. Änderung von Bilanzierungs- und Bewertungsmethoden

IFRS Ein Unternehmen hat seine Bilanzierungs- und Bewertungsmethoden
für ähnliche Geschäftsvorfälle, Ereignisse und Transaktionen einmalig
auszuwählen und in den Folgeperioden stetig anzuwenden. Eine differenzierte Anwendung von Bilanzierungs- und Bewertungsmethoden für
artverwandte Sachverhalte ist nur dann zulässig, wenn ein Standard oder
eine Interpretation eine differenzierte Anwendung für verschiedene Kategorien von Geschäftsvorfällen explizit vorsieht (IAS 8.13). Beispielsweise ist es nach IAS 2 gestattet, für unterschiedliche Vorratskategorien,
die sich in ihren Risiken unterscheiden, abweichende geeignete Bewertungsverfahren zu verwenden (IAS 2.25). Hingegen sind gemeinschaftlich geführte Einheiten nach IAS 31 einheitlich nach einer der beiden vorgesehenen Methoden (Wahlrecht) zu bewerten.

Änderungen von Bilanzierungs- und Bewertungsmethoden dürfen daher nur vorgenommen werden, wenn ein neuer Standard oder eine neue Interpretation dies fordern oder wenn die Änderung der Bilanzierungs- und Bewertungsmethoden insgesamt zu einer besseren Darstellung der Vermögens-, Finanz- und Ertragslage führt (IAS 8.14).

Änderungen der Bilanzierungs- und Bewertungsmethoden auf Grund der erstmaligen Anwendung eines neuen IFRS-Standards oder einer Interpretation sollten entsprechend den Übergangsvorschriften des jeweiligen Standards erfolgen (IAS 8.19.a). Falls keine derartigen Übergangsvorschriften bestehen oder die Bilanzierungs- und Bewertungsmethoden freiwillig geändert werden, ist die Anpassung retrospektiv durch eine Korrektur der Vergleichszahlen vorzunehmen (IAS 8.19.b). Das bedeutet, dass die betroffenen Vermögenswerte und Schulden so zu bilanzieren sind, als wäre die geänderte Bilanzierungs- und Bewertungsmethode von Anfang an angewandt worden (IAS 8.22). Die Anpassung hat dabei über eine Korrektur der Gewinnrücklagen in der Eröffnungsbilanz der Vergleichsperiode zu erfolgen. Bei der Ermittlung der Anpassungsbeträge ist auch der auf frühere Perioden als die Vergleichsperiode entfallende Effekt zu berücksichtigen.

Eine Ausnahme von der vollständig retrospektiven Anwendung ist in IAS 8 nur dann vorgesehen, wenn die Ermittlung des Anpassungsbetrages für einzelne Perioden oder kumuliert für die vorangegangenen Perioden praktisch undurchführbar ist (IAS 8.23 ff). In diesem Fall ist die Ermittlung des Anpassungsbetrages auf den frühest möglichen Zeitpunkt zurückzubeziehen, für den die Ermittlung durchführbar ist. Entsprechende Anhangangaben sind zu machen.

IAS 8 legt fest, dass eine praktische Undurchführbarkeit nur dann vorliegt, wenn es dem Unternehmen trotz aller angemessenen Anstrengungen nicht möglich ist, die Daten zu erheben, oder rückblickend subjektive Einschätzungen über die damalige Absicht des Managements oder die Faktenlage getroffen werden müssten (IAS 8.5). Eine praktische Undurchführbarkeit liegt aber nicht bereits dann vor, wenn die Erhebung der Daten mit einem gewissen Arbeits- oder Kostenumfang verbunden ist.

Nicht als Änderung der Bilanzierungs- und Bewertungsmethoden gilt der erstmalige Übergang von lokaler Berichterstattung auf IFRS (IFRS 1.42).

US GAAP   Vergleichbar mit IFRS (FAS 154).

HGB   Änderungen von Bilanzierungs- und Bewertungsmethoden sind in der Regel im laufenden Jahr erfolgswirksam zu erfassen. Für den Fall der Nichtvergleichbarkeit mit den Vergleichszahlen aus der Vorperiode bestehen wahlweise zwei Möglichkeiten:

- Einerseits kann eine Angabe und Erläuterung im Anhang (§ 223 Abs 2 Satz 2 HGB) erfolgen,
- andererseits können die Vorjahresbeträge angepasst (§ 223 Abs 2 Satz 3 HGB) und diese Anpassungen im Anhang angegeben und erläutert werden.

6. Kritische Bilanzierungs- und Bewertungsmethoden, Annahmen und Schätzungen

IFRS Nach IAS 1 ist zwingend im Anhang über kritische Bilanzierungs- und Bewertungsmethoden zu berichten, die einem Ermessensspielraum der Geschäftsleitung des Unternehmens unterliegen und wesentliche Auswirkungen auf im Jahresabschluss ausgewiesene Posten haben können (IAS 1.113). Typische Beispiele hierfür sind (Auswahl, keine abschließende Aufzählung):

- Klassifizierung von Finanzinstrumenten als „bis zur Endfälligkeit zu haltende Finanzinvestitionen",
- Qualifizierung von Leasingverträgen als Operating- oder Finanzierungs-Leasingverhältnisse,
- Umsatzrealisierung,
- Konsolidierung oder Nicht-Konsolidierung von Zweckgesellschaften.

Darüber hinaus ist auch über kritische Annahmen und Schätzungen mit Zukunftsbezug zu berichten, die Schätzungsunsicherheiten unterliegen und derart risikobehaftet sind, dass es im Folgejahr zu etwaigen Anpassungen von Buchwerten betreffend Vermögenswerte und Schulden kommen kann. Beispiele hierfür sind (Auswahl):

- Ertragssteuerliche Risiken (Betriebsprüfungen),
- Bestimmung des erzielbaren Betrags im Rahmen des Wertminderungstests für Geschäfts- oder Firmenwert und Vermögenswerte des Anlagevermögens,
- Bestimmung der Nutzungsdauer von Sachanlagen und immateriellen Vermögenswerten,
- Beurteilung der technischen Veralterung für Bestände,
- Ermittlung der Bewertungsparameter zur Bestimmung der beizulegenden Zeitwerte von Derivaten und anderen Finanzinstrumenten,
- Ermittlung des Rückstellungsbedarfs für Garantieverpflichtungen oder schwebende Prozesse.

US GAAP Keine derartige Regelung in US GAAP.

HGB Im Anhang sind die auf die Bilanz und Gewinn- und Verlustrechnung angewendeten Bilanzierungs- und Bewertungsmethoden so zu erläutern, dass ein möglichst getreues Bild der Vermögens-, Finanz- und Ertragslage vermittelt wird (§ 236). Insbesondere sind zusätzliche Angaben zu machen, wenn es aus besonderen Gründen nicht gelingt, dass der Jahresabschluss ein möglichst getreues Bild der Vermögens-, Finanz- und Ertragslage vermittelt (§ 222 Abs 2 letzter Satz). Ferner sind im Anhang jedenfalls die im Gesetz taxativ aufgezählten Angaben zu machen (§§ 237 ff).

7. Berichtigung von Fehlern

IFRS Als Beispiele für Fehler werden explizit folgende Umstände angeführt: Rechenfehler, Fehler bei der Anwendung von Bilanzierungs- und Bewertungsmethoden, Flüchtigkeitsfehler oder die Fehlinterpretation von Sachverhalten sowie von Betrugsfällen (IAS 8.5).

Wie bei der Änderung der Bilanzierungs- und Bewertungsmethoden sind Fehler retrospektiv zu korrigieren (IAS 8.42).

US GAAP   Vergleichbar mit IFRS (FAS 154.25).

HGB   Prinzipiell erfolgt die handelsrechtliche Berichtigung von Fehlern nur in jenem Jahr, in dem der Fehler festgestellt wurde. Die Berichtigung grundlegender Fehler von besonders schwer wiegender Natur kann zur Aufrollung der betroffenen, bereits festgestellten Jahresabschlüsse mit allen gesellschaftsrechtlichen Konsequenzen führen. Eine ausnahmsweise rückwirkende Bilanzberichtigung bis zur Fehlerquelle ist im Falle von Nichtigkeit oder erfolgreicher Anfechtung des Jahresabschlusses möglich.

8. Änderung von Schätzungen

IFRS   Eine Änderung von Schätzungen ist im Ergebnis der Berichtsperiode zu berücksichtigen. Sofern die Änderung sowohl die Berichtsperiode als auch spätere Perioden betrifft, sind die Auswirkungen der Änderung in der Periode der Änderung und in späteren Perioden zu erfassen (IAS 8.36 f).

Die Änderung des erwarteten Abschreibungsverlaufs wird als eine Änderung von Schätzungen betrachtet.

US GAAP   Vergleichbar mit IFRS, FAS 154.19 (APB 20.31).

HGB   Es besteht keine konkrete Regelung nach HGB, im Regelfall werden Änderungen nur in der laufenden Periode vorgenommen.

9. Sonstige ungewöhnliche Geschäftsvorfälle

IFRS   Sonstige ungewöhnliche Geschäftsvorfälle sind nach Größe und Art des Sachverhaltes von solcher Bedeutung, dass deren gesonderte Darstellung im Rahmen einer erhöhten Aussagefähigkeit des Jahresabschlusses erforderlich ist (IAS 1.84).

Jeder sonstige ungewöhnliche Geschäftsvorfall ist in einem eigenen Posten innerhalb der Gewinn- und Verlustrechnung, innerhalb des Ergebnisses der fortzuführenden Geschäftsbereiche, auszuweisen.

US GAAP   Großteils vergleichbar mit IFRS. Im Sprachgebrauch wird häufig von „Unusual Gains and Losses" gesprochen. Dieser Posten betrifft Geschäftsvorfälle oder Ereignisse, die entweder ungewöhnlich sind oder selten auftreten („Unusual *or* infrequent") – im Gegensatz zu dem Definitionsmerkmal für außerordentliche Erträge und Aufwendungen („Unusual *and* Infrequent"). Abweichend zu IFRS besteht nicht die Option der Erläuterung im Anhang, als Alternative zur gesonderten Darstellung in der Gewinn- und Verlustrechnung.

HGB   Diese Begriffe sind dem HGB fremd.

10. Relevante Vorschriften

IFRS   Framework (F.), IAS 1, IAS 8, IFRS 1, IFRS 5.

US GAAP   FAS 144, FAS 154, SEC Regulation S-X.

HGB   §§ 222, 223, 231, 233, 236, 237 ff.

C. Darstellung der realisierten Gewinne und Verluste

1. Darstellung

IFRS   Die Darstellung der realisierten Gewinne und Verluste kann wahlweise in einem eigenen Bestandteil des Jahresabschlusses (im so genannten „Statement of Recognised Gains and Losses") oder als gesonderter Teil innerhalb der Eigenkapitalveränderungsrechnung („Statement of Changes in Shareholders' Equity") erfolgen (IAS 1.96 bzw IAS 1.97 iVm IAS 1.101, IAS 1 IG). Bei Anwendung der ersten Alternative sind die Transaktionen mit Anteilseignern, die Entwicklung der Gewinnrücklagen sowie die Überleitungsrechnung aller übrigen Posten innerhalb des Eigenkapitals im Anhang darzustellen.

US GAAP   Es bestehen drei Darstellungsmöglichkeiten:
- Darstellung von Gewinn- und Verlustrechnung und „Other Comprehensive Income" in einem einzigen (zusammengefassten) Bestandteil des Jahresabschlusses (FAS 130.23);
- getrennte Darstellung von Gewinn- und Verlustrechnung und „Other Comprehensive Income" in zwei selbstständigen Bestandteilen des Jahresabschlusses (wie nach IFRS) (FAS 130.23); oder
- „Comprehensive Income" als gesonderter Teil innerhalb der Eigenkapitalveränderungsrechnung („Statement of Changes in Stockholders' Equity") (wie nach IFRS) (FAS 130.26).

Die Beträge für die verschiedenen Posten innerhalb des Comprehensive Income müssen einzeln offen gelegt werden.

HGB   Es besteht keine entsprechende Regelung nach HGB.

2. Bestandteile

IFRS   Die Gesamtsumme der in der Periode realisierten Gewinne und Verluste besteht aus dem Jahresergebnis laut Gewinn- und Verlustrechnung und folgenden, direkt im Eigenkapital erfassten Gewinnen und Verlusten (IAS 1.96):
- Gewinne und Verluste aus Änderungen des beizulegenden Zeitwertes von Grundstücken und Gebäuden und bestimmten Finanzinstrumenten (zur Veräußerung verfügbare finanzielle Vermögenswerte);
- Währungsumrechnungsdifferenzen aus der Umrechnung von Jahresabschlüssen von Tochtergesellschaften, assoziierten Unternehmen und Joint Ventures in anderer funktionaler Währung;

- Auswirkungen aus der Änderung von Bilanzierungs- und Bewertungsmethoden;
- Änderungen des beizulegenden Zeitwertes von Finanzinstrumenten, die als Sicherungsinstrument im Rahmen eines Cash-Flow Hedges dienen (nach Steuern) sowie die Effekte aus der späteren Umgliederung aus dem Eigenkapital heraus in die Gewinn- und Verlustrechnung bzw auf das gesicherte Grundgeschäft;
- Änderungen des beizulegenden Zeitwertes der Sicherungsinstrumente im Rahmen von Net Investment Hedges (Absicherungen von Nettoinvestitionen in einen ausländischen Geschäftsbetrieb);
- Korrektur von Fehlern.

US GAAP Vergleichbar mit IFRS. Neubewertungsrücklagen aus der Bewertung von Grundstücken zu ihrem beizulegenden Zeitwert sind im Gegensatz zu IFRS nach US GAAP allerdings nicht erlaubt (FAS 130.17).

In der Praxis kommen folgende Posten des „Other Comprehensive Income" am häufigsten vor: pension (minimum) liability adjustments („Pensionsmindestverbindlichkeitenanpassungen"), die Effekte aus der Neubewertung von zur Veräußerung verfügbaren finanziellen Vermögenswerten und Effekte aus der Fremdwährungsumrechnung.

HGB Nicht vergleichbar, es besteht keine entsprechende Darstellung nach HGB.

3. Relevante Vorschriften

IFRS IAS 1.

US GAAP FAS 130.

D. Eigenkapitalveränderungsrechnung

1. Darstellung und Bestandteile

IFRS Die Eigenkapitalveränderungsrechnung ist dann als eigener Bestandteil des Jahresabschlusses darzustellen, wenn nicht bereits eine Darstellung der realisierten Gewinne und Verluste als eigener Bestandteil erfolgt. Die Eigenkapitalveränderungsrechnung beinhaltet Transaktionen mit Anteilseignern, die Veränderung der Gewinnrücklagen sowie eine Überleitungsrechnung aller übrigen Posten innerhalb des Eigenkapitals (IAS 1.97 iVm IAS 1.101, IAS 1 IG).

US GAAP Vergleichbar mit IFRS, aber prinzipiell ist die Eigenkapitalveränderungsrechnung als eigener Bestandteil des Jahresabschlusses vorgesehen, somit besteht kein Wahlrecht hinsichtlich einer Darstellung im Anhang (SEC Regulation S-X: Rule 3-04 iVm CON 1.6).

HGB Für den Jahresabschluss besteht keine entsprechende Regelung nach HGB; die Darstellung eines Eigenkapitalspiegels ist nicht verpflichtend vorgesehen. Die Aufgliederung des Eigenkapitals und der Stand zu den

jeweiligen Stichtagen kann im Wesentlichen aus der Bilanz ersehen werden (§ 229 HGB). Für an der Wiener Börse notierende Unternehmen des
Prime Market ist seit 1. Januar 2002 eine Eigenkapitalveränderungsrechnung zwingend vorgesehen (Regelwerk der Wiener Börse).

Die Bestandteile des Konzernabschlusses wurden mit dem ReLÄG 2004
erweitert. Nunmehr ist auch die Darstellung der Komponenten des Eigenkapitals und ihrer Entwicklung ein fixer Bestandteil des Konzernabschlusses (§ 250 Abs 1). Die neue Regelung ist auf Geschäftsjahre anzuwenden, die nach dem 31. Dezember 2004 beginnen (§ 906 Abs 11).

2. Relevante Vorschriften

IAS   IAS 1.

US GAAP SEC Regulation S-X, CON 1.

HGB   §§ 229, 250, 906.

E. Kapitalflussrechnung

1. Definition von Zahlungsmitteln und Zahlungsmitteläquivalenten

IFRS   Zahlungsmittel umfassen Barmittel und Sichteinlagen, somit auch Kontokorrentverbindlichkeiten, nicht jedoch kurzfristige Bankverbindlich-
keiten, die als Geldflüsse aus Finanzierungsaktivitäten zu klassifizieren
sind. Zahlungsmitteläquivalente sind kurzfristige, hoch liquide Finanzinvestitionen, die jederzeit in Zahlungsmittelbeträge umgewandelt werden
können und nur unwesentlichen Wertschwankungsrisiken unterliegen.
Eine Finanzinvestition ist grundsätzlich nur dann als Zahlungsmittel-
äquivalent zu qualifizieren, wenn das Fälligkeitsdatum nicht mehr als
drei Monate nach dem Erwerbsdatum liegt (IAS 7.6 f).

US GAAP Die Definition von Zahlungsmitteläquivalenten ist vergleichbar mit jener
nach IFRS (FAS 95.8 f), Änderungen der Kontokorrentverbindlichkeiten
sind jedoch als Geldflüsse aus Finanzierungsaktivitäten zu qualifizieren.

HGB   Es besteht keine handelsrechtliche Verpflichtung in Österreich, im Jahresabschluss eine Kapital-/Geldflussrechnung aufzustellen. Art 2 der
4. EU-Richtlinie ermächtigt die einzelnen Mitgliedsstaaten, Kapitalflussrechnungen zwingend vorzuschreiben. Nach dem Regelwerk der Wiener
Börse ist eine Geldflussrechnung für Unternehmen des Prime Market
zwingend vorgesehen.

Eine Erstellung von Kapitalflussrechnungen richtet sich nach den Regelungen des Fachgutachtens KFS/BW 2 („Die Geldflussrechnung als Er-
gänzung des Jahresabschlusses", 1997).

Danach umfassen Zahlungsmittel und Zahlungsmitteläquivalente den
Bilanzposten „Kassenbestand, Schecks, Guthaben bei Kreditinstituten"
(§ 224 Abs 2 B IV HGB) zuzüglich sonstiger als Liquiditätsreserve gehaltener flüssiger Mittel. Das sind unter Berücksichtigung des Stetigkeits-

grundsatzes Wertpapiere des Umlaufvermögens, die sofort in Geld umgewandelt werden können und dabei nur einem unwesentlichen Wertschwankungsrisiko unterliegen. Bankguthaben, die nicht innerhalb von drei Monaten flüssig gemacht werden können, dürfen nicht in den Finanzmittelfonds aufgenommen werden.

Für Konzernabschlüsse gilt, dass für Geschäftsjahre, die nach dem 31. Dezember 2004 beginnen, eine Konzernkapitalflussrechnung gesetzlich vorgesehener Bestandteil des Konzernabschlusses ist (§ 250 Abs 1 idF ReLÄG 2004).

2. Direkte/Indirekte Methode

IFRS   Die Kapitalflussrechnung stellt Zu- und Abflüsse von Zahlungsmitteln und Zahlungsmitteläquivalenten dar, wobei vom Ergebnis ausgegangen wird. Es kann entweder die direkte (bevorzugte) Methode oder die indirekte (alternativ zulässige) Methode verwendet werden, wobei letztere in der Praxis häufiger zur Anwendung kommt.

Nach beiden Methoden werden Geldflüsse nach betrieblichen Tätigkeiten, Investitions- und Finanzierungstätigkeiten eingeordnet („CashFlows from Operating/Investing/Financing Activities"). Beide Methoden führen zum selben Ergebnis und nach beiden Methoden ist die Darstellung von Geldflüssen aus Investitions- und Finanzierungstätigkeiten identisch. Der konzeptionelle Unterschied liegt somit in der Darstellung der Geldflüsse aus betrieblicher Tätigkeit: Bei der direkten Methode werden die Hauptgruppen der Bruttoeinzahlungen und Bruttoauszahlungen angegeben (IAS 7.19). Bei der indirekten Methode wird das Periodenergebnis um Auswirkungen von nicht zahlungswirksamen Geschäftsvorfällen sowie um Ertrags- und Aufwandsposten, die dem Investitions- oder Finanzierungsbereich zuzurechnen sind, berichtigt und anschließend um Änderungen im Nettoumlaufvermögen bereinigt (IAS 7.20).

US GAAP   Prinzipiell vergleichbar mit IFRS, es wird aber vom Jahresergebnis („Net Income/Loss") ausgegangen, wobei die Darstellung auf Zahlungseinnahmen und -ausgaben beruht. Die direkte Methode wird, bei gleichzeitiger Wahlmöglichkeit bezüglich der indirekten Methode, bevorzugt (FAS 95.26 f).

HGB   Die Ableitung des Netto-Geldflusses aus laufender Geschäftstätigkeit nach dem Fachgutachten KFS/BW 2 kann nach der direkten oder der indirekten Methode erfolgen – beide Methoden führen bei sachgerechter Anwendung zum gleichen Ergebnis.

Bei der direkten Methode werden die Geldzu- und -abflüsse in voller Höhe ausgewiesen. Bei der indirekten Methode wird das Jahresergebnis auf den Netto-Geldfluss aus der laufenden Geschäftstätigkeit übergeleitet.

Das Fachgutachten nimmt Bezug auf IAS 7, wonach beide Methoden zugelassen werden, jedoch die direkte Methode empfohlen wird. In der Praxis überwiegt die Anwendung der indirekten Methode. Da die indirekte Methode die Gründe für die Divergenz zwischen Jahresergebnis und

Netto-Geldfluss aus laufender Geschäftstätigkeit aufzeigt, sollte sie bei Anwendung der direkten Methode als gesonderte Rechnung Bestandteil der Darstellung der Finanzlage sein (KFS/BW 2, Abschnitt 7.2.1).

Nach KFS/BW 2 entspricht die Geldflussrechnung der internationalen Mindestgliederung der Geldflüsse und wird in folgende Bereiche unterteilt:
- laufende Geschäftstätigkeit,
- Investitionstätigkeit,
- Finanzierungstätigkeit.

Es besteht die Möglichkeit, weitere Untergliederungen vorzunehmen, um solcherart jeden Tätigkeitsbereich in seinem Informationsgehalt anzureichern, wodurch eine differenzierte Analyse ermöglicht wird (KFS/BW 2, Abschnitt 4).

3. Einordnung bestimmter Posten

Posten	IFRS	US GAAP	HGB
Bezahlte Zinsen	Betriebliche oder Finanzierungstätigkeit	Betriebliche Tätigkeit	Betriebliche Tätigkeit
Erhaltene Zinsen	Betriebliche oder Investitionstätigkeit	Betriebliche Tätigkeit	Betriebliche Tätigkeit
Bezahlte Dividenden	Betriebliche oder Finanzierungstätigkeit	Finanzierungstätigkeit	Finanzierungstätigkeit
Erhaltene Dividenden	Betriebliche oder Investitionstätigkeit	Betriebliche Tätigkeit	Betriebliche Tätigkeit
Bezahlte Steuern	Betriebliche Tätigkeit, es sei denn, die Steuern können bestimmten Finanzierungs- oder Investitionsaktivitäten zugeordnet werden	Betriebliche Tätigkeit	Betriebliche Tätigkeit, in Ausnahmefällen auch Investitions- oder Finanzierungstätigkeit. Ertragssteuern sind gesondert auszuweisen

4. Relevante Vorschriften

IFRS   Framework (F.), IAS 1, IAS 7, IAS 39.

US GAAP   FAS 16, FAS 95, FAS 102, FAS 130, FAS 154, APB 3, APB 30, APB 43, SEC Regulation S-X.

HGB   § 224, 250, KFS/BW 2.

IV. Konzernabschlüsse

A. Erstellung von Konzernabschlüssen

Konzernabschlüssen ist international und in zunehmendem Maß auch national auf Grund ihres im Vergleich zum Einzelabschluss höheren Informationscharakters eine vorrangige Bedeutung beizumessen.

Sowohl nach nationalen als auch nach internationalen Vorschriften sind prinzipiell alle in- und ausländischen Tochterunternehmen (Ausnahme: Befreiungstatbestände, Einbeziehungsverbote und -wahlrechte) in den Konzernabschluss einzubeziehen (Weltabschluss), der nach der Einheitstheorie aufzustellen ist.

1. Verpflichtung zur Erstellung von Konzernabschlüssen

IFRS   Mutterunternehmen sind Unternehmen mit einem oder mehreren Tochterunternehmen (IAS 27.4). Mutterunternehmen sind unabhängig von ihrer Rechtsform und Größe zur Aufstellung eines Konzernabschlusses, der in der Regel alle Tochterunternehmen einbezieht, verpflichtet (IAS 27.9).

US GAAP   Vergleichbar mit IFRS (ergibt sich aus SEC-Vorschriften, va SEC Regulation S-X: Rule 3-01 [f], FAS 94, EITF 96-16).

HGB   Mutterunternehmen sind entweder Kapitalgesellschaften oder Personenhandelsgesellschaften ohne natürliche Person als vertretungsbefugten Gesellschafter (§ 221 Abs 5 HGB), die ihren Sitz in Österreich haben.

Die Verpflichtung zur Aufstellung eines Konzernabschlusses samt Konzernlagebericht besteht bei Vorliegen eines Mutter-Tochterverhältnisses unter folgenden Voraussetzungen:
- einheitliche Leitung (§ 244 Abs 1 HGB) und Beteiligung des Mutterunternehmens am Tochterunternehmen von zumindest 20% (§ 228 HGB),
- oder beherrschender Einfluss (§ 244 Abs 2 HGB) des Mutterunternehmens (Control-Konzept).

2. Befreiungstatbestände

IFRS   Ein Mutterunternehmen ist immer dann von der Erstellung eines Konzernabschlusses befreit, wenn es vollständig oder nahezu vollständig (mindestens 90% der Stimmrechte) im Besitz eines übergeordneten Mutterunternehmens steht, und die Zustimmung der Minderheitsgesellschafter eingeholt hat. Bei der Offenlegung müssen bestimmte zusätzliche Angaben gemacht werden (IAS 27.9 iVm IAS 27.10). Darüber hinaus ist ein Mutterunternehmen von der Aufstellung eines Konzernabschlusses befreit, wenn es weder mit Eigen- oder Schuldtiteln an einer Börse notiert, keine derartige Notierung beabsichtigt und beantragt hat oder ein übergeordnetes Konzernunternehmen einen Konzernabschluss veröffentlicht, der den IFRS-Vorschriften entspricht.

US GAAP　Es bestehen keine Befreiungstatbestände.

HGB　Die Verpflichtung zur Aufstellung von Konzernabschlüssen sowie die Befreiung hievon richtet sich nach dem Vorliegen bestimmter gesetzlich normierter Größenmerkmale.

Generell ist ein Konzernabschluss bei Vorliegen dieser Größenmerkmale (§ 246 Abs 1 HGB) an zwei aufeinander folgenden Bilanzstichtagen ab dem Folgegeschäftsjahr aufzustellen. Gleiches gilt für die Befreiung von der Aufstellung eines Konzernabschlusses (§ 246 Abs 2 HGB; unserer Ansicht nach tritt auch hier die Befreiung ab dem auf zwei aufeinander folgende Bilanzstichtage folgenden Geschäftsjahr ein, wofür auch die Materialien und die teleologische Interpretation sprechen).

Die für den Konzernabschluss relevanten Größenmerkmale wurden mit dem ReLÄG 2004 geändert. Die neuen Größenmerkmale sind mit 1. Januar 2005 in Kraft getreten. Zu beachten ist, dass für den Eintritt der Rechtsfolgen die geänderten Größenmerkmale auch auf Beobachtungszeiträume anzuwenden sind, die vor diesem Zeitpunkt liegen:

Werte additiv (§ 246 Abs 1 Z 1 HGB)	EUR
Bilanzsumme	17,52 Mio
Umsatzerlöse	35,04 Mio
Arbeitnehmer	250

Werte konsolidiert (§ 246 Abs 1 Z 2 HGB)	EUR
Bilanzsumme	14,6 Mio
Umsatzerlöse	29,2 Mio
Arbeitnehmer	250

Befreiender Konzernabschluss:
Daneben gilt ein nach IFRS und bis Ende 2006 für bestimmte Unternehmen auch nach anderen international anerkannten Rechnungslegungsgrundsätzen (US GAAP) aufgestellter Konzernabschluss bei Einhaltung bestimmter formeller und materieller Voraussetzungen als befreiend im Sinne von § 245a HGB. Siehe dazu die Ausführungen unter „Übereinstimmung mit zugrunde liegendem Rechnungslegungssystem".

3. Relevante Vorschriften

IFRS　IAS 27.

US GAAP　SEC Regulation S-X, FAS 94, EITF 96-16.

HGB　§§ 221, 228, 244, 245a, 246.

B. Tochterunternehmen

1. Definition

IFRS Für die Qualifikation als Mutter-/Tochterunternehmen wird auf das Konzept der Beherrschung abgestellt („Concept of the Power to Control"). Ein Tochterunternehmen („Subsidiary") ist ein Unternehmen (einschließlich Nicht-Kapitalgesellschaften), das von einem anderen Unternehmen, dem Mutterunternehmen, beherrscht wird. Beherrschung wird als Möglichkeit definiert, die Finanz- und Geschäftspolitik eines Unternehmens zu bestimmen („the Power to Govern the Financial and Operating Policies"), um aus dessen Tätigkeiten Nutzen zu ziehen (IFRS 3 Anhang A, IAS 27.4).

Es besteht die widerlegbare Vermutung der Beherrschung, wenn das Mutterunternehmen mehr als die Hälfte der Stimmrechte hält. Eigene Anteile sind nicht in die Berechnung einzubeziehen.

Darüber hinaus sind potenzielle Stimmrechte, die am Bilanzstichtag ausgeübt werden können, in die Betrachtungen zur Feststellung des Vorliegens von Beherrschung einzubeziehen (IAS 27.14 f). Dies schließt auch von anderen Unternehmen gehaltene potenzielle Stimmrechte ein. Eine etwa fehlende Absicht oder mangelnde Finanzkraft zur Ausübung oder Wandlung potenzieller Stimmrechte ist für die Beurteilung irrelevant.

Beherrschung kann auch entstehen durch:
- Beherrschungsverträge;
- Stimmrechtsmehrheit auf Grund vertraglicher Vereinbarungen mit anderen Anteilseignern;
- Berechtigung zur Bestellung und Abberufung der Mehrheit der Mitglieder des Vorstands.

US GAAP Die Definition eines Tochterunternehmens zum Zweck der Konsolidierung unterscheidet sich maßgeblich von jener nach IFRS.

US GAAP stellt auf die Kontrolle über Anteilsrechte ab (dh auf das Halten der Mehrheit an den stimmberechtigten Aktien), nicht hingegen auf die Beherrschung der Finanz- und Geschäftspolitik (FAS 94.2). Sollte allerdings ein Minderheitsgesellschafter bestimmte Zustimmungs- bzw Vetorechte haben, darf nicht vollkonsolidiert werden (EITF 96-16).

HGB Tochterunternehmen sind Unternehmen, die unter der einheitlichen Leitung oder dem beherrschenden Einfluss eines Mutterunternehmens stehen (§ 244 HGB). Sie sind unabhängig von ihrer Rechtsform und ihrem Sitz (Weltabschluss – § 247 Abs 1 HGB) in den Konzernabschluss einzubeziehen.

Beherrschender Einfluss liegt in folgenden Fällen vor:
1. Mehrheit der Stimmrechte
2. Recht zur Organbestellung
3. Beherrschungsrecht
4. Stimmrechtsbindungsverträge (Syndikatsverträge)

2. Zweckgesellschaften

IFRS   Nach IFRS ist die Konsolidierung einer Zweckgesellschaft („Special Purpose Entity") vorgeschrieben, wenn diese bei wirtschaftlicher Betrachtungsweise durch ein Unternehmen beherrscht wird (SIC-12). Hinweise auf eine Beherrschung liegen in folgenden Fällen vor:

- Die Geschäftstätigkeit der Zweckgesellschaft wird bei wirtschaftlicher Betrachtung zu Gunsten des Unternehmens, entsprechend seiner besonderen Geschäftsbedürfnisse, geführt.
- Bei wirtschaftlicher Betrachtung verfügt das Unternehmen über die Entscheidungsmacht, die Mehrheit des Nutzens aus der Geschäftstätigkeit der Zweckgesellschaft zu ziehen, oder das Unternehmen hat durch Einrichtung eines so genannten „Autopilot-Mechanismus" diese Entscheidungsmacht delegiert.
- Bei wirtschaftlicher Betrachtung verfügt das Unternehmen über das Recht, die Mehrheit des Nutzens aus der Zweckgesellschaft zu ziehen, und ist deshalb unter Umständen Risiken ausgesetzt, die mit der Geschäftstätigkeit der Zweckgesellschaft verbunden sind.
- Das Unternehmen behält bei wirtschaftlicher Betrachtung die Mehrheit der Residual- oder Eigentumsrisiken oder Vermögenswerte, um Nutzen aus ihrer Geschäftstätigkeit zu ziehen.

US GAAP FIN 46 adressiert die Bilanzierung von Zweckgesellschaften nach US GAAP (Consolidation of Variable Interest Entities), wobei die Konsolidierungspflicht sehr weit geht. Die Beurteilung der Konsolidierungspflicht erfordert vor allem eine Evaluierung der wesentlichen mit der Beteiligung verbundenen Risiken und Chancen.

HGB   Grundsätzlich ist der Begriff dem HGB fremd.

Auf EU-Ebene ist im Vorschlag einer Richtlinie zur Abänderung der 4. und 7. EU-Richtlinie vom 28. Oktober 2004 vorgesehen, künftig verpflichtende Anhangangaben betreffend Art und Geschäftszweck der Geschäfte des Unternehmens, die nicht in die Bilanz einbezogen sind und die finanziellen Auswirkungen jener Geschäfte auf das Unternehmen insoweit, als die Informationen wesentlich sind und die Einschätzung der finanziellen Lage des Unternehmens unterstützen, vorzuschreiben.

3. Von der Konsolidierung ausgeschlossene Tochterunternehmen

a) Einbeziehungsverbote

IFRS   IAS 27 enthält eine umfassende Konsolidierungspflicht. Das bedeutet, dass Tochterunternehmen auch dann zu konsolidieren sind, wenn sie eine abweichende Geschäftstätigkeit aufweisen oder wenn das Tochterunternehmen unter erheblichen und langfristigen Beschränkungen tätig ist, die seine Fähigkeit zum Finanzmitteltransfer an das Mutterunternehmen wesentlich beeinträchtigen. In diesem Fall ist über Art und Ausmaß der Beschränkung im Anhang zu berichten. Eine Befreiung von der Konsolidierungspflicht liegt auch dann nicht vor, wenn Tochterunternehmen von Venture Capital-Gesellschaften, Investmentfonds und vergleichbaren Unternehmen gehalten werden (IAS 27.19).

Eine Besonderheit gilt für Tochterunternehmen, die bereits mit Veräußerungsabsicht erworben werden. Für diese Tochterunternehmen gelten die Vorschriften des IFRS 5 – „Zur Veräußerung gehaltene langfristige Vermögenswerte und aufgegebene Geschäftsbereiche." Eine Veräußerungsabsicht liegt nur dann vor, wenn die Tochtergesellschaft unmittelbar veräußert werden kann und wenn der Verkauf als hoch wahrscheinlich eingestuft werden kann (IFRS 5.6 iVm IFRS 5.11).

Tochterunternehmen, die mit Veräußerungsabsicht erworben werden, sind in einer besonderen Form zu konsolidieren (erstmalige Erfassung). In einem ersten Schritt ist der beizulegende Zeitwert abzüglich Veräußerungskosten zu ermitteln. Die erworbenen Vermögenswerte des Unternehmens sind mit dem beizulegenden Zeitwert abzüglich Veräußerungskosten und zuzüglich des beizulegenden Zeitwertes der Schulden des Tochterunternehmens zu bewerten und in einer eigenen Zeile als „zur Veräußerung gehaltene langfristige Vermögenswerte" innerhalb des Umlaufvermögens auszuweisen. Gleichermaßen sind die dem Tochterunternehmen zuzurechnenden Schulden als „Verbindlichkeiten, die im Zusammenhang mit den zur Veräußerung gehaltenen langfristigen Vermögenswerten stehen" in einer eigenen Zeile auf der Passivseite im kurzfristigen Bereich zu erfassen (IFRS 5, Guidance on Implementing, Beispiel 13).

Mit Veräußerungsabsicht erworbene Tochterunternehmen stellen per definitionem „aufgegebene Geschäftsbereiche" dar (IFRS 5, BC.72). Entsprechend sind die Ergebnisse des mit Veräußerungsabsicht erworbenen Tochterunternehmens als „aufgegebener Geschäftsbereich" in einer eigenen Zeile in der Gewinn- und Verlustrechnung unterhalb des Ergebnisses für die fortzuführenden Bereiche zu erfassen.

Sofern bestehende Tochtergesellschaften die Kriterien des IFRS 5 „als zur Veräußerung gehalten" erfüllen, unterliegen diese ebenfalls den besonderen Ausweis- und Bewertungsvorschriften des IFRS 5. Das bedeutet, dass das Reinvermögen dieser Tochtergesellschaften entsprechend auf der Aktiv- bzw Passivseite in jeweils eigenen Zeilen im kurzfristigen Bereich der Bilanz auszuweisen ist. Gleichzeitig mit der Umgliederung hat eine Bewertung zum niedrigeren Wert von bisher fortgeführten Konzernbuchwerten und beizulegendem Zeitwert abzüglich Veräußerungskosten zu erfolgen. Darüber hinaus sieht IFRS 5 vor, dass zB planmäßige Abschreibungen für Sachanlagen und immaterielle Vermögenswerte ab der Qualifizierung „als zur Veräußerung gehalten" entfallen.

Ab dem Zeitpunkt, ab dem keine Beherrschung vorliegt, ist die Beteiligung zum beizulegenden Zeitwert nach IAS 39 zu bilanzieren, es sei denn, es liegt maßgeblicher Einfluss oder eine gemeinschaftliche Führung vor. In diesen Fällen erfolgt eine Übergangskonsolidierung auf IAS 28 bzw IAS 31 (IAS 27.31 f).

US GAAP   Vergleichbar mit IFRS; FAS 144 regelt in ähnlicher Weise wie IFRS 5 das Einbeziehungsverbot.

IFRS 5 wurde als Ausfluss des Convergence Projektes an FAS 144 angeglichen.

HGB   Bisher bestand ein Verbot der Einbeziehung von Tochterunternehmen in den Konzernabschluss im Falle des Vorliegens einer erheblich abweichenden Geschäftstätigkeit. Die – faktisch ausgeübte – Tätigkeit des Tochterunternehmens musste sich von der Tätigkeit der anderen Konzernunternehmen dermaßen unterscheiden, dass eine Einbeziehung der Darstellung eines möglichst getreuen Bildes der Vermögens-, Finanz- und Ertragslage abträglich gewesen wäre. Mit 1. Januar 2005 wurde dieses Einbeziehungsverbot durch das ReLÄG 2004 aufgehoben.

b) Einbeziehungswahlrechte

IFRS   Es bestehen keine expliziten Einbeziehungswahlrechte.

In der Praxis werden häufig unwesentliche Tochterunternehmen nicht im Rahmen der Vollkonsolidierung in den IFRS-Konzernabschluss einbezogen. Nichtvollkonsolidierte Tochterunternehmen sind dann zum beizulegenden Zeitwert nach IAS 39 anzusetzen.

Sollte der beizulegende Zeitwert nicht unerheblich sein, ist dies ein Anzeichen dafür, dass das Tochterunternehmen nicht unwesentlich ist und somit vollkonsolidiert werden muss.

Wird ein bislang nicht vollkonsolidiertes Tochterunternehmen nachträglich wesentlich, so ist das Tochterunternehmen retrospektiv einzubeziehen. Das bedeutet, dass die Nachkonsolidierung so zu erfolgen hat, als wenn das Tochterunternehmen immer schon im Wege der Vollkonsolidierung einbezogen gewesen wäre.

US GAAP   Vergleichbar mit IFRS.

HGB   Unter folgenden Voraussetzungen besteht ein Einbeziehungswahlrecht (§ 249 HGB):
- erhebliche/dauernde Beschränkungen der Rechte des Mutterunternehmens,
- Unverhältnismäßigkeit von Aufwand und Kosten bezogen auf die Größe des Tochterunternehmens,
- untergeordnete Bedeutung des Tochterunternehmens.

Das ausgeübte Wahlrecht ist im Anhang anzugeben und zu begründen.

Die nicht einbezogenen Tochterunternehmen sind nach der Equity-Methode zu bilanzieren.

c) Verminderung der Beteiligungshöhe an einem Tochterunternehmen

IFRS   Die IFRS-Vorschriften enthalten keine explizite Regelung, wie die Verminderung der Beteiligungshöhe an einem Tochterunternehmen zu bilanzieren ist. In der Praxis hat sich schwerpunktmäßig folgende Vorgehensweise etabliert: in der Gewinn- und Verlustrechnung wird ein

Gewinn oder Verlust aus der Teilveräußerung erfasst. Dieser errechnet sich durch Vergleich der Anteile am Buchwert des Reinvermögens (vor und nach dem Verkauf) mit dem Verkaufserlös.

Sofern zwar die Beteiligungshöhe an einem Tochterunternehmen vermindert wird, allerdings weiterhin die Beherrschung über das Tochterunternehmen aufrecht bleibt, wird alternativ eine ergebnisneutrale Verrechnung des Differenzbetrags mit dem Eigenkapital befürwortet. Diese Sichtweise ist das Ergebnis des so genannten „Economic Entity Model", bei dem derartige Transaktionen mit Minderheiten als solche mit Eigenkapitalgebern gewertet werden, aus denen keine Auswirkungen auf das Periodenergebnis resultieren sollen.

US GAAP Nach US GAAP stellen Anteile von Minderheiten grundsätzlich Fremdkapital dar, dh es wird dem „Parent Company Model" gefolgt. Transaktionen mit Minderheiten werden daher über die Gewinn- und Verlustrechnung als Änderung einer Verbindlichkeit abgewickelt.

HGB Vergleichbar mit IFRS.

d) Einheitliche Bilanzierungs- und Bewertungsmethoden

IFRS Bei der Aufstellung eines Konzernabschlusses sind einheitliche Bilanzierungs- und Bewertungsmethoden für sämtliche Unternehmen des Konsolidierungskreises anzuwenden (IAS 27.28). Die frühere Bestimmung, einheitliche Bilanzierungs- und Bewertungsmethoden dann nicht anzuwenden, wenn dies nicht praktikabel ist, wurde ersatzlos gestrichen.

US GAAP Es sind einheitliche Bilanzierungs- und Bewertungsmethoden anzuwenden. Branchenspezifische Bilanzierungs- und Bewertungsmethoden eines Tochterunternehmens dürfen jedoch beibehalten werden, wenn sie für das Mutterunternehmen nicht zutreffend sind.

HGB Die in den Konzernabschluss übernommenen Vermögensgegenstände und Schulden der in den Konzernabschluss einbezogenen Unternehmen sind nach den auf den Jahresabschluss des Mutterunternehmens anwendbaren Bewertungsmethoden einheitlich zu bewerten (Einheitstheorie). Daraus resultiert eine Verpflichtung zur Neubewertung für den Fall abweichender Bewertungsmethoden bei einzubeziehenden Unternehmen. Von einer einheitlichen Bewertung kann abgesehen werden, wenn die daraus resultierende Beeinträchtigung der Darstellung der Vermögens-, Finanz- und Ertragslage des Konzerns nur von untergeordneter Bedeutung ist, oder besondere Umstände vorliegen, also beispielsweise die Neubewertung unmöglich oder wirtschaftlich untunlich ist. Diese Ausnahmen müssen im Konzernanhang angegeben und begründet werden (§ 260 HGB).

e) Berichtszeiträume

IFRS Die Einzelabschlüsse der konsolidierten Tochterunternehmen sind grundsätzlich auf den Stichtag des Konzernabschlusses des Mutterunternehmens aufzustellen. Abweichende Bilanzstichtage sind erlaubt, jedoch darf die Abweichung nicht mehr als drei Monate betragen. Für die Auswirkungen bedeutender Geschäftsvorfälle und Ereignisse, die zwischen den abweichenden Stichtagen eingetreten sind, sind Berichtigungen im Konzernabschluss vorzunehmen (IAS 27.26 f).

US GAAP Vergleichbar mit IFRS (ARB 51.4).

HGB Für den Konzernabschluss ist entweder auf den Bilanzstichtag des Mutterunternehmens oder auf jenen der Mehrzahl bzw der bedeutendsten einbezogenen Unternehmen abzustellen. Für den Fall der Abweichung vom Bilanzstichtag des Mutterunternehmens ist eine Angabepflicht im Anhang samt Begründung erforderlich.

Für einbezogene Unternehmen, deren Abschlussstichtag mehr als drei Monate vor dem Stichtag des Konzernabschlusses liegt, muss ein Zwischenabschluss aufgestellt werden. Liegen unterschiedliche Bilanzstichtage vor und wird kein Zwischenabschluss erstellt, müssen wesentliche Geschäftsvorfälle entweder in der Konzernbilanz und Konzern-Gewinn- und Verlustrechnung ihren Niederschlag finden, oder im Konzernanhang angegeben werden (§ 252 HGB).

4. Laufende Projekte (IASB; FASB)

a) „Consolidation and Special Purpose Entities" – Project Summary

Durch dieses Projekt sollen IAS 27 und SIC-12 ersetzt und durch einen zusammenfassenden Standard zur Bestimmung, wann Beherrschung vorliegt, ersetzt werden. Dabei wird sowohl die Definition von Beherrschung als auch die Definition einer Zweckgesellschaft in Teilen neu geregelt werden.

Bekräftigt wird, dass eine Tochtergesellschaft dann vorliegt, wenn eine andere Einheit diese beherrscht. Hierfür ist erforderlich, dass aus Sicht der beherrschenden Partei die drei nachfolgenden Kriterien erfüllt sind:
- die Möglichkeit, uneingeschränkt die strategischen, finanziellen und operativen Entscheidungen zu treffen („Power Criterion"),
- die Möglichkeit, aus der Tochtergesellschaft Nutzen zu ziehen („Benefit Criterion"), und
- die Möglichkeit, seine beherrschende Position so einzusetzen, um den Nutzen zu erhöhen, zu erhalten und zu schützen.

Ein Mindestausmaß einer Beteiligungshöhe ist hierfür nicht erforderlich, entscheidend sind die Umstände des Einzelfalls. Ebenso soll geregelt werden, unter welchen Umständen eine Präsenzmehrheit als ein die Beherrschung vermittelnder Tatbestand gewertet werden soll.

Darüber hinaus soll erstmals eine Definition für „Strohmänner" bzw „Treuhänder" in den Standard aufgenommen werden.

b) Exposure Draft – Proposed Amendments to IAS 27 „Consolidated and Separate Financial Statements"

Der Entwurf wurde als Ergebnis der Business Combinations Phase II veröffentlicht und regelt neben Detailfragen zur Anwendung der Erwerbsmethode auch Transaktionen mit Minderheiten neu.

Erhöht zB ein Unternehmen seine Beteiligungsquote an einem bestehenden Tochterunternehmen oder veräußert es Anteile an Minderheiten, ohne dadurch die Beherrschung zu verlieren, so werden diese Transaktionen als Transaktionen mit Eigenkapitalgebern interpretiert. Daher werden diese Transaktionen nicht wie Zukäufe von fremden Dritten unter Aufdeckung von stillen Reserven und Lasten oder als Verkäufe an fremde Dritte mit einer Auswirkung auf die Gewinn- und Verlustrechnung bilanziert, sondern die geleisteten Anschaffungskosten bzw die erhaltenen Zahlungen werden unmittelbar mit dem Eigenkapital (und auch mit den Minderheiten) verrechnet.

Wenn ein Unternehmen auf Grund eines Verkaufvorgangs die Beherrschung über ein Tochterunternehmen verliert, so ist der Veräußerungsvorgang in der Gewinn- und Verlustrechnung zu erfassen. Auch bisher in Bezug auf das Tochterunternehmen ergebnisneutral erfasste Gewinne und Verluste, die ursprünglich in einer Rücklage bilanziert wurden, sind ergebniswirksam in der Gewinn- und Verlustrechnung zu vereinnahmen.

Werden die Anteile nicht vollständig veräußert, so ist der beizulegende Zeitwert der verbleibenden Anteile zum Zeitpunkt des Beherrschungsverlustes, zu ermitteln; dieser stellt dann die (neuen) Anschaffungskosten für die verbleibende Beteiligungshöhe dar, die in Abhängigkeit der Einflussnahme nach IAS 28, IAS 31 oder IAS 39 fortzuführen sind.

Verluste, die auf Minderheiten entfallen, werden zukünftig diesen auch zugerechnet, wenn der in der Bilanz ausgewiesene Minderheitenanteil geringer als die anteiligen Verluste ist.

c) Jüngste Initiative – US GAAP

Das FASB hat im Rahmen seines Rahmenprojektes zum Thema Konsolidierungs-Richtlinien und Prozeduren in einem bereits im Februar 1999 veröffentlichten Exposure Draft angeregt, die Definition des Begriffes Tochterunternehmen abzuändern, und zwar in Richtung einer Annäherung an die IFRS-Definition. Das Diskussionspapier weitet das Konzept der Beherrschungsmacht aus, indem neben der gegenwärtig bestehenden rein juristischen Betrachtungsweise (Mehrheit der Stimmrechtsanteile) die Möglichkeit der Einflussnahme auf Entscheidungsprozesse im Tochterunternehmen Berücksichtigung finden soll.

5. Relevante Vorschriften

IFRS   IFRS 3, IFRS 5, IAS 27, IAS 39, SIC-12.

US GAAP   ARB 51, FAS 94, FAS 141, FAS 144, FIN 46, SAB 51, SAB 84, ED 194-B, EITF 90-15, EITF 96-16, SOP 93-6.

HGB   §§ 244, 247, 248, 249, 252, 260.

C. Anteile an assoziierten Unternehmen

1. Definition

IFRS Ein assoziiertes Unternehmen („Associate") ist ein Unternehmen (einschließlich Nicht-Kapitalgesellschaften), dessen finanz- und geschäftspolitische Entscheidungsprozesse vom Anteilseigner in Form von Mitwirkungsrechten maßgeblich beeinflusst werden können, ohne dass eine Beherrschung gegeben ist („Significant Influence").

Das Vorliegen von maßgeblichem Einfluss wird vermutet, wenn der am assoziierten Unternehmen gehaltene Prozentsatz an den Stimmrechten mindestens 20% beträgt (IAS 28.6). Die Ausführungen über potenzielle Stimmrechte gelten analog.

Folgende Merkmale indizieren üblicherweise das Vorliegen eines maßgeblichen Einflusses (IAS 28.7):
- Zugehörigkeit zum Geschäftsführungs- und/oder Aufsichtsorgan oder einem gleichartigen Leitungsgremium des Beteiligungsunternehmens;
- Mitwirkung an der Geschäftspolitik des Beteiligungsunternehmens;
- wesentliche Geschäftsvorfälle zwischen dem Anteilseigner und dem Beteiligungsunternehmen;
- Austausch von Führungspersonal;
- Bereitstellung von bedeutenden technischen Informationen.

US GAAP Vergleichbar mit IFRS (FIN 35.2 iVm APB 18.17). Die bestehenden Regelungen beziehen sich zwar nur auf Kapitalgesellschaften, werden in der Praxis aber auch auf andere Gesellschaftsformen angewendet.

HGB Für das Vorliegen eines assoziierten Unternehmens müssen ein maßgeblicher Einfluss des Anteilseigners auf die Geschäfts- und Finanzpolitik des Unternehmens sowie eine Beteiligung von zumindest 20% (§ 244 Abs 6 HGB) bestehen. Die Beziehung zwischen den beteiligten Unternehmen muss jedoch über das reine Beteiligungsverhältnis hinausgehen und erfordert – im Gegensatz zu IFRS – auch die faktische Ausübung des Einflusses (§ 263 HGB).

2. Equity-Methode

IFRS Anteile an einem assoziierten Unternehmen sind im Konzernabschluss nach der Equity-Methode zu bilanzieren (IAS 28.11).

In der Gewinn- und Verlustrechnung wird der anteilige Gewinn oder Verlust aus der Beteiligung am assoziierten Unternehmen in einem eigenen Posten dargestellt. Bei der Bestimmung der Anteilshöhe sind Anteile, die von Tochtergesellschaften gehalten werden, dem Mutterunternehmen zuzurechnen. Keine Berücksichtigung finden hingegen jene Anteile am assoziierten Unternehmen, die von anderen assoziierten Unternehmen oder Joint Ventures des Konzerns gehalten werden (IAS 28.21).

Das anteilige nach IAS 28 zu übernehmende Ergebnis ist netto (dh nach Steuern) darzustellen.

Den Beteiligungsbuchwert übersteigende Verluste werden nicht bilanziert, es sei denn, der Anteilseigner macht Zahlungen für Rechnung des oder gewährt Garantien zu Gunsten des assoziierten Unternehmens (IAS 28.29). In diesem Fall sind entsprechende Rückstellungen anzusetzen (IAS 29.30).

Bei der Berechnung des Beteiligungsbuchwertes finden neben dem Anteil am assoziierten Unternehmen selbst auch andere Vermögenswerte wie Vorzugsaktien oder langfristige Forderungen und Darlehen, die wirtschaftlich betrachtet eine Nettoinvestition in das Unternehmen darstellen, Eingang. Das bedeutet, dass der maximal mögliche Betrag für die Erfassung von Verlusten an assoziierten Unternehmen zunimmt (IAS 29.29). Der Betrag der noch nicht verrechneten Verluste ist im Anhang gesondert anzugeben.

Veränderungen des Beteiligungsbuchwertes nach dem Akquisitionszeitpunkt können aus folgenden Tatbeständen resultieren:
• Zuweisung anteiliger Gewinne und Verluste des assoziierten Unternehmens;
• Bezug von Dividenden vom assoziierten Unternehmen;
• Folgeeffekte aus dem Ansatz der identifizierbaren Vermögenswerte und Schulden des assoziierten Unternehmens im Akquisitionszeitpunkt zu beizulegenden Zeitwerten (beispielsweise erhöhte Abschreibungen);
• Folgeeffekte aus der außerplanmäßigen Wertminderung des Geschäfts- oder Firmenwertes (hingegen keine Einbeziehung mehr von planmäßigen Abschreibungen des Geschäfts- oder Firmenwertes);
• erfolgsneutrale Veränderungen im Eigenkapital des assoziierten Unternehmens, beispielsweise auf Grund von Neubewertungen im Anlagevermögen, Änderungen in der Fremdwährungsrücklage oder Änderungen in der Neubewertungsrücklage auf Grund von Akquisitionen, die das assoziierte Unternehmen getätigt und nach den Vorschriften des IFRS 3 erfasst hat.

Die erfolgsneutralen Veränderungen im Eigenkapital des assoziierten Unternehmens sind nicht Bestandteil des anteiligen Ergebnisses, dh diese Bestandteile sind nicht in der Gewinn- und Verlustrechnung des Anteilsinhabers zu erfassen, sondern ebenfalls ergebnisneutral im Eigenkapital darzustellen (IAS 28.39).

Ein bei Erwerb des assoziierten Unternehmens entstehender Unterschiedsbetrag zwischen den Anschaffungskosten der Beteiligung und der Differenzgröße aus den anteilig erworbenen identifizierbaren Vermögenswerten und Schulden, angesetzt zu beizulegenden Zeitwerten, stellt einen Geschäfts- oder Firmenwert dar. Dieser ist nicht gesondert in der Bilanz auszuweisen, sondern als Bestandteil des Beteiligungsbuchwertes zu berücksichtigen (IAS 28.23). Der Geschäfts- oder Firmenwert von assoziierten Unternehmen wird nicht planmäßig abgeschrieben, sondern ist anlassbezogen, bei Vorliegen von Wertminderungsindikatoren, einem Wertminderungstest zu unterziehen (IAS 28.31 ff iVm IAS 36 iVm IAS 39).

Nicht realisierte Gewinne und Verluste aus Transaktionen mit assoziierten Unternehmen sind anteilig zu eliminieren. Dies gilt sowohl für Lieferungen an assoziierte Unternehmen (so genannte „down-stream transactions") als auch für von assoziierten Unternehmen erhaltene Lieferungen (so genannte „up-stream transactions") (IAS 28.22).

Grundsätzlich sind bei abweichenden Bilanzstichtagen auch für assoziierte Unternehmen Zwischenabschlüsse aufzustellen. Ist dies praktisch undurchführbar und werden Jahresabschlüsse mit abweichendem Bilanzstichtag einbezogen, so dürfen diese nicht mehr als drei Monate von einander abweichen. Entsprechende Anpassungen für wesentliche Geschäftsvorfälle innerhalb dieses Zeitraumes sind zwingend vorzunehmen (IAS 28.24 f).

Das assoziierte Unternehmen hat die einheitlichen Konzernbilanzierungs- und Bewertungsmethoden des Anteilseigners anzuwenden (IAS 28.26). Wendet ein assoziiertes Unternehmen abweichende Bilanzierungs- und Bewertungsmethoden an, sind entsprechende Anpassungen vorzunehmen, die die Einheitlichkeit der konzernweiten Bilanzierungs- und Bewertungsmethoden sicherstellen (IAS 28.27).

IAS 28 schreibt vor, dass assoziierte Unternehmen als langfristiges Vermögen in einer eigenen Zeile in der Bilanz auszuweisen sind (IAS 28.38).

Die Equity-Methode ist ausnahmslos für alle Beteiligungen anzuwenden, bei denen maßgeblicher Einfluss vorliegt. Dies gilt auch dann, wenn die Anteile an assoziierten Unternehmen strengen, langfristigen Beschränkungen unterliegen, die die Ausschüttungen an den Investor wesentlich beeinträchtigen (IAS 28 IN 10). In diesem Fall ist über Art und Umfang der Beschränkung im Anhang zu berichten.

Folgende zwei Ausnahmen sieht IAS 28 vor:
- Anteile an assoziierten Unternehmen, die von Venture Capital-Gesellschaften, Investmentfonds und vergleichbaren Unternehmen gehalten werden, sind nicht nach der Equity-Methode, sondern zum beizulegenden Zeitwert nach den Regelungen des IAS 39 zu bilanzieren (IAS 28.1).
- Assoziierte Unternehmen, die mit Veräußerungsabsicht erworben werden, sind nicht nach der Equity-Methode zu bilanzieren, sondern mit dem beizulegenden Zeitwert abzüglich Veräußerungskosten anzusetzen. Ähnliches gilt für bestehende assoziierte Unternehmen, die ab einem gewissen Zeitpunkt als „zur Veräußerung gehaltene langfristige Vermögenswerte" iSd IFRS 5 qualifiziert werden. Für diese Anteile ist nicht die Equity-Methode anzuwenden sondern eine Bewertung auf den niedrigeren beizulegenden Zeitwert abzüglich Veräußerungskosten vorzunehmen. Sofern es sich bei dem „zur Veräußerung gehaltenen assoziierten Unternehmen" auf Grund seiner Bedeutung und seines Umfangs um einen „aufgegebenen Geschäftsbereich" handelt („discontinued operation"), sind darüber hinaus die besonderen Ausweisvorschriften für die Gewinn- und Verlustrechnung zu beachten (IAS 28.13.a. iVm IAS 28.14). Voraussetzung für eine Anwendung der Rege-

lungen des IFRS 5 ist, dass die Kriterien für eine Qualifizierung als „zur Veräußerung gehalten" erfüllt sind. Werden die Kriterien zu einem späteren Zeitpunkt nicht mehr erfüllt, ist das assoziierte Unternehmen wieder nach der Equity-Methode zu führen, rückwirkend ab dem Zeitpunkt der erstmaligen Qualifizierung als „zur Veräußerung gehalten". Entsprechend sind die Vergleichszahlen zu korrigieren („restatement", IAS 28.15).

Ab dem Zeitpunkt, ab dem kein maßgeblicher Einfluss vorliegt, ist die Beteiligung zum beizulegenden Zeitwert nach IAS 39 zu bilanzieren, sofern keine Beherrschung oder gemeinschaftliche Führung gegeben ist (IAS 28.18 f).

US GAAP Vergleichbar mit IFRS, abgesehen vom Nettoausweis (dh nach Steuern) des anteiligen Ergebnisses am assoziierten Unternehmen in der Gewinn- und Verlustrechnung des Anteilseigners. Zudem müssen Periodenergebnisse, Vermögenswerte und Schulden von bedeutenden assoziierten Unternehmen angegeben werden (APB 18.20d).

HGB Im Konzernabschluss ist bei Ermittlung des Ansatzes der Beteiligung und des Eigenkapitals des assoziierten Unternehmens die Equity-Methode anzuwenden, sofern diese nicht als Tochterunternehmen zu qualifizieren sind.

Dabei besteht ein Wahlrecht hinsichtlich der Anwendung entweder der
• Buchwertmethode (§ 264 Abs 1 Z 1 HGB) oder der
• Kapitalanteilsmethode (§ 264 Abs 1 Z 2 HGB).

In der Konzern-Gewinn- und Verlustrechnung ist das auf die angeschlossenen Beteiligungen entfallende Ergebnis in einem gesonderten Posten auszuweisen (§ 264 Abs 4 HGB).

Konzernanhang: Auflistung der assoziierten Unternehmen mit Namen, Sitz und der Beteiligungsquote, und zwar die im Rahmen der Equity-Bewertung herangezogene Quote; Angabe der angewandten Methode, des Erstkonsolidierungszeitpunkts und des Unterschiedsbetrags im ersten Jahr der Einbeziehung.

3. Wertminderungen

IFRS Beteiligungen an assoziierten Unternehmen (einschließlich eines darin enthaltenen Geschäfts- oder Firmenwertes) sind nur dann auf Wertminderung zu testen, wenn Anzeichen für eine Wertminderung bestehen. Bezüglich der maßgeblichen Indikatoren verweist IAS 28 dabei auf IAS 39 (IAS 28.31). Die Berechnung des Wertminderungsaufwandes folgt den Vorschriften des IAS 36 „Wertminderungen von Vermögenswerten". Zur Bestimmung des Nutzungswertes der Beteiligung am assoziierten Unternehmen kann entweder vom prognostizierten Gesamt-Cashflow des assoziierten Unternehmens oder von den erwarteten zukünftigen Dividendenströmen ausgegangen werden (IAS 28.33). Bei richtigen Annahmen führen beide Methoden zum gleichen Ergebnis.

US GAAP Die Vorschriften des FAS 144 kommen zur Anwendung. Detaillierte Erläuterungen befinden sich im Abschnitt „Wertminderung von Vermögenswerten".

HGB   Gegenstände des Anlagevermögens sind bei voraussichtlich dauernder Wertminderung außerplanmäßig auf den niedrigeren Wert am Abschluss-Stichtag abzuschreiben. Im Gegensatz zu IFRS dürfen bei Finanzanlagen nach HGB außerplanmäßige Abschreibungen auch im Falle einer Wertminderung vorgenommen werden, die voraussichtlich nicht von Dauer sein wird (§ 204 Abs 2 HGB).

4. Relevante Vorschriften

IFRS   IFRS 3, IFRS 5, IAS 27–29, IAS 31, IAS 36, IAS 39.

US GAAP FIN 35, APB 18, FAS 144.

HGB   §§ 204, 224, 263, 264.

D. Anteile an Joint Ventures

1. Definition

IFRS   Ein Joint Venture ist eine vertragliche Vereinbarung, nach der zwei oder mehr Parteien eine wirtschaftliche Tätigkeit durchführen, die einer gemeinschaftlichen Führung unterliegt. Gemeinschaftliche Führung ist die vertraglich vereinbarte Teilhabe an der Kontrolle der wirtschaftlichen Geschäftstätigkeit, wenn die mit der Geschäftstätigkeit verbundene Finanz- und Geschäftspolitik die einstimmige Zustimmung der die Kontrolle teilenden Parteien erfordert (IAS 31.3).

US GAAP Nach US GAAP besteht keine explizite Definition für Joint Ventures für Zwecke der Bilanzierung.

HGB   Nach Handelsrecht besteht keine Legaldefinition für Joint Ventures.

2. Arten von Joint Ventures

IFRS   Nach IFRS kann zwischen drei Haupttypen von Joint Ventures differenziert werden (IAS 31.7):
- Gemeinschaftlich geführte Unternehmen: Joint Ventures, wo sich Partnerunternehmen an einer speziell für diesen Zweck gegründeten rechtlichen Einheit beteiligen (Kapital- oder Personenhandelsgesellschaft);
- Gemeinsame Tätigkeiten: Joint Ventures, für die jedes Partnerunternehmen seine eigenen Vermögenswerte verwendet;
- Vermögenswerte unter gemeinschaftlicher Führung: Joint Ventures, die mit in gemeinsamem Eigentum stehenden Vermögenswerten durchgeführt werden.

US GAAP Nach US GAAP ist nur der Tatbestand gemeinschaftlich geführter Tätigkeiten bekannt, wobei das Joint Venture durch eine selbstständige rechtliche Einheit durchgeführt wird (APB 18.3d).

HGB   Es bestehen keine spezifischen Regelungen im HGB.

3. Gemeinschaftlich geführte Unternehmen

IFRS Joint Ventures in der Ausgestaltung als gemeinschaftlich geführte Unternehmen können sowohl die Quotenkonsolidierung (bevorzugte Methode) als auch die Equity-Methode (alternativ zulässige Methode) anwenden. Nach der Quotenkonsolidierung ist vorgesehen, dass das Partnerunternehmen seinen Anteil an den Vermögenswerten, Schulden, Erträgen und Aufwendungen des gemeinschaftlich geführten Unternehmens mit den entsprechenden Posten im Konzernabschluss (des Partnerunternehmens) zusammenfasst. Ebenso kann das Partnerunternehmen auch getrennte Posten für seinen Anteil im Konzernabschluss ausweisen (IAS 31.34).

US GAAP Quotenkonsolidierung ist nicht vorgesehen, die Bilanzierung von Anteilen an einer gemeinschaftlich geführten Einheit hat nach der Equity-Methode zu erfolgen (APB 18.16). Dies betrifft auch Joint Ventures, die keine eigene Rechtspersönlichkeit besitzen. Ausländische Joint Venture-Partner sind nicht verpflichtet, eine Überleitung von der Quotenkonsolidierung zur Equity-Methode vorzunehmen.

HGB Die Einbeziehung von Gemeinschaftsunternehmen erfolgt entweder mittels Quotenkonsolidierung (§ 262 HGB) oder nach der Equity-Methode. Die Beteiligung an einem Gemeinschaftsunternehmen bewirkt für sich allein gesehen noch keine Konsolidierungspflicht.

4. Einbringung von Vermögenswerten in gemeinschaftlich geführte Unternehmen

IFRS Wenn ein Partnerunternehmer nicht-monetäre Einlagen wie etwa Anteile oder Sachanlagen in ein gemeinschaftlich geführtes Unternehmen einbringt und dafür Kapitalanteile am gemeinschaftlich geführten Unternehmen erhält, muss das Partnerunternehmen die Gewinne oder Verluste aus der Einbringung erfassen (SIC-13), es sei denn:

- die mit dem Eigentum der eingebrachten nicht-monetären Vermögenswerte verbundenen signifikanten Risiken und Chancen wurden nicht auf das gemeinschaftlich geführte Unternehmen übertragen;
- der mit der nicht-monetären Einlage verbundene Gewinn oder Verlust kann nicht verlässlich bewertet werden;
- die eingebrachten nicht-monetären Vermögenswerte sind den von den anderen Partnerunternehmen eingebrachten Vermögenswerten ähnlich.

Wenn ein Partnerunternehmen (neben dem Kapitalanteil) Vermögenswerte erhält, die den eingebrachten Vermögenswerten nicht ähnlich sind, wird ein angemessener Teil des sich aus dieser Transaktion ergebenden Gewinns oder Verlusts in der Gewinn- und Verlustrechnung des Partnerunternehmens erfasst.

IAS 31 ist in folgenden Konstellationen nicht anwendbar:

- Anteile an Joint Ventures, die von Venture Capital-Gesellschaften, Investmentfonds und vergleichbaren Unternehmen gehalten werden, sind weder nach der Equity-Methode noch quotal zu konsolidieren, sondern zum beizulegenden Zeitwert nach den Regelungen des IAS 39 zu bilanzieren.

- Joint Ventures, die mit Veräußerungsabsicht erworben werden, sind mit dem beizulegenden Zeitwert abzüglich Veräußerungskosten anzusetzen (IAS 31.42). Ähnliches gilt für bestehende Joint Ventures, die ab einem gewissen Zeitpunkt als „zur Veräußerung gehaltene langfristige Vermögenswerte" iSd IFRS 5 qualifiziert werden. Für diese Anteile ist ebenfalls die Equity-Methode bzw die quotale Konsolidierung auszusetzen und eine Bewertung auf den niedrigeren beizulegenden Zeitwert abzüglich Veräußerungskosten vorzunehmen. Sofern es sich bei den „zur Veräußerung gehaltenen Vermögenswerten" auf Grund ihrer Bedeutung und ihres Umfangs um einen „aufgegebenen Geschäftsbereich" handelt („discontinued operation"), sind darüber hinaus die besonderen Ausweisvorschriften für die Gewinn- und Verlustrechnung zu beachten. Voraussetzung für eine Anwendung der Regelungen des IFRS 5 ist, dass die Kriterien für eine Qualifizierung als „zur Veräußerung gehalten" erfüllt sind. Werden die Kriterien zu einem späteren Zeitpunkt nicht mehr erfüllt, ist das Joint Venture wieder quotal oder nach der Equity-Methode zu führen, rückwirkend ab dem Zeitpunkt der erstmaligen Qualifizierung als „zur Veräußerung gehalten". Entsprechend sind die Vergleichszahlen zu korrigieren („restatement", IAS 31.43).

Ab dem Zeitpunkt, ab dem keine gemeinschaftliche Führung vorliegt, ist die Beteiligung zum beizulegenden Zeitwert nach IAS 39 zu bilanzieren, sofern keine Beherrschung oder gemeinschaftliche Führung gegeben ist. In diesen Fällen erfolgt eine Übergangskonsolidierung auf IAS 27 bzw IAS 28 (IAS 31.36, IAS 31.41).

US GAAP Es bestehen keine gesonderten Regelungen für die Einbringung von Vermögenswerten in gemeinschaftlich geführte Unternehmen, in der Praxis wird jedoch ähnlich wie nach IFRS vorgegangen.

HGB Es bestehen keine gesonderten Regelungen im HGB.

5. Gemeinsame Tätigkeiten

IFRS Ähnlich wie ein gemeinschaftlich geführtes Unternehmen, es liegt jedoch keine rechtsfähige Struktur vor (IAS 31.13 ff). Ein Partnerunternehmen hat folgende Posten in seinem eigenen Abschluss anzusetzen:
- die seiner Verfügungsmacht unterliegenden Vermögenswerte;
- die eingegangenen Schulden;
- die getätigten Aufwendungen und die anteiligen Erträge aus dem Verkauf von Gütern und Dienstleistungen des Joint Ventures.

US GAAP Es bestehen keine spezifischen Regelungen. In der Praxis besteht die Möglichkeit, für bestimmte Branchen, dass Partnerunternehmen ihren Anteil an Vermögen, Schulden, Erträgen und Aufwendungen im eigenen Abschluss erfassen.

HGB   Es bestehen keine speziellen Vorschriften im HGB, die Aufnahme in die Konzernbilanz kann mittels Quotenkonsolidierung oder Equity-Methode erfolgen; auch zeitlich befristete Arbeitsgemeinschaften erfüllen die Voraussetzungen eines Gemeinschaftsunternehmens.

6. Vermögenswerte unter gemeinschaftlicher Führung

IFRS   Das Partnerunternehmen hat seinen Anteil an den unter gemeinschaftlicher Führung stehenden Vermögenswerten sowie die eingegangenen Schulden zu bilanzieren (IAS 31.21).

US GAAP   Es bestehen keine spezifischen Regelungen. In bestimmten Branchen ist es jedoch gängige Praxis, gemeinschaftlich geführte Vermögenswerte nach den Prinzipien der Quotenkonsolidierung zu bilanzieren.

HGB   Es bestehen keine gesonderten Regelungen im HGB.

7. Laufende Projekte (IASB)

Langfristiges Gemeinschaftsprojekt Überarbeitung IAS 31

Das IASB erwägt seit längerem, eines der beiden in IAS 31 enthaltenen Wahlrechte zu eliminieren. Ein konkretes Ergebnis dieser Grundsatzdiskussion liegt gegenwärtig noch nicht vor.

8. Relevante Vorschriften

IFRS   IFRS 5, IAS 1, IAS 28, IAS 31, IAS 39, SIC-13.

US GAAP   APB 18, FIN 35.

HGB   § 262.

E. Aktienbasierte Vergütungen

Aktienoptionspläne sollen Mitarbeitern die Möglichkeit eröffnen, sich am eigenen Unternehmen zu beteiligen. Aktienoptionsprogramme sind häufig mit rechtlich selbständigen Fonds kombiniert, die Unternehmensaktien erwerben, um diese an Mitarbeiter zu begeben – entweder ohne Gegenleistung oder entgeltlich. Daneben können aktienorientierte Vergütungsprogramme anstatt einer Ausgabe von Eigenkapitalinstrumenten (Aktien des Unternehmens) auch eine Barzahlung vorsehen, wobei sich die Barzahlung am Wert oder der Wertsteigerung der Aktien orientiert (so genannte Share Appreciation Rights, SARs). Die Bilanzierung dieser Vergütungsprogramme ist in IFRS 2 geregelt.

Eine mögliche Konsolidierungsfrage stellt sich im Hinblick auf Aktienoptionspläne, wenn für die Abwicklung dieser Pläne rechtlich selbständige Einheiten (zB in Form von Privatstiftungen oder Trusts) eingesetzt werden. Zweck dieser Einrichtungen ist häufig der, die für die Bedienung der Vergütungsprogramme notwendigen Eigenkapitalinstrumente zu erwerben, zu halten und diese bei Ausübung an die am Vergütungsprogramm teilnehmenden Mitarbeiter auszugeben.

1. Bilanzierung

IFRS Mit der Änderung des Anwendungsbereichs von SIC-12 durch das IFRIC sind diese Einrichtungen nach den Kriterien des SIC-12 zu prüfen. Sofern die Kriterien des SIC-12 erfüllt sind, sind diese Einrichtungen vollzukonsolidieren. Dies hat insbesondere zur Folge, dass die Aktien des Unternehmens, die von dieser Einrichtung gehalten werden, als nicht ausgegeben gelten, sondern als eigene Anteile vom Eigenkapital abzusetzen sind.

US GAAP Die Aktiva und Passiva von Beteiligungsfonds für Aktienoptionen sind in der Bilanz des begebenden Unternehmens auszuweisen, falls die vertraglichen Regelungen derart gestaltet sind, dass das begebende Unternehmen de facto den Trust beherrscht und somit Nutzen und Risiken der im Beteiligungsfonds gehaltenen Anteile trägt.

Dem Beteiligungsfonds von außen zur Verfügung gestelltes Fremdkapital, welches oft vom begebenden Unternehmen besichert wird, ist als Verbindlichkeit in der Bilanz des begebenden Unternehmens auszuweisen, mit entsprechender erfolgswirksamer Erfassung der hierauf anfallenden Zinsaufwendungen. Das begebende Unternehmen verrechnet in weiterer Folge diese Finanzierungsaufwendungen sowie entstandene Verwaltungskosten an den Fonds (ratierlich entsprechend dem Anfall dieser Aufwendungen, und nicht auf der Basis von Zahlungsflüssen).

HGB Es bestehen keine spezifischen Regelungen im HGB zur Bilanzierung von Aktienoptionsprogrammen, die gesetzlichen Regelungen betreffen steuerliche und aktienrechtliche Erleichterungen. Die Bilanzierung muss sich im Rahmen der Generalnorm und der GoB bewegen.

Im Anhang sind diesbezüglich folgende Angaben zu machen (§ 239 Abs 1 Z 5):
- Anzahl und Aufteilung der insgesamt und der im Geschäftsjahr eingeräumten Optionen auf Arbeitnehmer und leitende Angestellte sowie auf die namentlich anzuführenden Organmitglieder; anzugeben sind die jeweils beziehbare Anzahl der Aktien sowie der Ausübungspreis oder die Grundlagen oder die Formel seiner Berechnung, die Laufzeit sowie zeitliche Ausübungsfenster, die Übertragbarkeit der Optionen, eine allfällige Behaltefrist für bezogene Aktien und die Art der Bedienung der Optionen,
- Anzahl, Aufteilung und Ausübungspreis der im Geschäftsjahr ausgeübten Optionen auf Arbeitnehmer und leitende Angestellte sowie auf die namentlich anzuführenden Organmitglieder,
- bei börsenotierten Gesellschaften überdies der Schätzwert (allenfalls die Bandbreite des Schätzwertes) der eingeräumten Optionen zum Bilanzstichtag sowie den Wert der im Geschäftsjahr ausgeübten Optionen zum Zeitpunkt der Ausübung.

2. Relevante Vorschriften

IFRS IFRS 2, IFRIC Amendment to SIC-12.

HGB § 239.

F. Fremdwährungsumrechnung

1. Geschäftsvorfälle im Einzelabschluss

IFRS Es bestehen nachfolgende grundsätzliche Konzepte (IAS 21.20 ff):

- Die Umrechnung von Geschäftsvorfällen in Fremdwährung erfolgt mit dem Umrechnungskurs am Tag des Geschäftsvorfalles. Aus praktischen Erwägungen wird häufig ein Näherungswert (beispielsweise der Durchschnittskurs einer Woche oder eines Monats für sämtliche Geschäftsvorfälle dieser Periode) verwendet.

- Zu jedem nachfolgenden Bilanzstichtag gilt:
  - Monetäre Posten in fremder Währung sind mit dem Stichtagskurs (Kassakurs) anzusetzen. Insoweit kann es zu Auf- oder Abwertungen kommen (hierzu zählen auch Pensionsleistungen an Arbeitnehmer, Rückstellungen, die in bar und nicht in Sachleistungen oder nicht-monetären Posten beglichen werden, Dividendenverbindlichkeiten).
  - Nicht-monetäre Posten (beispielsweise Anlagevermögen oder Vorräte), die zu historischen Anschaffungs- oder Herstellungskosten in einer Fremdwährung bewertet wurden, werden unverändert zum Kurs am Tag des Geschäftsvorfalles bewertet.
  - Nicht-monetäre Posten, die mit ihrem beizulegenden Zeitwert (beispielsweise niedriger Nettoveräußerungswert) in einer Fremdwährung bewertet wurden, sind mit dem Kurs umzurechnen, der am Tag der Ermittlung des beizulegenden Zeitwertes gültig war.

Die aus den zuvor angeführten Umrechnungen entstehenden Kursgewinne bzw -verluste werden im Ergebnis der Berichtsperiode erfasst (IAS 21.28).

Ausnahmen bestehen hinsichtlich bestimmter langfristiger Darlehen bzw Ausleihungen, die aus wirtschaftlicher Sicht als Bestandteil einer Nettoinvestition in einen ausländischen Geschäftsbetrieb (zB ein vollkonsolidiertes ausländisches Tochterunternehmen) im Sinne von IAS 21 zu werten sind (dies ist dann der Fall, wenn in absehbarer Zukunft nicht mit einer Rückzahlung oder Begleichung des langfristigen Darlehens bzw Ausleihung zu rechnen ist). Gleiches gilt hinsichtlich Fremdwährungsschulden und sonstigen Instrumenten, die zur Kursabsicherung dieser Nettoinvestitionen dienen, sofern die Voraussetzungen des IAS 39 bezüglich der Bilanzierung von Sicherungsgeschäften erfüllt sind (IAS 39.102). Diese Kursschwankungen sind in einem eigenen Posten im Eigenkapital zu erfassen. Diese Ausnahme gilt allerdings nur für Konzernabschlüsse, in denen die ausländischen Geschäftsbetriebe einbezogen sind.

US GAAP Vergleichbar mit IFRS, mit der Ausnahme, dass nicht-monetäre Posten grundsätzlich mit dem Kurs am Tag des Geschäftsvorfalles umzurechnen sind, unabhängig davon, ob diese zu historischen Anschaffungs- oder Herstellungskosten oder zum beizulegenden Zeitwert bewertet werden (FAS 52.12).

HGB Die Umrechnung von Geschäftsvorfällen in Fremdwährung muss unter

Beachtung des Imparitätsprinzips vorgenommen werden (§ 201 Abs 2
Z 4 HGB), das bedeutet im Konkreten:

Bei Vermögensgegenständen des Sachanlagevermögens wird der mit den
historischen Anschaffungskosten ermittelte Wert mit dem Umrechnungskurs am Bilanzstichtag verglichen. Bei voraussichtlich dauerhafter
Wertminderung ist eine Abschreibung auf den niedrigeren Wert vorzunehmen (gemildertes Niederstwertprinzip). Bei Finanzanlagen darf die
Wertminderung auch berücksichtigt werden, wenn sie voraussichtlich
nicht von Dauer ist (§ 204 Abs 2 HGB).

Bei Vermögensgegenständen des Umlaufvermögens ist der niedrigere
Wert anzusetzen, der sich aus dem Vergleich des mit den historischen Anschaffungskosten umgerechneten Werts mit dem mit dem Umrechnungskurs am Bilanzstichtag ermittelten Wert ergibt (strenges Niederstwertprinzip § 207 Abs 1 HGB).

Bei der Umrechnung von Fremdwährungsverbindlichkeiten ist bei unterschiedlichen Werten stets der höhere Wert anzusetzen (strenges
Höchstwertprinzip § 211 Abs 1 HGB).

2. Umrechnung von ausländischen Geschäftsbetrieben im Konzernabschluss

IFRS   Für ausländische Geschäftsbetriebe, die als wirtschaftlich selbständige
ausländische Teileinheiten („Foreign Entities") mit weit gehend selbstän-
diger Geschäftsführung und Finanzierung im Sinne von IAS 21 klassifiziert werden, gelten folgende Regelungen zur Fremdwährungsumrechnung (IAS 21.39):
- Vermögenswerte und Schulden sind zum jeweiligen Bilanzstichtags-
  kurs,
- Eigenkapitalpositionen zum historischen Umrechnungskurs und
- Beträge der Gewinn- und Verlustrechnung grundsätzlich zu den Wechselkursen am Tage der jeweiligen Geschäftsvorfälle umzurechnen. Aus
  praktischen Erwägungen wird jedoch häufig ein Kurs verwendet, der
  einen Näherungswert für den aktuellen Umrechnungskurs darstellt,
  beispielsweise der Durchschnittskurs einer Periode.
- Resultierende Umrechnungsdifferenzen werden in eine Fremdwährungsrücklage innerhalb des Eigenkapitals eingestellt.

Die Vergleichszahlen sind mit den entsprechenden Wechselkursen der
Vergleichsperiode umzurechnen (zB Vermögenswerte und Schulden mit
dem Stichtagskurs des vorangegangenen Bilanzstichtags [IAS 21
IN.14.a]).

Diese Vorgehensweise gilt analog auch für nach der Equity-Methode
oder quotal einbezogene Unternehmen (IAS 21.3.b).

US GAAP   Vergleichbar mit IFRS (FAS 52.5 ff).

HGB   Es besteht keine handelsrechtliche Regelung für die anzuwendende Methode bei der Umrechnung ausländischer Geschäftsbetriebe. Bei Übernahme in das Rechnungswesen erfolgt die Umrechnung mit dem Kurs-

wert im Entstehungszeitpunkt, die Bewertung am Bilanzstichtag richtet sich nach dem imparitätischen Realisationsprinzip (Vorsichtsgrundsatz).

Die Umrechnungsgrundsätze werden im HGB nicht näher konkretisiert, es bestehen folgende Verfahren:

- Stichtagsmethode (einheitlicher Kurs),
- Zeitbezugsmethode,
- Fristigkeitsmethode,
- Nominal-Sachwert-Methode,
- Funktionale Währungsumrechnung.

In der Praxis wird eine modifizierte Stichtagsmethode eingesetzt, wobei Sachanlagevermögen und Vorräte mit dem Anschaffungskurs, Forderungen und Verbindlichkeiten mit dem Kurs im Entstehungszeitpunkt und Posten der Gewinn- und Verlustrechnung mit dem Stichtagskurs angesetzt werden.

3. Behandlung von Fremdwährungsdifferenzen aus der Umrechnung ausländischer Geschäftsbetriebe im Eigenkapital

IFRS Die aus der Umrechnung von ausländischen Geschäftsbetrieben resultierenden Fremdwährungsdifferenzen werden in einem eigenen Posten innerhalb des Eigenkapitals erfasst und gesondert ausgewiesen. Im Falle der Veräußerung der Anteile an dem ausländischen Geschäftsbetrieb sind die die veräußerten Anteile betreffenden Posten innerhalb des Eigenkapitals in das Periodenergebnis umzubuchen. Sie werden somit Bestandteil des Veräußerungsgewinns bzw -verlustes (IAS 21.48).

US GAAP Vergleichbar mit IFRS.

HGB In der Bilanz wird die Differenz zwischen dem umgerechneten Eigenkapital und dem Saldo der umgerechneten Aktiva und des Fremdkapitals als Korrekturposten zum Eigenkapital ausgewiesen, der mit dem Abgang der Beteiligung erfolgswirksam wird. In der Gewinn- und Verlustrechnung ist das Umrechnungsergebnis erfolgswirksam zu behandeln.

4. Umrechnung des Geschäfts- oder Firmenwertes sowie der Anpassungsbeträge aus der Neubewertung zum beizulegenden Zeitwert

IFRS Die Umrechnung erfolgt zum jeweiligen Stichtagskurs. Das bedeutet, dass ein Geschäfts- oder Firmenwert sowie die Anpassungsbeträge, die im Rahmen der Kaufpreisallokation bei einem Unternehmenserwerb aufgedeckt wurden (stille Reserven und Lasten), für Zwecke der Fremdwährungsumrechnung dem ausländischen Geschäftsbetrieb (zB Tochterunternehmen) als Vermögenswerte und Schulden zugerechnet werden (IAS 21.47).

US GAAP Die Umrechnung erfolgt zum jeweiligen Stichtagskurs.

HGB Es besteht keine gesonderte Regelung im HGB, die Umrechnung zum Stichtagskurs kann angewendet werden.

5. Unternehmen, die in der Währung eines Hochinflationslandes bilanzieren

IFRS   In einem Hochinflationsland („Hyperinflationary Economy") ist eine Berichterstattung über die Vermögens-, Finanz- und Ertragslage in der lokalen Währung ohne Anpassung nicht zweckmäßig. Der Kaufkraftverlust ist so enorm, dass der Vergleich von Beträgen, die aus Geschäftsvorfällen und anderen Ereignissen zu verschiedenen Zeitpunkten resultieren, sogar innerhalb einer Berichtsperiode irreführend ist (IAS 29.2).

Der Abschluss eines ausländischen Geschäftsbetriebs, der in der Währung eines Hochinflationslandes bilanziert, ist vor dessen Umrechnung in die Berichtswährung des (berichtenden) Mutterunternehmens an das aktuelle Kaufkraftniveau anzupassen.

Wenn hingegen das berichterstattende Unternehmen selbst in der Währung eines Hochinflationslandes bilanziert, ist der Abschluss in der am Bilanzstichtag gehaltenen Maßeinheit auszudrücken („Measuring Unit current at the Balance Sheet Date").

US GAAP Der Abschluss einer wirtschaftlich selbständigen ausländischen Teileinheit, die in der Währung eines Hochinflationslandes bilanziert, ist in dessen Berichtswährung (als maßgebliche funktionale Währung) umzurechnen. Die Vorschriften für in einem Hochinflationsland bilanzierende Konzernmutterunternehmen sind mit jenen nach IFRS vergleichbar. Inflationsbereinigte Abschlüsse dürfen jedoch nicht als primäre Abschlüsse („Primary Financial Statements") verwendet werden, wenn die Berichtswährung auf US-Dollar lautet (FAS 52.10 f).

HGB   Das HGB enthält keine Vorschriften betreffend Fremdwährungsumrechnung in Hochinflationsländern. In der Praxis wird nach der Zeitbezugsmethode vorgegangen; die Stichtagsmethode sollte nicht angewendet werden.

6. Relevante Vorschriften

IFRS   IAS 21, IAS 29, IAS 39.

US GAAP FAS 52, APB 3, SOP 93-6.

HGB   §§ 201, 204, 207, 211.

G. Unternehmenszusammenschlüsse

1. Arten

Ein Unternehmenszusammenschluss ist die Zusammenführung von getrennten Unternehmen oder Geschäftsbetrieben zu einem berichterstattenden Unternehmen.

Folgende Arten von Unternehmenszusammenschlüssen können grundsätzlich unterschieden werden:

- **Unternehmenserwerb („Acquisition"):** Dieser ist dadurch gekennzeichnet, dass ein Unternehmen, der Erwerber, die Beherrschung über das Reinvermögen und die

Geschäftstätigkeit eines anderen – des erworbenen – Unternehmens erlangt, und dafür im Gegenzug Vermögenswerte überträgt, Schulden übernimmt oder Eigenkapital ausgibt.

- **Interessenszusammenführung („Uniting of Interests"):** Diese liegt vor, wenn die Anteilseigner der sich zusammen schließenden Unternehmen gemeinsam das gesamte, oder nahezu das gesamte Reinvermögen und die Geschäftstätigkeit der zusammen geschlossenen Einheit beherrschen, um auf Dauer gemeinsam Risiken und Nutzen der zusammengeführten Unternehmenstätigkeit zu tragen.
- **Konzernrestrukturierung („Group Reorganisation" bzw „Common Control Transactions"):** Diese resultiert aus Transaktionen zwischen Unternehmen unter gemeinsamer Kontrolle.

IFRS Nach IFRS 3 ist für Unternehmenszusammenschlüsse ausschließlich die Erwerbsmethode als zulässige Konsolidierungsmethode anzuwenden (IFRS 3.14). Mit Veröffentlichung des IFRS 3 am 31. März 2004 wurde die Anwendung der Interessenszusammenführungsmethode abgeschafft. Die Vorgängerregelung (IAS 22) wurde durch IFRS 3 vollständig aufgehoben.

Der Anwendungsbereich des IFRS 3 ist sehr weit gefasst. Immer dann, wenn ein Unternehmen die Beherrschung über einen anderen Geschäftsbetrieb erwirbt, um daraus Nutzen zu ziehen, ist IFRS 3 anzuwenden. Dies gilt unabhängig von der Form der Vergütung (Barzahlung oder Begebung von Eigenkapitalinstrumenten etc) oder der rechtlichen Form der Abwicklung des Unternehmenszusammenschlusses. Bspw fallen sowohl Share Deals als auch Asset Deals oder Vorgänge des Umwandlungsrechts unter den Anwendungsbereich des IFRS 3.

Vom Anwendungsbereich des IFRS 3 sind hingegen folgende Transaktionen ausgenommen:
- Unternehmenszusammenschlüsse, bei denen separate Unternehmen oder Geschäftsbetriebe zusammengeführt werden, um ein Joint Venture zu gründen;
- Unternehmenszusammenschlüsse, an denen Unternehmen oder Geschäftsbetriebe unter gemeinsamer Beherrschung beteiligt sind (so genannte „common control transactions");
- Unternehmenszusammenschlüsse, an denen zwei oder mehrere Gegenseitigkeitsunternehmen beteiligt sind;
- Unternehmenszusammenschlüsse, bei denen separate Unternehmen oder Geschäftsbetriebe zusammengeführt werden, um nur rein vertraglich ein Bericht erstattendes Unternehmen zu gründen, ohne Anteilsrechte zu erhalten (zB Zusammenschlüsse, bei denen separate Unternehmen nur vertraglich zusammengeführt werden, um ein an zwei Börsen notiertes Unternehmen zu gründen).

Sollte kein Geschäftsbetrieb („business") erworben werden, sondern lediglich eine Gruppe von Vermögenswerten, so liegt kein Unternehmenserwerb vor. IFRS 3 ist in diesem Fall nicht anwendbar.

US GAAP Unternehmenszusammenschlüsse sind nach der Erwerbsmethode zu bilanzieren. Die früher zur Anwendung gekommene Methode der Interessenszusammenführung wurde mit der Einführung von FAS 141 und somit für alle nach dem 30. Juni 2001 stattfindenden Unternehmenszusammenschlüsse abgeschafft (FAS 141.13).

HGB   Der Unternehmenserwerb wird im § 254 HGB geregelt. Die Interessenszusammenführungsmethode ist nach HGB nicht vorgesehen, wäre jedoch nach Art 20 der 7. EU-Richtlinie möglich gewesen. Handelsrechtlich ist zu differenzieren, ob ein Asset Deal (direkter Erwerb des Reinvermögens) oder ein Share Deal (Erwerb der Anteile) vorliegt.

Die Kapitalkonsolidierung kann entweder nach der Buchwertmethode oder nach der Neubewertungsmethode vorgenommen werden (§ 254 Abs 1 HGB).

2. Relevante Vorschriften

IFRS   IFRS 3.

US GAAP FAS 141.

HGB   § 254.

H. Unternehmenserwerb

1. Erwerbszeitpunkt

IFRS   Der Erwerbszeitpunkt ist jener Zeitpunkt, zu dem der Erwerber tatsächlich die Beherrschung über das Reinvermögen und die Geschäftstätigkeit des erworbenen Unternehmens erlangt (IFRS 3, Anhang A). Darunter versteht man jenen Tag, ab dem der Erwerber die Möglichkeit erlangt, die Finanz- und Geschäftspolitik eines Unternehmens oder eines Geschäftsbetriebes zu bestimmen, um aus dessen Tätigkeit Nutzen zu ziehen (IFRS 3, Anhang A).

Ein Unternehmenserwerb kann mehrere Tauschvorgänge umfassen, beispielsweise wenn er in mehreren Stufen durch sukzessiven Anteilserwerb an der Börse durchgeführt wird (IFRS 3.58 ff).

US GAAP Der Erwerbszeitpunkt ist jener Zeitpunkt, zu dem als Folge des Unternehmenszusammenschlusses Vermögenswerte übertragen, Verbindlichkeiten eingegangen oder Aktien ausgegeben werden, wobei auch nach US GAAP auf die Erlangung von Beherrschungsmacht durch den Erwerber abgestellt wird. Aus Vereinfachungsgründen wird es nach FAS 141 als zulässig angesehen, das Ende einer Berichtsperiode als Erwerbszeitpunkt anzusetzen, sofern dieses zwischen dem Zeitpunkt der Anbahnung („Initiation Date") und des Abschlusses („Consummation Date") eines Unternehmenszusammenschlusses liegt (FAS 141.48).

HGB   Handelsrechtlich entspricht der Erwerbszeitpunkt dem Tag des Erwerbs, dh dem Zeitpunkt des Erwerbs der Anteile oder dem erstmaligen Einbezug.

2. Anschaffungskosten des Unternehmenserwerbes

IFRS Die Anschaffungskosten des Unternehmenserwerbes sind jener Betrag, der sich aus den Zahlungsmitteln, Zahlungsmitteläquivalenten oder dem beizulegenden Zeitwert anderer Gegenleistungen für den Erwerb zum Erwerbszeitpunkt ergibt, die der Erwerber für die Beherrschung des Reinvermögens des erworbenen Unternehmens entrichtet, zuzüglich der dem Erwerb direkt zurechenbaren Kosten (IFRS 3.24).

Erfolgt die Begleichung der Gegenleistung für den Erwerb – durch Entrichtung von Vermögenswerten oder Übernahme von Schulden – zu einem zukünftigen Zeitpunkt, so ist der vereinbarte Kaufpreis zu seinem Barwert anzusetzen (IFRS 3.26).

Werden Anteile als Gegenleistung ausgegeben, dann sind diese zu ihrem beizulegenden Zeitwert im Erwerbszeitpunkt zu bemessen. Bei sukzessivem Unternehmenserwerb sind die beizulegenden Zeitwerte der ausgegebenen Anteile zum jeweiligen Zeitpunkt zu ermitteln, an dem jede einzelne Teilinvestition durch den Erwerber angesetzt wird (IFRS 3.25). Der zum Tauschzeitpunkt veröffentlichte Börsenkurs eines notierten Eigenkapitalinstruments stellt den besten Anhaltspunkt für seinen beizulegenden Zeitwert dar und ist grundsätzlich zwingend zu verwenden. Nur in sehr seltenen Fällen, wenn der veröffentlichte Börsenkurs einen unzuverlässigen Indikator für den beizulegenden Zeitwert darstellt, ist auf andere Anhaltspunkte und Bewertungsmethoden abzustellen, sofern diese einen verlässlicheren Maßstab für den beizulegenden Zeitwert des Eigenkapitalinstrumentes darstellen (IFRS 3.27).

Direkte Kosten des Unternehmenserwerbes umfassen Kosten wie Honorare für Rechtsberater, Wirtschaftsprüfer, Bewertungsspezialisten und Investmentbanken, sofern die Kosten dem Unternehmenserwerb direkt zuzurechnen sind. Allgemeine Verwaltungskosten oder Kosten für eine interne Akquisitionsabteilung sowie sämtliche nicht direkt zurechenbaren Kosten sind hingegen nicht aktivierungsfähig (IFRS 3.29).

Kosten für die Ausgabe von Eigenkapitaltiteln, die als Akquisitionswährung für einen Unternehmenserwerb verwendet werden, stellen keine Anschaffungskosten des Unternehmenserwerbes, sondern Kosten der Eigenkapitalbeschaffung dar. Sie sind direkt mit dem Erlös aus der Ausgabe der Eigenkapitaltitel zu verrechnen (IFRS 3.31). Die Kosten für die Aufnahme und Ausgabe von finanziellen Verbindlichkeiten gelten nicht als Anschaffungskosten des Unternehmenserwerbes, auch dann nicht, wenn sie zur Finanzierung des Unternehmenserwerbes emittiert werden (IFRS 3.30). Die Kosten sind stattdessen bei der erstmaligen Bewertung der Verbindlichkeiten nach IAS 39 zu berücksichtigen (IAS 39.43).

US GAAP Vergleichbar mit IFRS. Werden Anteile als Gegenleistung ausgegeben, so sind diese zu dem auf einer angemessenen Beobachtungsperiode (in der Regel einige Tage) beruhenden Marktpreis vor bzw nach dem Zeitpunkt, zu dem die Parteien eine Einigung über den Kaufpreis erzielen und die Transaktion öffentlich bekannt gemacht wird, anzusetzen (FAS 141.35). Die Erlangung der Genehmigung der Transaktion seitens der Aktionäre

oder der Aufsichtsbehörden wird in diesem Zusammenhang außer Acht
gelassen.

HGB Anschaffungskosten des Unternehmenserwerbes umfassen, vergleichbar
mit IFRS, alle direkt zurechenbaren Kosten inklusive Nebenkosten und
abzüglich Anschaffungspreisminderungen. Im Gegensatz zu IFRS stellen
Fremdfinanzierungskosten keinen Bestandteil der Anschaffungskosten
dar.

3. Von künftigen Ereignissen abhängiger Kaufpreis

IFRS Wenn die Höhe des Kaufpreises von einem oder mehreren künftigen Ereignissen abhängt („Contingent Consideration"), etwa dem Erreichen
eines Ergebnisziels des erworbenen Unternehmens, so ist der Betrag der
Anpassung an die Anschaffungskosten des Unternehmenserwerbes im
Erwerbszeitpunkt einzubeziehen, wenn die Anpassung wahrscheinlich
ist und der Betrag verlässlich ermittelt werden kann (IFRS 3.32). Spätere
Anpassungen des ursprünglichen Schätzbetrags werden über den Firmenwert korrigiert.

Gelegentlich enthalten die Kaufverträge auch Klauseln, in denen der Erwerber dem Veräußerer eine Wertgarantie bezüglich der von ihm ausgegebenen Eigenkapitaltitel zusagt. Bei diesen Vereinbarungen handelt es
sich nicht um kaufpreisbeeinflussende Elemente. Das bedeutet, dass
keine Anpassung der Anschaffungskosten erfolgt. Vielmehr sind Nach-
zahlungen bei einem Absinken des Börsenkurses der im Rahmen des Unternehmenserwerbes ausgegebenen Eigenkapitaltitel im Eigenkapital zu
erfassen (IFRS 3.35).

US GAAP Ein von künftigen Ereignissen abhängiger Kaufpreis ist in die Anschaffungskosten des Unternehmenserwerbes im Erwerbszeitpunkt einzubeziehen, sofern dieser im Erwerbszeitpunkt bestimmbar ist. Am Ende des
Eventualzeitraumes („Contingency Period") fällig werdende oder auf einem Treuhänderkonto hinterlegte, von künftigen Ereignissen abhängige
Kaufpreisbestandteile sind nur dann als Verbindlichkeiten bzw ausgegebene Anteile zu bilanzieren, wenn das Ergebnis des künftigen Ereignisses
mit an Sicherheit grenzender Wahrscheinlichkeit vorhersehbar ist (FAS
141.26).

Handelt es sich bei dem künftigen Ereignis um das Erreichen eines Ergebnisziels, so führt eine spätere Erhöhung des ursprünglichen Schätzbetrags zur Anpassung der Anschaffungskosten des Unternehmenserwerbes (FAS 141.28).

Handelt es sich bei dem künftigen Ereignis hingegen um die Höhe eines
Wertpapierkurses, so führt die etwaige spätere Ausgabe von zusätzlichen
Wertpapieren nicht zu einer Anpassung der Anschaffungskosten des Un-
ternehmenserwerbes (FAS 141.30).

HGB Ein von künftigen Ereignissen abhängiger Kaufpreis wird im HGB
nicht geregelt, die Vorgehensweise in der Praxis ist grundsätzlich vergleichbar mit US GAAP. Kaufpreisbestandteile, die vom Eintritt einer

Bedingung abhängig gemacht werden, sind üblicherweise im Anhang anzugeben.

4. Ansatz und Bewertung von erworbenen identifizierbaren Vermögenswerten und Schulden

IFRS Im Erwerbszeitpunkt vorhandene identifizierbare Vermögenswerte, Schulden und Eventualschulden („Contingent Liabilities") des erworbenen Unternehmens sind einzeln mit ihren beizulegenden Zeitwerten anzusetzen, wenn:

1. es wahrscheinlich ist, dass künftige wirtschaftliche Nutzen dem Erwerber zufließen bzw Mittel von ihm abfließen, die einen wirtschaftlichen Nutzen enthalten; und
2. die beizulegenden Zeitwerte verlässlich ermittelt werden können (IFRS 3.37).

Für immaterielle Vermögenswerte und Eventualschulden gelten zusätzliche Besonderheiten.

Zur Veräußerung gehaltene langfristige Vermögenswerte sind hingegen nicht mit dem beizulegenden Zeitwert, sondern zum beizulegenden Zeitwert abzüglich Veräußerungskosten anzusetzen (IFRS 3.36).

Insgesamt führen die umfassenden Vorschriften des IFRS 3 dazu, dass im Rahmen der Kaufpreisallokation das Reinvermögen des erworbenen Unternehmens – auch auf Grund der weit reichenden Anhangangaben – so dargestellt wird, dass sich dadurch ein Aufschluss über die Motive und wesentlichen Werttreiber der Transaktion für den Abschlussadressaten ergibt.

Nachstehende Tabelle fasst die Richtlinien des IFRS 3 zur Bestimmung der beizulegenden Zeitwerte zusammen (IFRS 3, Anhang B.16):

Bilanzposition	Wertmaßstab
Börsegängige Wertpapiere	aktueller Börsenkurs
Nicht börsegängige Wertpapiere	geschätzte Werte (basierend auf Kurs-Gewinn-Verhältnissen, Dividendenrenditen und erwarteten Wachstumsraten vergleichbarer Wertpapiere)
Forderungen, Nutzungsverträge und sonstige identifizierbare Vermögenswerte	Barwert (unter Beachtung angemessener, derzeit gültiger Marktzinsen) mit Abzügen für Uneinbringlichkeit und Eintreibungskosten
Fertigerzeugnisse und Handelswaren	Verkaufspreise abzüglich Kosten der Veräußerung und einer vernünftigen Gewinnspanne
Unfertige Erzeugnisse	Verkaufspreise für Fertigerzeugnisse abzüglich noch anfallender Kosten bis zur Fertigstellung, der Kosten der Veräußerung und einer vernünftigen Gewinnspanne
Rohstoffe	aktuelle Wiederbeschaffungskosten
Grundstücke und Gebäude	Marktwert (Bewertungsgutachten)
Übrige Sachanlagen	geschätzter Marktwert, ansonsten (falls kein Markt vorhanden, beispielsweise auf Grund des speziellen Charakters der Sachanlage) zu fortgeführten Wiederbeschaffungskosten

Bilanzposition	Wertmaßstab
Immaterielle Vermögenswerte	Marktwert (falls ein aktiver Markt existiert), ansonsten zu dem Betrag, der zwischen sachverständigen, vertragswilligen und voneinander unabhängigen Geschäftspartnern gezahlt werden würde
(leistungsorientierte) Pensions- und Abfertigungsverpflichtungen, nach Abzug von gegebenenfalls vorhandenem Planvermögen	Barwert der Verpflichtung minus beizulegender Zeitwert des Planvermögens
Steueransprüche und Steuerschulden	Nominalwert des Anspruchs bzw der Schuld aus der Perspektive des Unternehmenszusammenschlusses, das bedeutet: die steuerlichen Effekte der Umbewertung der identifizierbaren Vermögenswerte und Schulden des erworbenen Unternehmens zu beizulegenden Zeitwerten sind einzubeziehen; aktive Steuerlatenzen des erworbenen Unternehmens, welche in diesem zuvor nicht aktivierungsfähig waren, jedoch im Konzern ansetzbar sind, sind ebenfalls einzubeziehen.
Rückstellungen und übrige Verbindlichkeiten	falls langfristig zum Barwert (unter Beachtung angemessener, derzeit gültiger Marktzinsen), ansonsten zum Nominalwert
Verlustverträge („Onerous Contracts")	Barwert der Verpflichtung (unter Beachtung angemessener, derzeit gültiger Marktzinsen)
Eventualschulden („Contingent Liabilities")	Betrag, den eine dritte Partei für die Übernahme der Eventualschuld verlangen würde

US GAAP Grundsätzlich vergleichbar mit IFRS (FAS 141.37). Hinsichtlich der Kategorie „übrige Sachanlagen" wird unterschieden zwischen solchen, die veräußert werden sollen und zum beizulegenden Zeitwert abzüglich Verkaufskosten anzusetzen sind, und solchen, die betrieblich genutzt werden sollen und zu Wiederbeschaffungskosten zu bewerten sind, es sei denn, deren zukünftige Nutzung durch das erwerbende Unternehmen impliziert eine Wertminderung (FAS 141.37d).

Zudem sind vor dem Erwerbszeitpunkt bestehende Eventualfälle („Reacquisition Contingencies") mit dem beizulegenden Zeitwert anzusetzen, falls dieser während des Allokationszeitraumes („Allocation Period") bestimmt werden kann. Anderenfalls sind die Bestimmungen von FAS 141.40b für die Wertermittlung anzuwenden.

HGB Handelsrechtlich sind sowohl die Buchwert- als auch die Neubewertungsmethode vorgesehen (§ 254 HGB). Das Anschaffungskostenprinzip als Bewertungsmaßstab für die Beteiligung führt dazu, dass kein Ansatz von Vermögensgegenständen über den Anschaffungskosten bzw keine Bewertung von Verbindlichkeiten unter den Anschaffungskosten vorgenommen werden darf.

5. Rückstellungen für Restrukturierungsmaßnahmen

IFRS Mit Verabschiedung des IFRS 3 am 31. März 2004 wurde der Ansatz für Restrukturierungsrückstellungen im Rahmen der Kaufpreisallokation am Erwerbstag weitgehend eingeschränkt. Rückstellungen für Restrukturierungen dürfen vom Erwerber in der Kaufpreisallokation nur angesetzt werden, wenn das erworbene Unternehmen selbst eine entsprechende Verpflichtung zur Durchführung der Restrukturierungsmaßnahmen hat und eine entsprechende Schuld ansetzt (IFRS 3.41).

US GAAP Im Zeitpunkt des Unternehmenszusammenschlusses (dh bei Übergang von Kontrollmacht; „Consummation Date") muss das Management damit begonnen haben, einen Plan zum Erwerbsausstieg aus einem Geschäftsbereich des erworbenen Unternehmens auszuarbeiten. Innerhalb der darauf folgenden zwölf Monate muss der Plan in seinen Details entwickelt worden sein, und das Management muss die Details zur Stilllegung bzw Verlegung den Mitarbeitern des erworbenen Unternehmens öffentlich bekannt machen (EITF 95-3).

HGB Restrukturierungspläne können mit österreichischen Sozialplänen verglichen werden. Dabei handelt es sich um Betriebsvereinbarungen zwischen Betriebsrat und Unternehmensleitung, die einen Interessensausgleich bzw die Milderung wirtschaftlicher Nachteile für die von einer geplanten Stilllegung oder Umstrukturierung betroffenen Arbeitnehmer zum Inhalt hat.

Es bestehen keine handelsrechtlichen Regelungen zur Bildung von Restrukturierungsrückstellungen. Der Ansatz derartiger Rückstellungen erfolgt im Rahmen der Rückstellungen für ungewisse Verbindlichkeiten bzw bei entsprechender Konkretisierung als Verbindlichkeit.

Derartige Rückstellungen können in Anlehnung an IFRS nach der Neubewertungsmethode angesetzt werden (§ 254 Abs 1 Z 2 HGB), dadurch darf es jedoch zu keiner Erhöhung über die Anschaffungskosten hinaus kommen.

6. Immaterielle Vermögenswerte

IFRS Einzeln identifizierbare immaterielle Vermögenswerte werden nur dann angesetzt, wenn sie die Definitionsmerkmale und Ansatzkriterien eines immateriellen Vermögenswertes nach IAS 38 erfüllen und wenn der beizulegende Zeitwert verlässlich ermittelt werden kann (IFRS 3.45).

Ein immaterieller Vermögenswert (einschließlich aktiver Forschungs- und Entwicklungsprojekte, so genannte „in-process research and development projects") ist dann separat vom Geschäfts- oder Firmenwert anzusetzen, wenn er identifizierbar ist, das Unternehmen die Verfügungsmacht über diesen Vermögenswert inne hat, um daraus Nutzen zu ziehen und andere von der Nutzung auszuschließen, und wahrscheinlich wirtschaftliche Vorteile daraus dem Unternehmen zufließen (IAS 38.11 ff).

IFRS 3 iVm IAS 38 präzisieren die Definitionskriterien, wann ein immaterieller Vermögenswert als identifizierbar gilt. Dies ist dann der Fall, wenn

- er entweder separierbar ist, also vom Unternehmen herausgelöst und individuell oder in Verbindung mit anderen Vermögenswerten verwertet (verkauft, vermietet etc) werden kann (so genanntes „separability criterion"), oder

- wenn er vertraglich oder rechtlich geschützt ist (so genanntes „contractual-legal criterion").

Sind diese Kriterien nicht erfüllt, gehen die immateriellen Vermögenswerte im Geschäfts- oder Firmenwert auf.

Auf Grund der überarbeiteten Definitions- und Ansatzkriterien für immaterielle Vermögenswerte ist eine Vielzahl von immateriellen Vermögenswerten getrennt vom Geschäfts- oder Firmenwert am Erwerbstag anzusetzen. IFRS 3 Anhang, Illustrative Examples enthält eine Liste von immateriellen Vermögenswerten, die diese Voraussetzungen iSd IFRS 3 erfüllen. Dies gilt übrigens auch dann, wenn die in Rede stehenden Vermögenswerte bisher in den Jahresabschlüssen des erworbenen Unternehmens nicht angesetzt waren.

Der Anhang des IFRS 3 nennt folgende immaterielle Vermögenswerte, die losgelöst von Goodwill anzusetzen sind (Auszug):
- **Marketingbezogene immaterielle Vermögenswerte:** Warenzeichen, Markennamen, Markenrechte, Internet Domains, Wettbewerbsverbote, Zeitungstitel, Zertifikate;
- **Kundenbezogene immaterielle Vermögenswerte:** Kundenlisten, Auftragsbestände, Kundenverträge und nicht vertragliche Kundenbeziehungen;
- **Künstlerische immaterielle Vermögenswerte:** Theater-, Opern-, Ballettstücke, Bücher, Zeitschriften, Musikstücke, Filme, Fotografien;
- **Vertragsbezogene immaterielle Vermögenswerte:** Lizenzen, Stillhalteabkommen, Werbung, langfristige Kundenaufträge, Leasingverträge, Baubewilligungen, Franchise-Verträge, Betriebsgenehmigungen, Senderechte, Nutzungsrechte (zB Ölvorkommen), Serviceverträge;
- **Technologiebezogene immaterielle Vermögenswerte:** patentierte Technologien, Software, unpatentierte Technologien, Datenbanken, Geschäftsgeheimnisse (zB geheime Rezepturen, Arbeitsabläufe und Produktionsprozesse).

Der Mitarbeiterstamm darf hingegen nicht separat vom Geschäfts- oder Firmenwert angesetzt werden.

US GAAP Immaterielle Vermögenswerte sind eigenständig (dh getrennt vom Firmenwert) anzusetzen, wenn sie vertragliche oder gesetzliche Rechte verbriefen („Contractual-Legal Criterion") oder aus dem Unternehmen heraus isoliert werden können, um anschließend verkauft, transferiert, vermietet, eingetauscht oder zum Gegenstand eines Lizenzvertrages gemacht zu werden, unabhängig von einer hierzu bestehenden konkreten Absicht („Separability Criterion") (FAS 141.39). Teilweise kommt es nach US GAAP verglichen mit IFRS häufiger zum Ausweis von immateriellen Vermögenswerten, so etwa im Fall von Franchising, Kunden- und Lieferantenlisten. Nach US GAAP ist die Aktivierung von Kaufpreisbestandteilen auf erworbene, nicht abgeschlossene Forschungs- und Entwicklungsprojekte möglich, soweit der Nachweis erbracht werden kann,

dass diese einen alternativen, zukünftigen Nutzen besitzen; im umgekehrten Fall ist dies nicht zulässig (FAS 141.42).

HGB   Sollten immaterielle Vermögensgegenstände vorliegen, die einzeln identifizierbar sind und die handelsrechtlichen Ansatzkriterien für immaterielle Vermögensgegenstände erfüllen, können diese im Rahmen der
Neubewertungsmethode angesetzt werden (§ 254 Abs 1 Z 2 HGB).

7. Eventualschulden („Contingent Liabilities")

IFRS   Eventualschulden des erworbenen Unternehmens sind vom Erwerber
am Erwerbstag zu identifizieren und mit dem beizulegenden Zeitwert separat anzusetzen. Hintergrund hierfür ist, dass derartige „Lasten", selbst
wenn sie bisher mangels der Ansatzkriterien nicht im Jahresabschluss des
erworbenen Unternehmens angesetzt waren, dennoch bei der Ermittlung des Kaufpreises eine Rolle spielen können (zB schwebende Umwelt-
belastungen, Prozesse, Bürgschaften).

Eventualschulden sind am Erwerbstag zu passivieren, wenn der beizulegende Zeitwert verlässlich bestimmt werden kann (IFRS 3.47).

US GAAP Vergleichbar mit IFRS (FAS 141.40).

HGB   Es gibt keine besonderen Bestimmungen im HGB zu Eventualschulden
beim Erwerb eines Unternehmens.

8. Im Erwerbszeitpunkt bestehende Minderheitsanteile

IFRS   Bei einem Erwerb von weniger als 100% der Anteile eines Tochterunter-
nehmens sind die Minderheitsanteile mit den anteiligen beizulegenden
Zeitwerten anzusetzen (IFRS 3.40). Es kommt jedoch zu keiner etwaigen
Zuweisung eines Firmenwertes an die Minderheitsgesellschafter.

US GAAP Der Ansatz erfolgt zu anteiligen Buchwerten.

HGB   Minderheitsanteile sind als gesonderter Posten im Eigenkapital auszuweisen.

9. Geschäfts- oder Firmenwert – Definition

IFRS   Der Geschäfts- oder Firmenwert wird als Überschuss der Anschaffungskosten des Unternehmens über die beizulegenden Zeitwerte der identifizierbaren Vermögenswerte, Schulden und Eventualschulden im Erwerbszeitpunkt definiert. Er kann sowohl positiv („goodwill") als auch
negativ („negative goodwill") sein.

US GAAP Vergleichbar mit IFRS.

HGB   Ein im Rahmen der Kapitalkonsolidierung bei Anwendung der Buchwertmethode nach Berücksichtigung stiller Reserven/Lasten verbleibender aktiver Unterschiedsbetrag stellt einen Geschäfts-/Firmenwert dar.
Dieser Posten könnte auch mit passiven Unterschiedsbeträgen verrechnet werden. Bei der Neubewertungsmethode wird der aus der Aufdec-

kung stiller Reserven/Lasten resultierende Betrag dem anteiligen Eigenkapital zum beizulegenden Zeitwert gegenübergestellt. Ein passiver
Unterschiedsbetrag entsteht aus einem Übersteigen des anteiligen Eigenkapitals nach Aufdeckung stiller Lasten über den Buchwert der Anteile
des Tochterunternehmens. Diese Posten sind im Anhang zu erläutern
(§ 254 Abs 3 HGB).

10. Geschäfts- oder Firmenwert – Nutzungsdauer

IFRS   Mit Verabschiedung von IFRS 3 und IAS 36 in der überarbeiteten Fassung am 31. März 2004 sind Geschäfts- oder Firmenwerte aus Unternehmenserwerben, die am oder nach diesem Tag vereinbart werden, nicht
mehr planmäßig abzuschreiben. Stattdessen ist der Geschäfts- oder Firmenwert jährlich zwingend einem Wertminderungstest zu unterziehen.

US GAAP   Im Gegensatz zur bisherigen Regelung, die von einer zeitlich begrenzten
Nutzungsdauer mit einer Obergrenze von 40 Jahren ausging (APB 17),
sind Geschäfts- oder Firmenwerte seit der Einführung von FAS 142 (gilt
für Wirtschaftsjahre, die nach dem 15. Dezember 2001 beginnen) nicht
planmäßig abzuschreiben. Auf Ebene der berichterstattenden Einheit
(„Reporting Unit") ist jedoch mindestens ein Mal pro Jahr das Bestehen
eines etwaigen Wertberichtigungsbedarfs zu prüfen. Berichterstattende
Einheiten entsprechen operativen Segmenten (siehe Abschnitt zur Segmentberichterstattung) oder aber Geschäftsbereichen auf der direkt darunter liegenden Stufe („Components") (FAS 141.47 iVm FAS 142.18).

HGB   Der nach § 254 Abs 3 HGB entstandene Unterschiedsbetrag bzw Ge-
schäfts-/Firmenwert kann über mehrere Methoden aktiviert/abgeschrie-
ben werden (§ 261 HGB):
* Aktivierung und Abschreibung des Unterschiedsbetrages über fünf
  Jahre, wobei die erste Abschreibung bereits im Geschäftsjahr des Erwerbs vorgenommen wird.
* Erfolgsneutrale Verrechnung mit Rücklagen.
* Falls es sich bei dem Unterschiedsbetrag um einen erworbenen (derivativen) Firmenwert handelt, ist dieser zu aktivieren und planmäßig über
  die voraussichtliche Nutzungsdauer abzuschreiben.

11. Negativer Geschäfts- oder Firmenwert

IFRS   Entsteht im Rahmen der Kaufpreisallokation ein negativer Unterschiedsbetrag, so besteht in einem ersten Schritt die Vermutung, dass möglicherweise Vermögenswerte, Schulden und Eventualschulden nicht identifiziert oder nicht mit abschließend korrekten beizulegenden Zeitwerten
angesetzt wurden. Daher ist zunächst die Kaufpreisallokation zu prüfen.

Verbleibt nach erneuter Prüfung weiterhin ein negativer Unterschiedsbetrag, so ist dieser als Ertrag unmittelbar in der Gewinn- und Verlustrechnung im Erwerbszeitpunkt zu erfassen (IFRS 3.56).

US GAAP   Ein negativer Unterschiedsbetrag ist aliquot auf die bestehenden Vermögenswerte zu verteilen, mit Ausnahme folgender Posten: Finanzanlagen

(außer jenen, die nach der Equity-Methode bilanziert werden); zur Veräußerung bestimmte Vermögenswerte; latente Steueransprüche; kurzfristige Pensionsforderungen; sonstiges kurzfristiges Vermögen (FAS
141.44). Ein nach Verteilung verbleibender negativer Firmenwert ist unmittelbar als außerordentlicher Gewinn zu erfassen, es sei denn, der
Kaufpreis enthält einen von künftigen Ereignissen abhängigen Bestandteil. In diesem Fall ist eine Verbindlichkeit in Höhe des Maximalbetrags
des von künftigen Ereignissen abhängigen Kaufpreises, höchstens jedoch
in Höhe des verbleibenden negativen Firmenwertes auszuweisen (FAS
141.46).

HGB Ein allfälliger passiver Unterschiedsbetrag resultiert aus einem im Verhältnis zum anteiligen Eigenkapital des Beteiligungsunternehmens niedrigeren Beteiligungsbuchwert und ist als Passivposten darzustellen. Eine
ergebniswirksame Auflösung darf nur bei Eintritt einer ungünstigen Ertragslage oder erwarteten Aufwendung vorgenommen werden. Im Falle
eines verwirklichten Gewinnes in Höhe des negativen Firmenwertes am
Abschlussstichtag kann wahlweise auch eine erfolgsneutrale Einstellung
in die Rücklagen erfolgen (§ 261 Abs 2 HGB).

Prinzipiell werden aktive mit passiven Unterschiedsbeträgen verrechnet
und im Anhang angegeben (§ 254 Abs 3 HGB).

12. Wertminderungen

IFRS Der Geschäfts- oder Firmenwert ist zwingend ein Mal jährlich einem
Wertminderungstest zu unterziehen (IAS 36.10.b). Der Zeitpunkt der
Durchführung des Wertminderungstests kann vom Unternehmen frei
gewählt werden, sofern gewährleistet ist, dass dieser Zeitpunkt in Folgeperioden für die jeweilige zahlungsmittelgenerierende Einheit stetig beibehalten wird (IAS 36.96). Bestehen unterjährig Indikatoren (so genannte „triggering events"), die auf eine Wertminderung hindeuten, so
ist zusätzlich unterjährig eine Wertminderungsprüfung durchzuführen.

Zu diesem Zweck muss jeder Geschäfts- oder Firmenwert zum Zeitpunkt
des Unternehmenserwerbes einer oder mehreren zahlungsmittelgenerierenden Einheiten zugeordnet werden (so genannte „cash-generating
units"). Ist dies nicht im Erwerbszeitpunkt bzw nicht bis zum Ende des
Jahres, in dem der Unternehmenserwerb erfolgte, möglich, so ist die erstmalige Zuordnung spätestens in dem dem Erwerb folgenden Berichtsjahr vorzunehmen (IAS 36.84).

Maßgeblich für die Zuordnung eines Geschäfts- oder Firmenwertes ist,
welche zahlungsmittelgenerierenden Einheiten von den Synergien des
Unternehmenserwerbes profitieren. Darüber hinaus hat die zahlungsmittelgenerierende Einheit die niedrigste Ebene innerhalb des Unternehmens darzustellen, auf der der Geschäfts- und Firmenwert von der Geschäftsleitung für interne Zwecke überwacht und gesteuert wird. Eine
zahlungsmittelgenerierende Einheit, der der Geschäfts- oder Firmenwert
zugeordnet wird, darf jedoch nicht größer als ein primäres oder sekundä-
res Berichtssegment iSd IAS 14 sein (IAS 36.80).

In einem ersten Schritt ist der erzielbare Betrag der betreffenden zahlungsmittelgenerierenden Einheit zu ermitteln. Dieser ist der höhere aus dem beizulegenden Zeitwert abzüglich Veräußerungskosten und dem internen Nutzungswert. Durch den Vergleich mit den Buchwerten (einschließlich des Buchwertes für den Geschäfts- oder Firmenwert) ergibt sich, ob eine Wertminderung zu erfassen ist oder nicht. Eine ermittelte Wertminderung ist zuerst voll mit dem Geschäfts- oder Firmenwert zu verrechnen, bis dieser maximal auf einen Buchwert von Null abgeschrieben ist. Ein darüber hinaus verbleibender Wertminderungsbetrag ist buchwertproportional den verbleibenden langfristigen Vermögenswerten der zahlungsmittelgenerierenden Einheit zuzuordnen.

Eine nachfolgende Zuschreibung eines zuvor wertgeminderten Geschäfts- oder Firmenwertes ist nicht mehr zulässig (Wertaufholungsverbot für Geschäfts- oder Firmenwert).

Als einzige Erleichterung für die Durchführung des jährlichen Wertminderungstests des Geschäfts- oder Firmenwertes ist vorgesehen, dass unter gewissen Voraussetzungen von einer detaillierten Berechnung des erzielbaren Betrags abgesehen werden kann und stattdessen der in einer vorhergehenden Berichtsperiode ermittelte erzielbare Betrag für die aktuelle Berichtsperiode erneut verwendet werden kann. Von dieser Erleichterungsbestimmung darf allerdings nur dann Gebrauch gemacht werden, wenn sich die Zusammensetzung der zahlungsmittelgenerierenden Einheit seit der letztmaligen Berechnung nicht wesentlich verändert hat, der zuletzt ermittelte erzielbare Betrag deutlich über dem Buchwert der Einheit lag und keine Anzeichen auf eine wahrscheinliche Wertminderung bestehen (IAS 36.99).

Ändert ein Unternehmen seine Berichtsstruktur, sodass die Zusammensetzung einer oder mehrerer zahlungsmittelgenerierenden Einheiten verändert wird, denen ursprünglich ein Geschäfts- oder Firmenwert zugeordnet wurde, so muss der Geschäfts- oder Firmenwert entsprechend neu zugeordnet werden. Die erneute Zuordnung hat dabei entsprechend der relativen Wertverhältnisse der zahlungsmittelgenerierenden Einheiten zu erfolgen (IAS 36.87).

Im Falle der Veräußerung oder teilweisen Veräußerung einer oder mehrerer zahlungsmittelgenerierenden Einheiten sind entsprechend Teile des Geschäfts- oder Firmenwertes im Periodenergebnis zu erfassen und als Bestandteil des Veräußerungsgewinns bzw -verlustes zu zeigen. Eine Ausnahme besteht lediglich für Geschäfts- oder Firmenwerte, die in der Vergangenheit – entweder auf Grund der Vereinfachungsvorschrift für Unternehmenserwerbe des IFRS 1 oder auf Grund der vor der erstmaligen Anwendung des IAS 22 (= Vorgängerregelung des IFRS 3) gestatteten Methode mit dem Eigenkapital verrechnet wurden. Diese bleiben weiterhin mit dem Eigenkapital verrechnet (IFRS 3.80 bzw IFRS 1, Anhang B2.i).

US GAAP Ein Geschäfts- oder Firmenwert ist auf Ebene der berichterstattenden Einheit („Reporting Unit") auf einen etwaigen Wertberichtigungsbedarf hin zu überprüfen, und zwar jährlich bzw beim Eintreten von Ereignissen oder der Änderung von Verhältnissen, die darauf hindeuten, dass die volle Werthaltigkeit möglicherweise nicht mehr besteht (FAS 142.26–.29). Der Wertberichtigungstest erfolgt in zwei Stufen:

Stufe 1: Es wird ein Vergleich zwischen beizulegendem Zeitwert und Buchwert der Reporting Unit unter Einbeziehung des Geschäfts- oder Firmenwertes angestellt. Liegt der beizulegende Zeitwert unter dem Buchwert, so hat der Geschäfts- oder Firmenwert eine Wertminderung erfahren und Stufe 2 ist anzuwenden (FAS 142.19).

Stufe 2: Die Höhe der Wertminderung errechnet sich als Differenzbetrag aus dem Buchwert und dem abgeleiteten beizulegenden Zeitwert („Implied Fair Value") des Geschäfts- oder Firmenwertes (FAS 142.20). Der abgeleitete beizulegende Zeitwert bemisst sich auf dieselbe Weise, nach der Firmenwerte im Rahmen von Unternehmenszusammenschlüssen ermittelt werden. Dies bedeutet, dass der beizulegende Zeitwert der berichterstattenden Einheit (fiktiv) auf sämtliche Vermögenswerte (einschließlich nicht aktivierungsfähiger immaterieller Vermögenswerte) und Schulden der berichterstattenden Einheit verteilt wird. Der nicht zur Verteilung kommende Restbetrag stellt den abgeleiteten beizulegenden Zeitwert des Geschäfts- oder Firmenwertes dar (FAS 142.21). Der Wertminderungsaufwand ist im laufenden Periodenergebnis zu erfassen.

HGB Der Firmenwert stellt keinen Vermögensgegenstand im Sinne des HGB dar, sondern es handelt sich um einen Unterschiedsbetrag, dem daher am Bilanzstichtag kein Vergleichswert hinsichtlich einer allfälligen Wertminderung gegenübergestellt werden kann. Nach den GoB muss jedoch eine außerplanmäßige Abschreibung für den Fall vorgenommen werden, dass der ursprünglichen Einschätzung des Wertes oder der voraussichtlichen wirtschaftlichen Nutzungsdauer eine grobe Fehleinschätzung zu Grunde gelegen hat. Mangels Qualifikation als Vermögensgegenstand dürfen auf den Firmenwert auch keine Zuschreibungen vorgenommen werden.

13. Vorläufige Feststellung der erstmaligen Bilanzierung

IFRS Im Rahmen der Kaufpreisallokation sind die erworbenen Vermögenswerte, Schulden und Eventualschulden vollumfänglich zu identifizieren und zum beizulegenden Zeitwert zu bewerten und anzusetzen. Gleichfalls sind die Anschaffungskosten des Unternehmenserwerbes zu bestimmen (IFRS 3.61).

Kann die Bestimmung des erworbenen Reinvermögens oder der Anschaffungskosten nur vorläufig bis zum Ende der Berichtsperiode erfolgen, so sind in einem ersten Schritt die vorläufigen Werte für die Bilanzierung zu verwenden. Über diese Tatsache und die Gründe ist im Anhang gesondert zu berichten.

US GAAP FAS 141 kennt keine derartige Bestimmung. Das Datum der Bestimmung
der Zeitwerte der Vermögenswerte und Schulden ist der Akquisitionszeitpunkt.

HGB Eine entsprechende Regelung ist im HGB nicht vorgesehen.

14. Nachträgliche Anpassungen von Vermögenswerten und Schulden

IFRS Erworbene identifizierbare Vermögenswerte und Schulden, die zum
Zeitpunkt der erstmaligen Bilanzierung des Unternehmenserwerbes
nicht angesetzt wurden, weil zB der Erwerber von der Existenz der betroffenen Posten nichts wusste, oder deren beizulegende Zeitwerte mangels
unvollständig vorliegender Informationen nicht abschließend ermittelt
werden konnten, sind im Rahmen der Fertigstellung der Kaufpreisallokation zu korrigieren (IFRS 3.62 ff).

Dabei ergeben sich für die nachträglichen Änderungen der erstmaligen
Bilanzierung – in Abhängigkeit des Zeitpunktes der Korrektur – unterschiedliche bilanzielle Konsequenzen:
- Wird der Anpassungsbedarf für übernommenes Reinvermögen innerhalb von zwölf Monaten nach dem Erwerb festgestellt und ermittelt, so
  sind die Buchwerte der übernommenen Vermögenswerte, Schulden
  und Eventualschulden so anzupassen, als hätte der endgültige beizulegende Zeitwert bereits von Anfang an festgestanden. Entsprechend sind
  ein allfälliger Unterschiedsbetrag (zB Geschäfts- oder Firmenwert) zu
  korrigieren und die Vergleichszahlen anzupassen. Letzteres schließt
  auch zusätzliche Abschreibungen und Wertminderungen und sonstige
  ergebniswirksame Effekte ein.
- Eine Anpassung der erstmaligen Bilanzierung eines Unternehmenserwerbs nach zwölf Monaten nach dem Erwerbszeitpunkt ist nur mehr
  dann vorzunehmen, wenn es sich um Fehler iSd IAS 8 handelt (retro-
  spektive Korrektur).

US GAAP Prinzipiell vergleichbar mit IFRS. Etwaige nachträgliche Kürzungen von
Restrukturierungsrückstellungen sind jedoch grundsätzlich über eine
Firmenwertanpassung vorzunehmen. Im Falle von nachträglichen Erhö-
hungen von Restrukturierungsrückstellungen gilt dies nur, sofern die
Korrektur innerhalb des so genannten Allokationszeitraumes („Allocation Period") erfolgt; ansonsten erfolgt die Korrektur über das Periodenergebnis. Der Allokationszeitraum umfasst die Periode von einem Jahr ab
dem Erwerbszeitpunkt und steht für jenen Zeitraum, innerhalb dessen
noch Zuweisungen zum Kaufpreis vorgenommen werden dürfen. Diese
resultieren aus Informationen und Daten, die im Erwerbszeitpunkt noch
ungewiss waren. Nachteilige Anpassungen im Zusammenhang mit zum
Erwerbszeitpunkt bestehenden Eventualfällen, die sich nach dem Allokationszeitraum konkretisieren, sowie Ereignisse, die nach dem Erwerbszeitpunkt eintreten, sind hierdurch nicht erfasst; diese werden im Periodenergebnis erfasst (FAS 141.41).

HGB Das HGB enthält keine expliziten Vorschriften über die nachträgliche Anpassung der Wertansätze von Vermögensgegenständen und Schulden infolge von nachträglichen Erkenntnissen. Derartige Anpassungen können vorgenommen werden, sofern sie im Rahmen der GoB liegen.

15. Nachträgliche Korrektur latenter Steuern

IFRS Wenn ein Erwerber zum Zeitpunkt des Unternehmenszusammenschlusses einen latenten Steueranspruch („deferred tax asset") des erworbenen Unternehmens nicht als einen identifizierbaren Vermögenswert angesetzt hat, und dieser latente Steueranspruch nachfolgend im Konzernabschluss des Erwerbers bilanziert wird, so ist der sich ergebende latente Steuerertrag in der Gewinn- und Verlustrechnung nachträglich zu erfassen. Ferner hat der Erwerber den Buchwert des Geschäfts- oder Firmenwertes anzupassen, so als wäre der latente Steueranspruch bereits zum Erwerbszeitpunkt bilanziert worden. Die Verringerung des Buchwertes des Geschäfts- oder Firmenwertes ist als Aufwand zu erfassen (IFRS 3.65).

Eine nachträgliche Aktivierung von latenten Steueransprüchen scheidet hingegen aus, wenn sich dadurch ein bestehender negativer Goodwill bzw der in der Gewinn- und Verlustrechnung erfasster Ertrag erhöhen würde.

US GAAP Die nachträgliche Erfassung von latenten Steueransprüchen reduziert zunächst den Geschäfts-/Firmenwert, dann die immateriellen Vermögenswerte und schließlich den Steueraufwand (FAS 109.30).

HGB Es bestehen keine gesonderten Regelungen im HGB.

16. Sukzessiver Anteilserwerb

IFRS IFRS 3 sieht eine konkrete Vorgehensweise zur Bilanzierung von sukzessiven Unternehmenserwerben vor. Ein sukzessiver Unternehmenserwerb liegt dann vor, wenn der Beteiligungsprozentsatz an einem Unternehmen durch einen oder mehrere Schritte erhöht wird, wobei der Erwerber erst durch den letzten Erwerbschritt die Beherrschung über das Unternehmen erwirbt (zB eine Beteiligung wird zunächst von 20% auf 45% und danach auf 100% aufgestockt).

Für jeden dieser Erwerbsschritte sind sowohl die Anschaffungskosten als auch die jeweiligen, anteilig erworbenen Vermögenswerte, Schulden und Eventualschulden unter Zugrundelegung der zu den jeweiligen Tauschzeitpunkten vorliegenden beizulegenden Zeitwerte zu bestimmen. Dadurch ist sichergestellt, dass ein Geschäfts- oder Firmenwert aus den vorgelagerten Erwerbsschritten tranchenweise für jeden Erwerbsschritt separat bestimmt wird.

In einem nächsten Schritt ist das rechnerisch für die jeweiligen Tranchen ermittelte und fortentwickelte Reinvermögen durch Dotierung einer eigenen Rücklage im Eigenkapital auf den beizulegenden Zeitwert am Erwerbstag (des letzten Teilschrittes) umzuwerten.

Diese spezielle Rücklage ist in der Folge analog einer Neubewertungsrücklage nach IAS 16 zu behandeln, dh in Abhängigkeit der zugrunde liegenden Posten (zB entsprechend der Restnutzungsdauer von Sachanlagen oder immateriellen Vermögenswerten) im Eigenkapital umzubuchen.

US GAAP FAS 141 kennt keine Regelung bezüglich sukzessiven Anteilserwerb. Jeder
Erwerbsvorgang wird separat gesehen.

HGB Im HGB sind keine speziellen Regelungen zur Bilanzierung eines sukzessiven Anteilserwerbes enthalten. Im Anhang ist jedoch beim Erwerb der
Anteile zu verschiedenen Zeitpunkten der Zeitpunkt anzugeben, zu dem
das Unternehmen Tochterunternehmen geworden ist (§ 254 Abs 2).

17. Angabepflichten im Anhang

BESCHREIBUNG	IFRS	US GAAP	öHGB
Allgemeine Angaben			
Namen und Beschreibungen der vom Zusammenschluss erfassten Unternehmen	Erforderlich (IFRS 3.67a)	Erforderlich, der Grund für den Unternehmens-zusammenschluss ist ebenfalls offen zu legen (FAS 141.51)	Erforderlich, ebenso ist der Sitz der Unter-nehmen anzu-geben (§ 265 Abs 2 HGB)
Anzuwendende Methode für die Bilanzierung des Unternehmenszusammen-schlusses	Nicht erforder-lich (da nur mehr eine Methode; allerdings Be-schreibung der Vorgehensweise im Rahmen der allgemeinen Bilanzierungs- und Bewertungs-methoden)	Erforderlich	Erforderlich, auch im Fall von Änderungen (§ 264 Abs 2)
Erwerbszeitpunkt (wie oben definiert)	Erforderlich (IFRS 3.67b)	Erforderlich, zudem ist die Ermittlungsbasis für die Wert-findung hinge-gebener Aktien anzugeben	Erforderlich (§ 254 Abs 2 HGB).
Kaufpreis und Zahlungsmodalitäten inklusive etwaiger aufgeschobener und schwebender Kaufpreisbestandteile	Erforderlich	Erforderlich (FAS 141.51h)	Nicht spezifiziert
Zur Veräußerung anstehende Geschäfts-bereiche	Erforderlich (IFRS 3.67e)	Nicht spezifiziert	Nicht spezifiziert
Der prozentuale Anteil der erworbenen Stimmrechte	Erforderlich (IFRS 3.67c)	Nicht spezifiziert	§ 265 Abs 2 Z 1 HGB
Beschreibung von Geschäftsbereichen, die im Zuge des Unternehmenserwerbes aufgegeben werden	Erforderlich (IFRS 3.67e)	Nicht spezifiziert	Nicht spezifiziert

BESCHREIBUNG	IFRS	US GAAP	öHGB
Beschreibung der die Höhe der Anschaffungskosten beeinflussenden Gründe, die zu einer Erfassung eines Geschäfts- oder Firmenwertes (oder negativen Unterschiedsbetrages) geführt haben	Erforderlich (IFRS 3.67h)	Nicht spezifiziert	Nicht spezifiziert
Beschreibung der immateriellen Vermögenswerte, die nicht getrennt vom Geschäfts- und Firmenwert angesetzt wurden, einschließlich einer Begründung, warum der beizulegende Zeitwert nicht bestimmt werden konnte	Erforderlich (IFRS 3.67h)	Nicht spezifiziert	Nicht spezifiziert
Firmenwert			
Firmenwert – Abschreibungsmethode und -periode	Nicht anwendbar	Nicht anwendbar	Erforderlich
Firmenwert – Wertminderungsaufwand	Erforderlich	Erforderlich	Erforderlich
Insgesamt verfügbarer Firmenwert – Geschätzter steuerlich abzugsfähiger Teil; Aufteilung auf Segmente	Nicht vorgesehen	Erforderlich (FAS 141.52c)	Erforderlich, Angabepflicht des Unterschiedsbetrags samt Änderungen und saldierten Beträgen (§ 254 Abs 3 HGB)
Überleitungsrechnung zwischen Betrag des Firmenwertes zu Beginn und am Ende der Periode	Erforderlich (IFRS 3.75a bzw. IAS 36.134)	Nicht spezifiziert	Indirekt, durch Aufnahme des Firmenwerts in den Anlagespiegel
Firmenwert – Wertminderungsaufwand pro primären Berichtssegment	Erforderlich (IAS 36.130d)	Nicht spezifiziert	Nicht spezifiziert
Firmenwert – Angabe des Betrags des noch nicht abschließend zugeordneten Betrags auf zahlungsmittelgenerierende Einheiten (einschließlich der dafür maßgeblichen Gründe)	Erforderlich (IAS 36.133)	Nicht spezifiziert	Nicht spezifiziert
Betrag des negativen Unterschiedsbetrags	Angabe des in der Gewinn- und Verlustrechnung erfassten Betrags (IFRS 3.67g)	Nicht spezifiziert	Negativer Unterschiedsbetrag lt. Bilanz ist im Anhang anzugeben; ebenso wesentliche Änderungen (§ 254 Abs 3)
Angabe der die Wertminderung auslösenden Gründe	Angabe der wichtigsten Ereignisse und Umstände (IAS 36.131b)	Nicht spezifiziert	Erläuterung der wesentlichen Änderungen (§ 254 Abs 3)
Beschreibung der für den Wertminderungstest maßgeblichen quantitativen Faktoren	Angabe, ob der erzielbare Betrag der maßgeblichen zahlungsmittelgenerierenden Einheit auf Basis des beizulegenden Zeitwerts abzüglich Veräußerungskosten	Nicht spezifiziert	Nicht spezifiziert

BESCHREIBUNG	IFRS	US GAAP	öHGB
	oder des internen Nutzungswertes ermittelt wurde (IAS 36.130e); Angabe der wesentlichen Annahmen und Bewertungsparameter zur Ermittlung des erzielbaren Betrags (einschließlich einer Sensitivitätsanalyse) Buchwert des Geschäfts- oder Firmenwertes;		
Sonstige Angaben			
Zusammenfassende Darstellung der erworbenen Vermögenswerte und Schulden, zu beizulegenden Zeitwerten, mit gesondertem Ausweis von Zahlungsmitteläquivalenten	Erforderlich (einschließlich der Eventualschulden!), zusätzlich sind auch die im Jahresabschluss des Tochterunternehmens für diese Kategorien ausgewiesenen IFRS Buchwerte anzugeben (sofern nicht praktisch undurchführbar)	Angabe einer verkürzten Bilanz mit dem Ausweis von Beträgen nach Bilanzpositionen des erworbenen Unternehmens (FAS 141.51e)	Nicht spezifiziert
Angabe, dass eine vorläufige Kaufpreisallokation vorgenommen wurde, einschließlich der Gründe	Erforderlich (IFRS 3.69)	Erforderlich (FAS 141.51h)	Nicht spezifiziert
Auswirkungen der Anpassung und Fertigstellung von vorläufigen Kaufpreisallokationen, einschließlich einer verbalen Erklärung der Anpassungen	Erforderlich (IFRS 3.73)	Nicht spezifiziert	Nicht spezifiziert
Rückstellungen für die Einstellung oder Reduzierung von Geschäftsbereichen des erworbenen Unternehmens	Nicht spezifiziert	Erforderlich (FAS 141.51f)	Nicht spezifiziert
Auswirkungen der Übernahme auf die Vermögenslage des Erwerbers zu dessen Bilanzstichtag und auf das Periodenergebnis	Erforderlich (einschließlich einer Angabe über Auswirkungen auf die Gewinn- und Verlustrechnung aus identifizierten Vermögenswerten, Schulden und Eventualschulden von Unternehmenserwerben der laufenden und vorangegangenen	Nicht erforderlich; eine Pro-Forma Gewinn- und Verlustrechnung ist vorzulegen (siehe unten)	Nicht spezifiziert

BESCHREIBUNG	IFRS	US GAAP	öHGB
	Perioden sowie Fehlerkorrekturen)		
Betrag der erworbenen Vermögenswerte aus Forschungs- und Entwicklungstätigkeit, welcher unmittelbar abgeschrieben wurde	Nicht spezifiziert	Erforderlich	Nicht spezifiziert
Kaufpreis im Erwerbszeitpunkt nicht endgültig fixiert: Angabe dieser Tatsache und der vorliegenden Gründe. Anpassungen während des Allokationszeitraums sind in den betreffenden Berichtsperioden angabepflichtig	Nicht spezifiziert	Erforderlich	Nicht spezifiziert
Detailangaben hinsichtlich der Beträge, die immateriellen Vermögenswerten zugewiesen wurden: Gesamtbeträge, davon in Zukunft abschreibungsfähig/nicht abschreibungsfähig, Restbuchwerte, Abschreibungsdauern je immateriellem Vermögenswert	Nicht spezifiziert	Erforderlich	Nicht spezifiziert
Anteiliges in der Konzerngewinn- und -verlustrechnung erfasstes Ergebnis des Tochterunternehmens ab dem Erwerbszeitpunkt	Erforderlich (IFRS 3.67i)	Nur für öffentliche Unternehmen erforderlich	Nicht spezifiziert
Pro-Forma Gewinn- und Verlustrechnung einschließlich Vergleichszahlen	Umsatzerlöse und Periodenergebnis sind anzugeben, so als wäre der Unternehmenserwerb bereits zu Jahresbeginn erfolgt (IFRS 3.70)	Nur für öffentliche Unternehmen erforderlich	Nicht spezifiziert

Weitere Angaben für den handelsrechtlichen Konzernanhang ergeben sich aus § 266 HGB.

18. Laufende Projekte (IASB)

Exposure Draft – Proposed Amendments to IFRS 3 Business Combinations

Durch den im Juni 2005 veröffentlichten Entwurf werden Teile der in IFRS 3 enthaltenen Regelungen zur Bilanzierung nach der Erwerbsmethode aufgehoben bzw abgeändert.

Beispielsweise sollen direkt mit dem Unternehmenserwerb anfallende Kosten wie etwa für Berater nicht mehr als Bestandteil der Anschaffungskosten gewertet werden, sondern unmittelbar als Aufwand in der Gewinn- und Verlustrechnung erfasst werden. Auch sollen sowohl Eventualschulden („Contingent Liabilities") und Eventualforderungen („Contingent Assets") im Rahmen einer Kaufpreisallokation symmetrisch behandelt werden, dh sofern mit diesen Vermögenswerten und Schulden unbedingte Rechtspositionen und Verpflichtungen verbunden sind, sind diese im Rahmen eines Unternehmenserwerbes zum beizulegenden Zeitwert anzusetzen (Aktivierung von „unconditional rights" und Passivierung von „unconditional obligations").

Eine der wesentlichen Neuregelungen betrifft die Behandlung von Minderheiten in Konzernabschlüssen. Künftig soll auch für Minderheiten ein Geschäfts- oder Firmenwert bei einem Unternehmenserwerb aufgedeckt werden (sog „Full Goodwill Method").

Die in IFRS 3 enthaltene Regelung zur Bilanzierung des sukzessiven Anteilserwerbes wird abgeändert. Beibehalten wird grundsätzlich das Erfordernis, dass nicht nur der neu erworbene Anteil am Reinvermögen zum beizulegenden Zeitwert anzusetzen ist, sondern auch bereits gehaltene Tranchen. Allerdings soll die Neubewertung der „Alttranchen" künftig nicht mehr – wie in IFRS 3 vorgesehen – in einer eigenen Rücklage, sondern unmittelbar in der Gewinn- und Verlustrechnung erfasst werden.

Daneben werden auch einzelne Aspekte präzisiert bzw abgeändert. So sind bedingte Kaufpreisvereinbarungen bereits zum Erwerbstag mit dem beizulegenden Zeitwert anzusetzen. Die Erfassung des negativen Geschäfts- oder Firmenwertes wird erneut geändert.

19. Relevante Vorschriften

IFRS   IFRS 1, IFRS 3, IAS 8, IAS 12, IAS 14, IAS 16, IAS 36, IAS 38, IAS 39.

US GAAP   FAS 109, FAS 141, FAS 142, EITF 95-3, APB 17.

HGB   §§ 254, 261, 264, 265, 266; GoB.

I. Interessenszusammenführung

1. Anwendung der Methode der Interessenszusammenführung

IFRS   Mit Verabschiedung des IFRS 3 ist die Erwerbsmethode die einzig zulässige Methode zur Bilanzierung von Unternehmenserwerben (IFRS 3.14). Die Anwendung der Interessenszusammenführungsmethode wurde ersatzlos gestrichen. So ist auch für Unternehmenserwerbe, die mittels Vertrag oder im Zusammenhang mit Genossenschaften und Versicherungen auf Gegenseitigkeit erfolgen voraussichtlich auch die Anwendung der Erwerbsmethode und nicht die Methode der Interessenszusammenführung vorgesehen (Entwurf des IASB: „Business Combinations – Combinations by Contract Alone or Involving Mutual Entities").

US GAAP   Die Methode der Interessenszusammenführung ist infolge der Implementierung von FAS 141 für Wirtschaftsjahre, die nach dem 30. Juni 2001 enden, nicht mehr erlaubt.

HGB   Die Methode der Interessenszusammenführung ist handelsrechtlich weder vorgesehen noch erlaubt.

2. Relevante Vorschriften

IFRS   IFRS 3.

US GAAP   FAS 141.

J. Zusammenschluss von unter gemeinsamer Kontrolle stehenden Unternehmen

1. Darstellung

IFRS   Zusammenschlüsse von unter gemeinsamer Kontrolle stehenden Unternehmen sind nach IFRS nicht geregelt. In der Kommentarliteratur haben sich zwei Sichtweisen herausgebildet. Entweder wird die aufnehmende Gesellschaft bei einer isolierten Betrachtung als fremder Dritter gewertet, mit der Folge, dass die Regelungen zu Unternehmenserwerben und somit die Erwerbsmethode des IFRS 3 analog angewandt werden. Alternativ werden diese Transaktionen als rein konzerninterne Umstrukturierungen betrachtet, sodass diese Zusammenschlüsse zu den so genannten Vorgänger-Kosten („Predecessor Cost") angesetzt werden, also zu den bestehenden Buchwerten der übertragenen Vermögenswerte und Schulden einschließlich allfälliger zuvor ausgewiesener Geschäfts- oder Firmenwerte der übergeordneten Konzerngesellschaft. In der Praxis hat sich überwiegend die „predecessor method" durchgesetzt.

US GAAP   Es bestehen Sondervorschriften für die Bilanzierung von Zusammenschlüssen von unter gemeinsamer Kontrolle stehenden Unternehmen. Der Ansatz erfolgt in Abhängigkeit von den konkreten Umständen entweder zu den beim Zusammenschluss bestehenden Buchwerten oder zu den beizulegenden Zeitwerten.

HGB   Es bestehen keine diesbezüglichen handelsrechtlichen Regelungen.

2. Relevante Vorschriften

IFRS   IFRS 3.

US GAAP   FAS 38, FAS 121, FAS 141, FAS 142, EITF 95-3.

V. Erträge

1. Definition Abgrenzung

IFRS   Die Definition des Begriffs Ertrag („Income") umfasst Erlöse („Revenue") und andere Erträge („Gains") (F.74). Ertrag ist der aus der gewöhnlichen Tätigkeit eines Unternehmens resultierende Bruttozufluss wirtschaftlichen Nutzens während der Berichtsperiode (IAS 18.7). So führen beispielsweise Umsatzerlöse, Dienstleistungsentgelte, Zinsen, Mieten, Dividenden und Lizenzerträge zu einer Eigenkapitalzunahme, die jedoch von einer Kapitalerhöhung durch Einlagen der Anteilseigner abzugrenzen ist.

US GAAP Das Rahmenkonzept definiert Erträge als aktuelle oder erwartete zukünftige Zuflüsse an Zahlungsmitteln oder Zahlungsmitteläquivalenten, die aus den laufenden Hauptgeschäftstätigkeiten des Unternehmens resultierten (CON 6.79).

HGB   Es besteht keine Legaldefinition, die Begriffsbestimmung nach IFRS stimmt mit jener nach Handelsrecht überein. Erträge sind Einnahmen, die einer bestimmten Periode zugerechnet werden können.

2. Kriterien zur Ertragsrealisierung

IFRS   IFRS hat als einziges der drei Regelwerke einen spezifischen Standard mit Vorschriften zur Ertragsrealisierung (IAS 18). Es werden Kriterien zur Ertragsrealisierung in folgenden Fällen beschrieben: Verkauf von Gütern, Erbringung von Dienstleistungen, Zinsen, Nutzungsentgelte und Dividenden. Die Erfassung dieser Erträge setzt voraus, dass zum einen dem Unternehmen der wirtschaftliche Nutzen aus dem jeweiligen Geschäft mit hinreichender Wahrscheinlichkeit zufließt, und zum anderen die Erträge und Kosten verlässlich bestimmt werden können.

Daneben bestehen zusätzliche Kriterien für die Ertragserfassung aus dem Verkauf von Gütern. IAS 18 verlangt, dass der Verkäufer die maßgeblichen Risiken und Chancen, die mit dem Eigentum der verkauften Waren und Erzeugnisse verbunden sind, auf den Käufer übertragen hat. Zudem darf dem Unternehmer weder ein weiter bestehendes Verfügungsrecht noch eine wirksame Verfügungsmacht über die verkauften Waren und Erzeugnisse verbleiben (IAS 18.14).

Erträge aus der Erbringung von Dienstleistungen sind nach Maßgabe des Fertigstellungsgrades des Geschäftes am Bilanzstichtag zu erfassen, vorausgesetzt, dass der Fertigstellungsgrad verlässlich bestimmt werden kann (IAS 18.20).

Erträge aus Zinsen sind unter Berücksichtigung der Effektivverzinsung des Vermögenswertes, Nutzungsentgelte periodengerecht und Dividenden mit Entstehung des Rechtsanspruchs auf Zahlung zu erfassen (IAS

18.29 f). Dividendenvorschläge führen nicht zur Entstehung eines Rechtsanspruchs.

US GAAP US GAAP konzentriert sich vielmehr auf die Unterscheidung zwischen realisierten Erträgen („Realized Revenues": entweder durch Konvertierung in Zahlungsmittel oder in Zahlungsmitteläquivalente, oder für den Fall, dass die Wahrscheinlichkeit des Erhalts von Zahlungsmitteln bzw Zahlungsmitteläquivalenten so gut wie sicher ist) und erfolgswirksam zu vereinnahmenden Erträgen („Earned Revenues": die Leistung wurde erbracht und es stehen keine wesentlichen Transaktionen aus) (CON 5.83 ff). SEC-Bestimmungen legen weitere Kriterien fest, die ein Unternehmen erfüllen muss, bevor Erträge realisiert und erfolgswirksam vereinnahmt werden können, wobei Anleitungen für eine Vielzahl praktischer Anwendungsfälle gegeben werden (SAB 104-Topic 13 A.1).

HGB Die Ertragsrealisierung richtet sich nach dem Realisationsprinzip (§ 201 Abs 2 Z 4 lit a HGB). Demnach dürfen Erträge erst mit ihrer tatsächlichen Verwirklichung ausgewiesen werden.

Wesentlich für die Realisation und damit den Ausweis von Erträgen ist jener Zeitpunkt, in dem die Preisgefahr auf den Erwerber übergeht; das entspricht üblicherweise dem Übergang des wirtschaftlichen Eigentums. Bei Dauerschuldverhältnissen tritt eine anteilige Ertragsrealisierung ein.

Das bedeutet, Erlöse aus Lieferungsgeschäften sind grundsätzlich wie nach IFRS zu erfassen, maßgeblich ist jener Zeitpunkt, in dem die Lieferung bewirkt ist.

Erträge aus der Erbringung von Dienstleistungen können handelsrechtlich ausgewiesen werden, wenn die Leistung erbracht und ein Anspruch auf die Gegenleistung entstanden ist.

Die Ertragsrealisierung bei Zins-, Dividenden- und Lizenzerträgen nach IFRS kann als HGB-konform angesehen werden.

3. Vergleich von Kriterien zur Ertragsrealisierung

IFRS	US GAAP
Die maßgeblichen, mit dem Eigentum verbundenen Risiken und Chancen wurden auf den Käufer übertragen.	Es existieren keine Zweifel über das Bestehen einer Vereinbarung.
Das Unternehmen behält weder ein Verfügungsrecht noch wirksame Vermögensmacht über die Waren.	Die Lieferung ist erfolgt bzw die Dienstleistung wurde erbracht.
Die Höhe des Erlöses kann verlässlich bestimmt werden.	Der Verkaufspreis ist fix oder bestimmbar.
Es ist hinreichend wahrscheinlich, dass dem Unternehmen der wirtschaftliche Nutzen aus dem Geschäft zufließt.	Das Inkasso erscheint unproblematisch.
Die angefallenen Kosten oder der Fertigstellungsgrad des Geschäftes können verlässlich bestimmt werden.	

HGB Die Erörterung der handelsrechtlichen Kriterien zur Ertragsrealisierung erfolgt an dieser Stelle nur verbal (siehe die Ausführungen unter „Kriterien zur Ertragsrealisierung"), da sich zwar Regeln in Lehre und Praxis herausgebildet haben, diese aber, abgesehen vom Realisationsprinzip (§ 201 Abs 2 Z 4 HGB), nicht gesetzlich normiert sind.

4. Gewährleistungen und Produktwartungsverträge

IFRS Wenn der Verkaufspreis einer Ware die Erbringung nachfolgender Wartung als gesonderten Bestandteil enthält, dann ist der auf die Dienstleistungserbringung entfallende Teilbetrag passivisch abzugrenzen und über die Gewährleistungsperiode ergebniswirksam aufzulösen.

US GAAP Vergleichbar mit IFRS. Erlöse sollten ratierlich vereinnahmt werden, es sei denn, der Kostenanfall weist ein abweichendes Muster auf. Ein Verlust ist unmittelbar und in voller Höhe zu bilanzieren, wenn die erwarteten Kosten der Leistungserbringung während der Gewährleistungsperiode die erwarteten Erlöse übersteigen.

HGB Es bestehen keine gesonderten Regelungen, daher muss unter Beachtung des Vorsichts- und des Realisationsprinzips vorgegangen werden. Demnach dürfen Erträge erst mit ihrer Realisierung und nicht schon bei bloßer Wahrscheinlichkeit eines späteren Ertrages ausgewiesen werden.

5. Tauschgeschäfte – Werbung

IFRS Ein Tauschgeschäft betreffend Werbung („advertising barter transaction") liegt vor, wenn zwei Unternehmen mittels bargeldloser Transaktion einen Austausch von Werbeleistungen vornehmen. Nach IAS 38.45 ff wird bei einem Tausch von Vermögenswerten nur dann ein Gewinn oder Verlust erfasst, wenn es sich bei dem Tausch um eine Transaktion mit wirtschaftlicher Substanz handelt und die beizulegenden Zeitwerte verlässlich ermittelbar sind. Von einer wirtschaftlichen Substanz ist dann auszugehen, wenn sich die künftigen Cashflows durch die Transaktion voraussichtlich ändern. Die Anschaffungskosten eines solchen Vermögenswertes werden mit dem beizulegenden Zeitwert des hergegebenen Vermögenswertes angesetzt (ausgenommen der beizulegende Zeitwert des erhaltenen Vermögenswertes ist verlässlicher bestimmbar). Der beizulegende Wert ist darüber hinaus um den Betrag aller übertragenen Zahlungsmittel oder Zahlungsmitteläquivalente zu korrigieren. Weist die Transaktion keine wirtschaftliche Substanz auf, weil zB ähnliche Vermögenswerte getauscht werden, ist der erhaltene Vermögenswert zum Buchwert des hergegebenen Vermögenswertes fortzuführen.

SIC-31, der den Spezialfall von Werbetauschgeschäften behandelt, regelt, dass beim Tausch unähnlicher Werbedienstleistungen die Anschaffungskosten der erhaltenen Werbedienstleistung mit dem beizulegenden Zeitwert der hingegebenen Werbedienstleistung zu bewerten sind, so, wie dieser sich in einer Referenztransaktion in Form eines Nicht-Tauschgeschäfts bemessen würde, wobei die Referenztransaktion den in SIC-31.5 beschriebenen Definitionsmerkmalen genügen muss. Die Referenztransaktion muss vergleichbar sein mit dem zu bewertenden Tauschgeschäft, regelmäßig anfallen, die vorrangige Quelle von Erträgen aus Werbung darstellen und zuverlässig messbar sein. Zudem darf der Geschäftspartner der Referenztransaktion nicht mit jenem des zu bewertenden Tauschgeschäfts ident sein. Der beizulegende Zeitwert der erhaltenen Werbedienstleistung hingegen kann nicht zuverlässig bemessen werden.

US GAAP Erträge und Aufwendungen sind mit dem beizulegenden Zeitwert der hingegebenen Werbeleistung anzusetzen. Dieser bemisst sich an den Erlösen aus vergleichbaren, in der Vergangenheit abgewickelten Transaktionen mit fremden Dritten, die nicht mehr als sechs Monate zurückliegen dürfen. Kann ein derartiger Vergleich nicht vorgenommen werden, ist der Buchwert der hingegebenen Werbeleistung anzusetzen.

HGB Es bestehen keine handelsrechtlichen Sonderbestimmungen, demnach werden die steuerlichen Vorschriften herangezogen, wo für die Ertragsrealisierung beim Tausch folgende Regelungen vorgesehen sind: Der Tausch von Wirtschaftsgütern beruht auf einer Anschaffung und einer Veräußerung. Die Ertragsrealisierung erfolgt jeweils nach dem gemeinen Wert des hingegebenen Wirtschaftsgutes (§ 6 Z 14 EStG).

6. Softwareentwicklungsgeschäfte

IFRS Es bestehen keine gesonderten Richtlinien für die Ertragsrealisierung aus Softwareentwicklungsgeschäften. Entgelte aus der Entwicklung von kundenspezifisch angefertigter Software werden nach Maßgabe des Projektfortschritts realisiert.

US GAAP Nach US GAAP sind spezifische Regelungen zur Ertragsrealisierung aus Softwareentwicklungsgeschäften vorgesehen, insbesondere im Falle von Vereinbarungen, die die Lieferung separater Bausteine („Multiple-Element Arrangements") beinhalten. Im Falle derartiger Vereinbarungen wird für jeden Baustein ein Wert auf der Basis von lieferantenspezifischen objektiven Beweismitteln („Vendor-Specific Objective Evidence" [VSOE]) des beizulegenden Zeitwertes determiniert. Dieser ist auf den Verkaufspreis, der im Falle der Einzelveräußerung eines Bausteines in Rechnung gestellt würde, begrenzt. Die Erträge werden bei Lieferung eines jeden einzelnen Elementes realisiert (SOP 97-2).

HGB Im HGB bestehen keine spezifischen Regelungen über die Ertragsrealisierung bei Softwareentwicklung.

Entsprechend den allgemeinen Regelungen für langfristige Auftragsfertigung sind Erträge erst dann auszuweisen, wenn gesondert abrechenbare Teillieferungen/-leistungen bewirkt sind und ein Anspruch auf Gegenleistung besteht. Die Anwendung der Percentage-of-Completion-Method ist nicht erlaubt.

7. Auftragsfertigung

a) Definition

IFRS   Unter Fertigungsaufträgen („Construction Contracts") versteht man Festpreis- oder Kostenzuschlagsverträge über die kundenspezifische Fertigung einzelner Gegenstände oder einer Anzahl von Gegenständen, die hinsichtlich Design, Technologie und Funktion oder hinsichtlich ihrer Verwendung aufeinander abgestimmt oder voneinander abhängig sind (IAS 11.3).

US GAAP Die einschlägigen Regelungen sind vielmehr aus Sicht des Auftragnehmers als aus Sicht des Vertrages selbst – wie nach IFRS – formuliert. Der Anwendungsbereich geht über Auftragsfertigungen hinaus und umfasst auch Verträge auf der Basis von Stückpreisen („Unit-Price Contracts") und Zeit- und Materialverträgen („Time-and-Materials Contracts") (SOP 81-1.15).

HGB   Es besteht keine handelsrechtliche Definition von Auftragsfertigungen.

b) Bilanzierungsmethoden

IFRS   Nach IFRS ist die Anwendung der Methode der Ertragsrealisierung entsprechend dem Leistungsfortschritt auf dem jeweiligen Fertigungsauftrag („Percentage of Completion Method") verpflichtend, wenn das Auftragsergebnis verlässlich schätzbar ist (IAS 11.22). Sofern das Ergebnis eines Auftrages nicht verlässlich geschätzt werden kann, ist die Anwendung der so genannten „Zero Profit Method" geboten, gemäß der Erlöse nur in Höhe angefallener Auftragskosten, die wahrscheinlich einbringbar sind, erfasst werden dürfen (IAS 11.32). Die Anwendung der Ertragsrealisierung nach Fertigstellung („Completed Contract Method") ist nicht zulässig.

US GAAP Prinzipiell kommt die Methode der Ertragsrealisierung nach dem Fertigstellungsgrad („Percentage of Completion Method") zur Anwendung (SOP 81-1.23, APB 45.4 ff). Sofern der Fertigstellungsgrad nicht zuverlässig ermittelt werden kann, wird der Ertrag erst bei der Fertigstellung des Auftrags („Completed Contract Method") realisiert (APB 45.9). Es besteht eine detaillierte Anleitung für die Verwendung von Schätzungen.

HGB   Handelsrechtlich ist eine Teilertragsrealisierung unzulässig (Realisationsprinzip). Die Ertragsrealisierung erfolgt mit den Herstellungskosten. Lediglich gesondert vereinbarte Teillieferungen und -leistungen sind abrechenbar.

Bei langfristigen Aufträgen, deren Ausführung sich über zwölf Monate erstreckt, besteht die Möglichkeit der Aktivierung von Verwaltungs- und Vertriebskosten (§ 206 Abs 3 HGB). Die Bewertung unfertiger Aufträge erfolgt retrograd.

c) Ertragsrealisierung nach dem Fertigstellungsgrad

IFRS Wenn das Auftragsergebnis verlässlich geschätzt werden kann, sind Auftragserlöse und Auftragskosten nach Maßgabe des Fertigstellungsgrades des Auftrages am Bilanzstichtag zu erfassen („Percentage of Completion Method"). Wenn es wahrscheinlich ist, dass die gesamten erwarteten Auftragskosten die gesamten erwarteten Auftragserlöse übersteigen werden, ist der erwartete Verlust sofort und in voller Höhe im Periodenergebnis zu erfassen (IAS 11.36).

Abhängig von der Auftragsform kommen nachstehende Kriterien zur Beurteilung der vorläufigen Schätzbarkeit des Auftragsergebnisses zur Anwendung:

Kriterium	Kosten-zuschlags-vertrag	Festpreis-vertrag
Die gesamten Auftragserlöse können verlässlich ermittelt werden		X (IAS 11.23a)
Es ist wahrscheinlich, dass der wirtschaftliche Nutzen aus dem Auftrag dem Unternehmen zufällt	X (IAS 11.24a)	X (IAS 11.23b)
Sowohl die bis zur Fertigstellung noch anfallenden Kosten als auch der Grad der erreichten Fertigstellung können am Bilanzstichtag verlässlich ermittelt werden		X (IAS 11.23c)
Die dem Vertrag zurechenbaren Auftragskosten können eindeutig bestimmt und verlässlich ermittelt werden, sodass die bislang entstandenen Kosten mit früheren Schätzungen verglichen werden können	X (IAS 11.24b)	X (IAS 11.23d)

Grundsätzlich bestehen folgende Verfahren zur Ermittlung des Fertigstellungsgrades eines Auftrages (IAS 11.30):
- das Verhältnis der bis zum Stichtag angefallenen Auftragskosten zu den am Stichtag geschätzten gesamten Auftragskosten;
- eine Begutachtung der erbrachten Leistung oder
- die Vollendung eines physischen Teils des Vertragswerkes.

Vom Kunden erhaltene Abschlags- oder Anzahlungen spiegeln die erbrachten Leistungen nicht wider und kommen deshalb als Anhaltspunkt nicht in Betracht.

US GAAP Es sind zwei unterschiedliche Ansätze erlaubt (APB 45.4):
- Der Erlös-Kosten Ansatz (vergleichbar mit IFRS): Ergebniswirksam zu erfassende kumulierte Erlöse aus der laufenden Periode und gegebenenfalls aus Vorperioden ergeben sich durch Multiplikation von geschätztem Fertigstellungsgrad mit erwarteten Gesamterlösen. Die korrespondierenden Kosten ergeben sich durch Multiplikation des geschätzten Fertigstellungsgrades mit den erwarteten Gesamtkosten aus dem Auftrag.
- Der Brutto-Gewinn Ansatz (abweichend zu IFRS): Multipliziert den geschätzten Fertigstellungsgrad mit dem erwarteten Bruttogewinn, um den geschätzten, zum Bilanzstichtag erwirtschafteten Bruttogewinn zu ermitteln.

HGB Eine Ertragsrealisierung nach dem Fertigstellungsgrad ist nach HGB nicht vorgesehen. Im Rahmen der Ertragsrealisierung sind Schätzungen nicht erlaubt, es ist eine verlässliche Kostenrechnung erforderlich.

d) Ertragsrealisierung nach Fertigstellung

IFRS Eine Ertragsrealisierung erst nach vollendeter Fertigstellung („Completed Contract Method") ist nach IFRS verboten.

US GAAP Diese Methode kommt dann zur Anwendung, wenn eine Schätzung der noch anfallenden Kosten bis zum Projektende und das Ausmaß des Leistungsfortschritts des Auftrags nicht mit hinreichender Sicherheit angestellt werden kann. Erlöse werden nur dann realisiert, wenn der Auftrag abgeschlossen oder im Wesentlichen erfüllt ist (SOP 81-1.30 ff).

HGB Die Vorgehensweise nach HGB ist mit der Completed Contract Method vergleichbar: Erträge aus der langfristigen Fertigung bzw Leistungserstellung gelten grundsätzlich erst dann als realisiert, wenn die vertragliche Leistung bewirkt und der Anspruch auf Gegenleistung entstanden ist, das bedeutet ab Erstellung und Abnahme des Auftrages.

e) Auftragserlöse und Auftragskosten

IFRS Die Auftragserlöse umfassen den ursprünglich im Vertrag vereinbarten Erlös, Zahlungen für Abweichungen im Gesamtwerk, Nachforderungen für Kosten, die im Preis nicht kalkuliert waren und Prämien, soweit diese verlässlich ermittelt werden können und sofern es wahrscheinlich ist, dass sie zu Erlösen führen (IAS 11.11).

Die Auftragskosten umfassen (IAS 11.16ff):
- direkte Kosten, zB Fertigungslöhne, Fertigungsmaterial, planmäßige Abschreibungen, Transportkosten (Material, Maschinen), Kosten der Anmietung von Maschinen und Anlagen, geschätzte Gewährleistungsaufwendungen, Nachforderungen Dritter;
- indirekte und allgemein dem Vertrag zurechenbare Kosten, zB Fertigungsgemeinkosten, Versicherungsprämien, Kosten der Qualitätskontrolle, indirekte Löhne, Reparatur- und Instandhaltungskosten, Kosten der allgemeinen Auftragsüberwachung;
- sonstige Kosten, die dem Kunden vertragsgemäß gesondert in Rechnung gestellt werden können, zB Entwicklungskosten.

Kosten der allgemeinen Verwaltung, Vertriebskosten oder Abschreibungen auf ungenutzte Anlagen und Maschinen sind nicht aktivierungsfähig, es sei denn, sie können dem Kunden vertragsgemäß gesondert in Rechnung gestellt werden (IAS 11.20).

US GAAP Vergleichbar mit IFRS (SOP 81-1.53 f – Auftragserlöse, SOP 81-1.72 – Auftragskosten).

HGB Vergleichbar mit IFRS.

f) Zusammenfassung und Segmentierung von Auftragsfertigungen

IFRS   Die Zusammenfassung von Aufträgen ist erforderlich, wenn diese als einziges Paket verhandelt werden, die Verträge so eng miteinander verbunden sind, dass sie im Grunde Teil eines einzelnen Projektes mit einer Gesamtgewinnspanne sind, und die Verträge gleichzeitig oder unmittelbar aufeinander folgend abgearbeitet werden (IAS 11.9).

IAS 11 verlangt andererseits die Segmentierung von Aufträgen, wenn für jede Einzelleistung ein getrenntes Angebot unterbreitet wurde, Kosten und Erlöse für die Einzelleistungen getrennt ermittelt werden können und über jede Einzelleistung separat verhandelt wurde und die Vertragspartner die einzelnen Leistungen getrennt akzeptieren oder ablehnen konnten (IAS 11.8).

US GAAP Das Zusammenfassen von Aufträgen ist erlaubt, aber nicht zwingend erforderlich (SOP 81-1.35 ff).

HGB   Nach HGB ist grundsätzlich Einzelbewertung vorgesehen, es besteht keine Regelung bezüglich der Zusammenfassung zu Gruppen von Verträgen (Gruppenbewertung).

8. Relevante Vorschriften

IFRS   Framework (F.), IAS 11, IAS 18, IAS 38, SIC-31.

US GAAP CON 5, CON 6, SAB 104, SOP 81-1, SOP 97-2, APB 45.

HGB   §§ 201, 206; EStG: § 6.

VI. Aufwendungen

1. Definition

IFRS   Aufwendungen stellen eine Abnahme des wirtschaftlichen Nutzens dar, die zu einer Verminderung des Eigenkapitals führen. Die Definition des Begriffs Aufwand („Expense") umfasst nach dem IFRS-Rahmenkonzept (F.78–.80) auch Verluste.

US GAAP   Das Rahmenkonzept definiert Aufwand als aktuellen oder erwarteten zukünftigen Abfluss an Zahlungsmitteln oder Zahlungsmitteläquivalenten, welcher aus den laufenden Hauptgeschäftstätigkeiten des Unternehmens resultiert (CON 6.81).

HGB   Unter Aufwand versteht man allgemein den in Geldeinheiten ausgedrückten Vermögenseinsatz einer bestimmten Periode.

Der Ansatz von Aufwendungen nach HGB ist nach dem Imparitätsprinzip zu beurteilen, wonach Aufwendungen in der Verursachungsperiode zu berücksichtigen sind; das Prinzip der sachlichen Abgrenzung („Matching Principle") tritt demgegenüber in den Hintergrund.

2. Zinsaufwand

IFRS   Der Zinsaufwand wird periodengerecht erfasst (IAS 1.25). Sobald Zinsaufwendungen ein Disagio oder ein Agio aus der Ausgabe eines Schuldinstrumentes enthalten, werden Disagio bzw Agio aktivisch bzw passivisch abgegrenzt und mit dem Schuldinstrument in einem Posten ausgewiesen. In der Folge werden Disagio bzw Agio unter Verwendung der Methode der Effektivverzinsung („Effective Yield Method") über die Laufzeit des Schuldinstrumentes aufgelöst. Der Effektivzinssatz ist jener Zinssatz, mit dem die zukünftigen Zahlungsströme auf den Buchwert des Schuldinstrumentes abdiskontiert werden.

US GAAP   Vergleichbar mit IFRS, wobei die Effektivzinsmethode eine andere Bezeichnung („Interest Method") trägt (APB 21.16 iVm APB 12.16 ff).

HGB   Zinsaufwand und ähnliche Aufwendungen sind periodengerecht zu erfassen und in der Gewinn- und Verlustrechnung auszuweisen (§§ 201, 231). Abschreibungen auf ein aktiviertes Disagio sind ebenfalls unter diesem Posten auszuweisen.

3. Relevante Vorschriften

IFRS   Framework (F.), IAS 1, IAS 32, IAS 39.

US GAAP   CON 6, APB 12, APB 21.

HGB   §§ 201, 231.

VII. Vermögenswerte

A. Immaterielle Vermögenswerte

1. Definition

IFRS   Ein immaterieller Vermögenswert („Intangible Asset") ist ein identifizierbarer, nicht monetärer Vermögenswert ohne physische Substanz (IAS 38.8). Er kann erworben oder selbsterstellt worden sein.

Die Identifizierbarkeit eines immateriellen Vermögenswertes ist dann gegeben (IAS 38.11 ff), wenn der immaterielle Vermögenswert

- entweder separierbar ist, also vom Unternehmen herausgelöst und individuell oder in Verbindung mit anderen Vermögenswerten verwertet (verkauft, vermietet etc) werden kann (so genanntes „separability criterion"), oder
- wenn er vertraglich oder rechtlich geschützt ist (so genanntes „contractual-legal criterion").

Darüber hinaus liegt ein immaterieller Vermögenswert nur dann vor, wenn das Unternehmen über den immateriellen Vermögenswert auch die Verfügungsmacht hat (IAS 38.13 ff) und daraus künftigen wirtschaftlichen Nutzen ziehen kann (IAS 38.17).

US GAAP   Vergleichbar mit IFRS (FAS 141.39, FAS 142).

HGB   Es gibt keine Legaldefinition von immateriellen Vermögensgegenständen, eine Abgrenzung kann im Wesentlichen aus der demonstrativen Aufzählung in der Bilanzgliederung betreffend Kapitalgesellschaften hergeleitet werden (§ 224 Abs 2 I Z 1 HGB). Darunter fallen insbesondere rechtlich geschützte Positionen (Konzessionen, gewerbliche Schutzrechte und ähnliche Rechte und Vorteile sowie daraus abgeleitete Lizenzen) und der Geschäfts-/Firmenwert, obgleich dieser nach der herrschenden Ansicht nicht als Vermögensgegenstand qualifiziert wird.

Die dem angloamerikanischen Raum zu Grunde liegende Begriffsdefinition ist weiter gefasst, insbesondere sind auch Gründungs- und Ingangsetzungsaufwendungen sowie Entwicklungskosten inkludiert.

2. Ansatz – erworbene immaterielle Vermögenswerte

IFRS   Ein immaterieller Vermögenswert ist dann anzusetzen, wenn er neben den speziellen Definitionskriterien (Identifizierbarkeit, Verfügungsmacht und künftigen wirtschaftlichen Nutzen) auch die allgemeinen Ansatzkriterien des IAS 38 erfüllt. Die Aktivierung eines identifizierten immateriellen Vermögenswertes erfolgt somit nur dann, wenn es wahrscheinlich ist, dass dem Unternehmen der künftige wirtschaftliche Nutzen aus dem Vermögenswert zufließen wird, und die Anschaffungs- oder Herstellungskosten des Vermögenswertes zuverlässig bewertet werden können (IAS 38.18 ff).

Die Wahrscheinlichkeit eines zukünftigen Nutzenzuflusses wird immer als erfüllt angesehen, wenn ein immaterieller Vermögenswert separat oder im Rahmen eines Unternehmenserwerbs erworben wird (IAS 38.25 bzw IAS 38.33).

US GAAP Vergleichbar mit IFRS (CON 6.26, FAS 142.9).

HGB Nur entgeltlich erworbene immaterielle Vermögensgegenstände sind aktivierungsfähig. Es besteht ein handelsrechtliches Aktivierungsverbot für nicht entgeltlich erworbene immaterielle Vermögensgegenstände des Anlagevermögens (§ 197 Abs 2 HGB).

Für die Aktivierung ist maßgeblich, ob durch Ausgaben an Dritte eine nach der Verkehrsauffassung selbstständige, bewertbare, zumindest durch Einräumung von Nutzungsrechten an Dritte verwertbare Vermögenseinheit geschaffen wird. Die Zahlung eines Kaufpreises genügt diesem Objektivitätserfordernis, eine subjektive Bewertung würde nicht ausreichen.

3. Ansatz – zusätzliche Kriterien für selbsterstellte immaterielle Vermögenswerte

IFRS Zur Beurteilung, ob ein selbsterstellter Vermögenswert die Ansatzkriterien erfüllt, wird der Herstellungsprozess in eine Forschungs- und eine Entwicklungsphase unterteilt. Kosten der Forschungsphase und ein daraus entstehender Vermögenswert sind immer als Aufwand zu erfassen, und zwar in jener Periode, in der sie anfallen (IAS 38.54). Kosten der Entwicklungsphase und ein daraus entstehender Vermögenswert sind nur für den Fall zu aktivieren, dass das Unternehmen sämtliche im Folgenden angeführten Nachweise erbringen kann, anderenfalls wären sie als Aufwand zu erfassen (IAS 38.57):

- technische Realisierbarkeit der Fertigstellung des immateriellen Vermögenswertes;
- die konkrete Absicht zur Fertigstellung und zur anschließenden Nutzung bzw zum anschließenden Verkauf;
- das Unternehmen muss in der Lage sein, den Vermögenswert zu nutzen oder zu verkaufen;
- der Nachweis, dass der Vermögenswert einen künftigen wirtschaftlichen Nutzen erzielen wird, wobei ua die Existenz eines Marktes für die Produkte des immateriellen Vermögenswertes oder den immateriellen Vermögenswert an sich, oder, falls er intern genutzt werden soll, der Nutzen des immateriellen Vermögenswertes nachgewiesen werden muss;
- die Verfügbarkeit adäquater technischer, finanzieller und sonstiger Ressourcen, um die Entwicklung abschließen zu können;
- die Fähigkeit, die dem immateriellen Vermögenswert während seiner Entwicklung zurechenbaren Ausgaben zuverlässig bewerten zu können.

Einmal als Aufwand erfasste Entwicklungskosten dürfen in Folgeperioden nicht nachträglich aktiviert werden (IAS 38.71).

Für folgende immaterielle Vermögenswerte besteht hingegen ein Ansatzverbot: intern erstellte Markennamen, Logos, Kundenliste und vergleichbare Vermögenswerte (IAS 38.63 f). Grund hierfür ist, dass diese nicht von einem intern geschaffenen Geschäfts- oder Firmenwert getrennt werden können, für den ebenfalls ein Aktivierungsverbot gilt (IAS 38.48).

US GAAP Es sind im Vergleich zu IFRS strengere Ansatzkriterien vorgesehen. Forschungs- und Entwicklungskosten (FAS 2.12) sind grundsätzlich im Zeitpunkt ihres Anfalls sofort im Aufwand zu erfassen, was im Umkehrschluss bedeutet, dass die Aktivierung selbst erstellter immaterieller Vermögenswerte den Ausnahmefall bildet (FAS 142.10). Es bestehen jedoch eigene Regelungen im Bezug auf Entwicklungskosten, die zum Verkauf bestimmte EDV-Software betreffen. Eine Aktivierung von Aufwendungen (mit anschließender Abschreibung) erfolgt ab jenem Zeitpunkt, zu dem die technische Realisierbarkeit („Technological Feasibility") nachgewiesen werden kann. Die Aktivierung von Aufwendungen unterbleibt ab dem Zeitpunkt, ab dem die EDV-Software für die Veräußerung am Markt geeignet ist (FAS 86.5 ff). Ähnliche Vorschriften bestehen für bestimmte Bestandteile der Entwicklungskosten, für die EDV-Software, die zur internen Zwecken dient (SOP 98-1).

HGB Für selbst erstellte immaterielle Vermögensgegenstände des Anlagevermögens besteht ein Aktivierungsverbot, für selbst erstellte immaterielle Vermögensgegenstände des Umlaufvermögens eine Aktivierungspflicht. Selbst erstellte immaterielle Vermögensgegenstände im Umlaufvermögen kommen in der Praxis äußerst selten vor.

Forschungskosten umfassen die Kosten der Grundlagenforschung, hingegen stellen Entwicklungskosten jene Kosten dar, die erforderlich sind, um ein Produkt zur Serienreife zu bringen. Forschungs- und Entwicklungskosten sind nach handelsrechtlichen Grundsätzen gleichermaßen als Aufwand in jener Periode zu behandeln, in der sie anfallen. Entwicklungskosten können keinesfalls wie nach IFRS bei Vorliegen bestimmter Voraussetzungen aktiviert werden.

4. Ansatz von Aufwendungen zur Errichtung von Websites

IFRS Aufwendungen für selbsterstellte Websites sind bei Vorliegen der allgemeinen (IAS 38.18 ff) und speziellen (IAS 38.57) Ansatzkriterien zu aktivieren (SIC-32). Der Nachweis der Erzielung künftigen wirtschaftlichen Nutzens gemäß IAS 38.57d fordert, dass über die Website Umsatzerlöse generiert werden können. Wird eine Website hingegen ausschließlich oder vorwiegend zur Bewerbung eigener Produkte oder Dienstleistungen verwendet, so wird dieser Nachweis nicht gelingen. Ggf sind die im Zuge der Erstellung anfallenden Aufwendungen entsprechend in den zu aktivierenden Teil der Website und in den unmittelbar als Aufwand zu erfassenden Teil der Website zu trennen.

SIC-32 stellt weiters folgenden Zusammenhang zwischen Entwicklungsphase und Aktivierungsfähigkeit von Aufwendungen auf: Aufwendungen der Planungsphase sind wie Forschungsaufwendungen nach IAS 38 zu behandeln. Aktivierungsfähige Entwicklungsaufwendungen können während der Anwendungs- und Infrastrukturentwicklung, der Gestaltung des graphischen Designs sowie der inhaltlichen Entwicklung der Website anfallen. Nach Fertigstellung der Website anfallende Aufwendungen sind im Periodenerfolg zu erfassen, es sei denn, die Kriterien des IAS 38.18 und IAS 38.21 sind erfüllt.

Nach SIC-32 ist ohne nähere Spezifizierung der Ansatz einer kurzen betriebsgewöhnlichen Nutzungsdauer vorgesehen.

US GAAP Kosten, die während der Planungsphase („Planning Stage") anfallen, sind als Aufwand zu verbuchen (EITF 00-02.4). Kosten, die während der Erstellungs- und Entwicklungsphase auftreten („Application and Infrastructure Development Stages"), sind zwingend zu aktivieren (EITF 00-02.5 ff iVm SOP 98-1.27b). Kosten, die während des Betriebes anfallen („Operating Stage"), werden sofort abgeschrieben (EITF 00-02.8).

HGB Es bestehen keine handelsrechtlichen Spezialvorschriften betreffend Websites.

Es gelten die allgemeinen Regeln, wobei beurteilt werden sollte, ob der geistige Gehalt der Website im Vordergrund steht. Bejahendenfalls ist von einem immateriellen Vermögensgegenstand auszugehen, der in der Regel dem Anlagevermögen zugeordnet werden kann, es sei denn, die Nutzungsdauer ist von vornherein begrenzt. Als immaterieller Vermögensgegenstand des Anlagevermögens können entgeltlich erworbene Websites bei Zutreffen der allgemeinen Voraussetzungen aktiviert werden.

5. Erstmalige Bewertung – erworbene immaterielle Vermögenswerte

IFRS Die Bewertung erfolgt zu den Anschaffungs- oder Herstellungskosten (IAS 38.24). Diese umfassen den Kaufpreis, Anschaffungsnebenkosten (beispielsweise Einfuhrzölle oder nicht erstattungsfähige Umsatzsteuer) und direkt zurechenbare Kosten, um den Vermögenswert in betriebsbereiten Zustand für seine vorgesehene Nutzung zu bringen. Rabatte, Boni und Skonti werden abgezogen (IAS 38.27).

Sonderfälle bestehen für den Erwerb durch Tausch (IAS 38.45 ff), im Rahmen eines Unternehmenszusammenschlusses (IAS 38.33 ff), durch eine Zuwendung der öffentlichen Hand (IAS 38.44) oder bei einem Erwerb gegen Ausgabe von eigenen Anteilen (IAS 38.8 iVm IFRS 2).

US GAAP Die Bewertung erfolgt zum beizulegenden Zeitwert (FAS 142.9). Auch nach US GAAP bestehen Sondervorschriften für den Erwerb durch Tausch (FAS 142.9 iVm FAS 141.5–.7) und für den Erwerb im Rahmen eines Unternehmenszusammenschlusses (FAS 142.9 iVm FAS 141.39).

Im Falle des Erwerbs einer Gruppe von Vermögenswerten, der keinen Unternehmenszusammenschluss darstellt, sind die Gesamtanschaffungskosten im Verhältnis der beizulegenden Zeitwerte auf die einzelnen Vermögenswerte aufzuteilen; es entsteht jedenfalls kein Geschäfts- oder Firmenwert (FAS 142.9).

HGB   Gegenstände des Anlagevermögens sind mit ihren Anschaffungskosten – vermindert um planmäßige Abschreibungen – anzusetzen. Es gilt das gemilderte Niederstwertprinzip (§§ 203, 204 HGB).

6. Erstmalige Bewertung – selbstgeschaffene immaterielle Vermögenswerte

IFRS   Die Herstellungskosten sind auf Vollkostenbasis definiert und umfassen sämtliche Kosten, die der Schaffung, Herstellung und Vorbereitung des Vermögenswertes auf seinen beabsichtigten Gebrauch direkt oder auf vernünftiger und stetiger Basis indirekt zugerechnet werden können, und die ab dem Zeitpunkt anfallen, ab dem der Vermögenswert die Ansatzkriterien erfüllt (IAS 38.65 und. 66).

Beispielhaft anzuführen sind Ausgaben für Materialien und Dienstleistungen, Löhne und Gehälter, die im Rahmen der Erzeugung des immateriellen Vermögenswertes anfallen und direkt zugerechnet werden können (IAS 38.66). Gleichermaßen dürfen Gemeinkosten nur dann aktiviert werden, wenn auch diese direkt zurechenbar und notwendig sind, um den immateriellen Vermögenswert in gebrauchsfähigen Zustand zu versetzen(IAS 38.67.a). Eine Schlüsselung von Gemeinkosten (wie dies bei Vorräten nach IAS 2 zulässig ist) scheidet auf Grund des eng gefaßten Wortlautes von IAS 38 hingegen aus.

Nicht aktivierungsfähig sind des Weiteren Vertriebs- und Verwaltungsgemeinkosten, eindeutig identifizierte Ineffizienzen und anfängliche Betriebsverluste, bevor ein Vermögenswert seine geplante Ertragskraft erreicht hat, und Ausgaben für die Schulung von Mitarbeitern im Umgang mit dem Vermögenswert (IAS 38.67).

US GAAP   Vergleichbar mit IFRS (SOP 98-1.27 ff).

HGB   Es besteht keine spezifische Regelung im HGB, da selbsterstellte immaterielle Vermögensgegenstände des Anlagevermögens einem Aktivierungsverbot unterliegen.

7. Folgebewertung

IFRS   Die Folgebewertung richtet sich danach, ob es sich um immaterielle Vermögenswerte mit bestimmter Nutzungsdauer („finite life intangible assets") oder um immaterielle Vermögenswerte mit unbestimmter Nutzungsdauer („indefinite life intangible assets") handelt.

Immaterielle Vermögenswerte mit bestimmter Nutzungsdauer werden nach dem erstmaligen Ansatz vermindert um kumulierte planmäßige Abschreibungen und kumulierte Wertminderungsaufwendungen angesetzt (IAS 38.74 f).

Eine etwaige Neubewertung auf den beizulegenden Zeitwert ist auf der Basis tatsächlicher, in einem aktiven Markt (IAS 38.8) erzielbarer Marktpreise vorzunehmen. Bei Anwendung der Neubewertungsmethode, die in der Praxis nur äußerst selten zur Anwendung kommt, sind Neubewertungen in regelmäßigen Abständen vorzunehmen (IAS 38.75). Wird ein

immaterieller Vermögenswert neu bewertet, müssen alle anderen Vermögenswerte derselben Anlagenklasse zeitgleich neu bewertet werden, es
sei denn, für diese wäre kein aktiver Markt vorhanden (IAS 38.72).

Für die Ermittlung der Nutzungsdauer ist auf den Zeitraum abzustellen,
über den das Unternehmen die Verfügungsmacht über die wahrscheinlich zufließenden Vermögensvorteile des immateriellen Vermögenswertes hat. Bei immateriellen Vermögenswerten, die aus einer vertraglichen
oder gesetzlichen Grundlage entstehen, leitet sich die Nutzungsdauer unmittelbar aus diesem Rechtsanspruch ab und darf den Zeitraum der vertraglichen oder gesetzlichen Rechte nicht überschreiten. Gegebenenfalls
kann der Abschreibungszeitraum auch kürzer sein, wenn das Unternehmen den immateriellen Vermögenswert voraussichtlich über eine kürzere Periode im Unternehmen einsetzt. Verlängerungsoptionen dürfen
bei der Ermittlung der Nutzungsdauer nur dann berücksichtig werden,
wenn der Nachweis erbracht wird, dass die Verlängerung im Ermessen
des Unternehmens liegt, das Unternehmen auch die Absicht hat, die Ver-
längerungsoption auszuüben und die Verlängerung ohne erhebliche
Kosten durchführbar ist (IAS 38.94).

Immaterielle Vermögenswerte mit unbestimmter Nutzungsdauer werden hingegen nicht planmäßig abgeschrieben, sondern sind zwingend
ein Mal jährlich einem Wertminderungstest zu unterziehen (IAS 38.107 f).
Liegen zwischenzeitlich Hinweise auf eine mögliche Wertminderung vor,
ist zusätzlich unterjährig eine eventuelle Wertminderung zu prüfen.

Darüber hinaus ist jährlich zu prüfen, ob sich möglicherweise die Umstände und Bedingungen geändert haben, die ursprünglich eine Klassifizierung als immateriellen Vermögenswert mit unbestimmter Nutzungsdauer ausgelöst haben. Entsprechend ist der immaterielle Vermögenswert prospektiv als Schätzungsänderung in immaterielle Vermögenswerte mit bestimmter Nutzungsdauer umzugliedern (IAS 38.109). Ist ein
bisher mit unbestimmter Nutzungsdauer ausgewiesener immaterieller
Vermögenswert in einen mit bestimmter Nutzungsdauer umzuklassifizieren, stellt dieser Vorgang einen Wertminderungsindikator iSd IAS 36
dar (IAS 38.110).

Ein immaterieller Vermögenswert mit unbestimmter Nutzungsdauer
liegt dann vor, wenn es auf Grund einer Analyse aller relevanten Faktoren
keine vorhersehbare Begrenzung der Periode gibt, in der der Vermögenswert voraussichtlich Netto-Cashflows für das Unternehmen erzeugen
wird (IAS 38.88).

Für die Ermittlung der Nutzungsdauer eines immateriellen Vermögenswertes sind insbesondere folgende Faktoren zu berücksichtigen (IAS
38.90):

a) die voraussichtliche Nutzung des Vermögenswertes durch das Unternehmen und die Frage, ob der Vermögenswert unter einem anderen Management effizient eingesetzt werden könnte;

b) für den Vermögenswert typische Produktlebenszyklen und öffentliche Informationen über die geschätzte Nutzungsdauer von ähnlichen Vermögenswerten, die auf ähnliche Weise genutzt werden;

c)   technische, technologische, kommerzielle oder andere Arten der Veralterung;

d)   die Stabilität der Branche, in der der Vermögenswert zum Einsatz kommt, und Änderungen in der Gesamtnachfrage nach den Produkten oder Dienstleistungen, die mit dem Vermögenswert erzeugt werden;

e)   voraussichtliche Handlungen seitens der Wettbewerber oder potenzieller Konkurrenten;

f)   die Höhe der Erhaltungsausgaben, die zur Erzielung des voraussichtlichen künftigen wirtschaftlichen Nutzens aus dem Vermögenswert erforderlich sind sowie die Fähigkeit und Intention des Unternehmens, dieses Niveau zu erreichen;

g)   der Zeitraum der Beherrschung des Vermögenswertes und rechtliche oder ähnliche Beschränkungen hinsichtlich der Nutzung des Vermögenswertes, wie beispielsweise der Verfalltermin zugrunde liegender Leasingverhältnisse; und

h)   ob die Nutzungsdauer des Vermögenswertes von der Nutzungsdauer anderer Vermögenswerte des Unternehmens abhängt.

US GAAP   Immaterielle Vermögenswerte mit einer endlichen („Finite") Nutzungsdauer werden nach dem erstmaligen Ansatz vermindert um kumulierte planmäßige Abschreibungen (FAS 142.12) und kumulierte Wertminderungsaufwendungen (FAS 142.15) angesetzt.

Immaterielle Vermögenswerte mit einer unbestimmten („Indefinite") Nutzungsdauer werden nicht planmäßig abgeschrieben (FAS 142.16–.17), allerdings müssen bei Vorliegen der Voraussetzungen außerplanmäßige Abschreibungen vorgenommen werden.

Das Fortbestehen der Richtigkeit der Klassifizierung von immateriellen Vermögenswerten mit einer unbestimmten Nutzungsdauer als solche ist alljährlich zu überprüfen. Immaterielle Vermögenswerte, deren betriebsgewöhnliche Nutzungsdauer zunächst unbestimmt war und später als endlich festgelegt wurde, sind ab dem Zeitpunkt der Umklassifizierung planmäßig über die betriebsgewöhnliche Restnutzungsdauer abzuschreiben (FAS 142.16).

HGB   Die Bewertung erfolgt zu fortgeschriebenen Anschaffungs- oder Herstellungskosten, eine Neubewertung ist nicht zulässig.

8. Abschreibungen

IFRS   Das Abschreibungsvolumen ist planmäßig über die bestmöglich geschätzte Nutzungsdauer zu verteilen. Die verwendete Abschreibungsmethode muss den Verlauf widerspiegeln, in dem der wirtschaftliche Nutzen des Vermögenswertes verbraucht wird (IAS 38.97). Die planmäßige Abschreibung beginnt mit der Betriebsbereitschaft, nicht mit der tatsächlichen Inbetriebnahme (IAS 38.97).

Sowohl die zugrunde gelegte Nutzungsdauer als auch die gewählte Abschreibungsmethode ist jährlich wiederkehrend zu überprüfen (IAS 38.104).

US GAAP Die betriebsgewöhnliche Nutzungsdauer wird als der Zeitraum definiert, innerhalb dessen der Vermögenswert auf direkte oder indirekte Art zur Generierung von Zahlungsströmen durch das Unternehmen beitragen wird. Nach FAS 142.11 ist die betriebsgewöhnliche Nutzungsdauer eines immateriellen Vermögenswertes als unbestimmt anzusehen, sofern keine gesetzlichen, behördlichen, vertraglichen, wettbewerbsrechtlichen, ökonomischen oder sonstigen Bestimmungen oder Umstände diese zeitlich begrenzen (FAS 142.11).

Falls die Nutzungsdauer eines immateriellen Vermögenswertes mit einer endlichen betriebsgewöhnlichen Nutzungsdauer nicht präzise bestimmbar ist, so ist die bestmögliche Schätzung anzusetzen (FAS 142.12).

Die verwendete Abschreibungsmethode muss den Verlauf widerspiegeln, in dem der wirtschaftliche Nutzen des Vermögenswerts verbraucht wird. Im Zweifelsfall ist die lineare Abschreibungsmethode anzusetzen (FAS 142.12).

HGB Bei entgeltlich erworbenen Vermögensgegenständen ist eine Abschreibung auf die voraussichtliche wirtschaftliche Nutzungsdauer vorzunehmen, wobei ein Abschreibungsplan mit Zeit und Methode festzulegen ist. Sofern die Nutzungsdauer nicht ohnehin wie im Fall von Rechten durch befristete Nutzungsmöglichkeiten von vornherein feststeht, ist diese zu schätzen. Im Allgemeinen ist von einer Obergrenze von fünf Jahren auszugehen, es ist aber gesetzlich keine maximale Nutzungsdauer festgelegt. Die Abschreibungsmethode muss die Entwertung des Gegenstandes periodengerecht berücksichtigen (§ 204 Abs 1 HGB).

9. Wertminderungen

IFRS Nach IFRS ist eine Überprüfung auf Wertminderung („Impairment Test" – IAS 36) eines immateriellen Vermögenswertes für den Fall vorgesehen, dass Wertminderungsindikatoren (Umstände bzw Ereignisse) vorliegen, die die Vermutung aufkommen lassen, dass der Buchwert eines immateriellen Vermögenswertes seinen erzielbaren Betrag überschreiten könnte (IAS 38.111 iVm IAS 36). Eine Überprüfung auf Wertminderung ist unabhängig vom Vorliegen von Wertminderungsindikatoren zwingend – mindestens ein Mal jährlich – vorzunehmen, falls der immaterielle Vermögenswert noch nicht für seine beabsichtigte betriebliche Nutzung zur Verfügung steht, es sich um einen immateriellen Vermögenswert mit unbestimmter Nutzungsdauer oder um einen Geschäfts- oder Firmenwert handelt (IAS 36.10). Die Vorgehensweise zur Überprüfung eines etwaigen Wertminderungsbedarfs wird im Abschnitt D „Wertminderung von Vermögenswerten" erläutert.

US GAAP Für die Überprüfung von immateriellen Vermögenswerten mit unbestimmter Nutzungsdauer kommt das in FAS 142.17 vorgesehene einstufige Verfahren zur Anwendung. Die Überprüfung auf Wertminderung ist alljährlich durchzuführen, bei konkreten Hinweisen auf eine mögliche Wertminderung auch bereits unterjährig.

Für die Überprüfung von immateriellen Vermögenswerten mit einer endlichen Nutzungsdauer auf Wertminderung kommt das in FAS 144 vorgesehene zweistufige Verfahren zur Anwendung.

HGB Bei entgeltlich erworbenen immateriellen Vermögensgegenständen ist im Falle dauernder Wertminderung eine außerplanmäßige Abschreibung auf den niedrigeren beizulegenden Wert vorzunehmen, und zwar unter Bedachtnahme auf die Nutzungsmöglichkeiten im Unternehmen (§ 204 Abs 2 HGB). Steigt dieser Wert in weiterer Folge wieder, ist eine Zuschreibung auf den höheren Wert vorzunehmen. Dieser darf die Anschaffungskosten jedoch nicht übersteigen.

10. Relevante Vorschriften

IFRS IAS 36, IAS 38, SIC-32, IFRS 2, IFRS 5

US GAAP FAS 2, FAS 86, FAS 141, FAS 142, FAS 144, APB 12, CON 6, SOP 98-1, EITF 00-02.

HGB §§ 197, 203, 204, 224.

11. Laufende Projekte (IASB)

IFRIC D3 – Emission Rights

Die Interpretation regelt die Bilanzierung von Emissionsrechten bei Gewährung und in Folgeperioden. Im Juni 2005 wurde der Entwurf jedoch auf Grund der umfassenden Kritik betreffend der asymmetrischen Bewertung der Aktiv- und Passivseite und der daraus resultierenden Volatilitäten in der Gewinn- und Verlustrechnung zurückgezogen.

Möglicherweise wird IAS 38 dahingehend geändert, dass Emissionsrechte auf Grund ihrer Börsennotierung als besondere immaterielle Vermögenswerte gewertet werden, mit der Konsequenz, dass sie zwingend mit dem beizulegenden Zeitwert bewertet werden, wobei Zeitwertschwankungen unmittelbar in der Gewinn- und Verlustrechnung zu erfassen sind. Angedacht ist möglicherweise auch eine Überarbeitung des IAS 39 betreffend „Cash Flow Hedges". Ob das IASB tatsächlich eine Überarbeitung des IAS 39 anstrebt und Emissionsrechte als Sicherungsinstrumente im Rahmen von „Cash Flow Hedges" zulassen wird, ist gegenwärtig jedoch nicht absehbar.

B. Sachanlagen

1. Definition

IFRS Sachanlagen („Property, Plant and Equipment") umfassen materielle Vermögenswerte, die ein Unternehmen für Zwecke der Herstellung oder der Lieferung von Gütern und Dienstleistungen, zur Vermietung an Dritte oder für Verwaltungszwecke besitzt, und die erwartungsgemäß länger als eine Periode genutzt werden (IAS 16.6).

US GAAP Vergleichbar mit IFRS (ARB 43 Chapter 9).

HGB　　Vergleichbar mit IFRS; Unter Anlagevermögen versteht man Vermögensgegenstände, die dazu bestimmt sind, dauernd dem Geschäftsbetrieb zu
dienen (§ 198 Abs 2 HGB). Das gilt mangels gesonderter Legaldefinition
auch für Sachanlagen (§ 224 Abs 2 A II HGB).

2. Ansatz

IFRS　　Es gelten die allgemeinen IFRS-Ansatzkriterien für Vermögenswerte, das
bedeutet, es muss wahrscheinlich sein, dass ein mit der Sachanlage verbundener künftiger wirtschaftlicher Nutzen dem Unternehmen zufließen wird, und die Anschaffungs- bzw Herstellungskosten des Vermögenswertes verlässlich ermittelt werden können (IAS 16.7).

US GAAP　Vergleichbar mit IFRS (CON 6.26).

HGB　　Es kommen die dem generellen Anforderungsprofil für die Aktivierungsfähigkeit von Vermögensgegenständen entsprechenden Kriterien zur
Anwendung. Bilanzierungsfähig sind jene Sachanlagegüter, die ange-
schafft oder hergestellt worden sind und einen selbständigen Wert darstellen, wobei die abstrakte Veräußerbarkeit ausreicht.

3. Erstmalige Bewertung

IFRS　　Die Anschaffungs- und Herstellungskosten umfassen den Kaufpreis sowie alle direkt zurechenbaren Kosten, die anfallen, um den Vermögenswert in den betriebsbereiten Zustand für seine vorgesehene Verwendung
zu bringen; Rabatte, Boni und Skonti sind abzuziehen (IAS 16.15 ff). An-
lauf- und Vorproduktionskosten dürfen nicht aktiviert werden, sofern sie
nicht erforderlich sind, um den Vermögenswert in den betriebsbereiten
Zustand zu bringen (IAS 16.19).

Folgende Kosten sind in den direkt zurechenbaren Kosten beinhaltet
(IAS 16.16a und c):
- die geschätzten Kosten für den Abbruch und das Abräumen des Vermögenswertes und die Wiederherstellung des Standortes, die durch die
Errichtung oder Nutzung anfallen (korrespondierend mit der Rückstellung gemäß IAS 37);
- Fremdkapitalzinsen, die während des Zeitraums des Erwerbs, der Herstellung oder der Produktion des Vermögenswertes anfallen (Aktivie-
rungswahlrecht, IAS 23);
- Zuwendungen der öffentlichen Hand in Verbindung mit dem Erwerb
einer Sachanlage können mit den Kosten saldiert werden (IAS 20);
- Gewinne bzw Verluste aus der Bewertung eines effektiven Cash-Flow
Hedges zum beizulegenden Zeitwert, der in Verbindung mit dem Kauf
der Sachanlage in einer Fremdwährung abgeschlossen wurde (Wahlrecht zur Bilanzierung eines so genannten „Basis Adjustments" [Saldie-
rung], IAS 39.98.b).

Die Herstellungskosten sind auf Vollkostenbasis anzusetzen. Allerdings
sind Gemeinkosten wie Material-, Fertigungsgemeinkosten, freiwillige
soziale Leistungen und Aufwendungen für betriebliche Altersversorgung

nur dann im Rahmen der Herstellungskosten zu aktivieren, wenn die Kosten direkt zurechenbar sind, also durch die Herstellung der in Rede stehenden Sachanlage ausgelöst werden (IAS 16.16.b). Die Aktivierung von Vertriebs- und Verwaltungskosten ist ausgeschlossen (IAS 16.19).

Im Zusammenhang mit der Herstellung oder Entwicklung von Sachanlagen anfallende sonstige Erträge und Aufwendungen wie beispielsweise Erlöse aus dem Verkauf von Produkten, die während der Anlaufphase einer neuen Maschine produziert werden, oder andere Nebengeschäfte, die nicht notwendig sind, um eine Sachanlage zu dem gewünschten Ort bzw in den beabsichtigten betriebsbereiten Zustand zu versetzen (zB Nutzung von Grund und Boden als Parkplatz vor Baubeginn des Gebäudes), sind unmittelbar ergebniswirksam zu erfassen (IAS 16.21).

Besonderheiten gelten für den Zugang von Sachanlagen mittels Tauschvorgang. Wenn dem Tauschvorgang eine wirtschaftliche Substanz zugrunde liegt, ist der erhaltene Vermögenswert mit dem beizulegenden Zeitwert des hingegebenen Vermögenswertes anzusetzen (korrigiert um etwaige Bargeldzahlungen), ausgenommen der beizulegende Zeitwert des erhaltenen Vermögenswertes ist verlässlicher bestimmbar. Wirtschaftliche Substanz liegt dann vor, wenn sich durch den Tauschvorgang das Risiko, die zeitliche Abfolge oder Beträge von Cash-Flows des Unternehmens ändern oder wenn sich der unternehmensspezifische Wert des Teils der Geschäftstätigkeiten des Unternehmens, der von der Transaktion betroffen ist, auf Grund des Tauschgeschäfts ändert. Liegt dem Vorgang keine wirtschaftliche Substanz zugrunde, wird der erhaltene Vermögenswert mit dem Buchwert des hergegebenen Vermögenswertes fortgeführt (keine Gewinnrealisierung).

Werden Sachanlagen durch die Ausgabe von eigenen Anteilen erworben, ermittelt sich der Wert der Sacheinlage (und damit die Höhe der Kapitalrücklage) nach dem beizulegenden Zeitwert des erhaltenen Vermögenswertes (IFRS 2.10). Sollte im Ausnahmefall der beizulegende Zeitwert des Vermögenswertes nicht verlässlich ermittelbar sein, entsprechen die Anschaffungskosten dem beizulegenden Zeitwert der Eigenkapitalinstrumente bei Erwerb.

US GAAP Vergleichbar mit IFRS, mit der Ausnahme, dass Gewinne bzw Verluste aus der Bewertung eines effektiven Cash-Flow Hedges zum beizulegenden Zeitwert nicht einbezogen werden dürfen. Zurechenbare Fremdkapitalzinsen müssen aktiviert werden, sofern bestimmte Kriterien erfüllt sind (FAS 34). Anlagenabbaukosten werden nach IFRS und nach US GAAP (FAS 143, anwendbar für Geschäftsjahre, die nach dem 15. Juni 2002 beginnen) gleich behandelt.

Demgemäß ist der abgezinste beizulegende Wert der rechtlichen Verpflichtung im Zusammenhang mit der Aufgabe von Vermögenswerten des Sachanlagevermögens im Jahr des Entstehens der Verpflichtung als Teil der Anschaffungskosten des Anlagegutes erfolgsneutral zu aktivieren, mit einer korrespondierenden Rückstellung auf der Passivseite der Bilanz. Beispielhaft können Rückbau- oder Rekultivierungsverpflichtungen in den Mineral-, Bergwerks- oder Telekommunikationsbranchen angeführt werden.

HGB　Anschaffungskosten sind als jene direkt zurechenbaren Aufwendungen definiert, die erforderlich sind, um einen Vermögensgegenstand zu erwerben und ihn in den betriebsbereiten Zustand zu versetzen (§ 203 Abs 2 HGB). Eine Aktivierung künftig geschätzter Abbruchs- und Wiederherstellungskosten ist nach HGB nicht vorgesehen. Anschaffungskosten umfassen neben dem Anschaffungspreis samt Nebenkosten abzüglich Rabatten und Nachlässen unter bestimmten Voraussetzungen auch nachträgliche Anschaffungskosten. Im Gegensatz zu IFRS können nach HGB jedoch weder Fremdfinanzierungskosten noch künftig erwartete Abbruchs- und Wiederherstellungskosten in die Anschaffungskosten einbezogen werden.

Herstellungskosten beinhalten neben den Kosten der eigentlichen Herstellung eines Vermögensgegenstandes auch Aufwendungen zur Erweiterung oder über den ursprünglichen Zustand hinausgehenden Verbesserung eines Vermögensgegenstandes. Neben der (Mindest-)Ansatzpflicht von Material-, Fertigungs- und Sondereinzelkosten der Fertigung besteht ein großer Spielraum. So können sowohl angemessene Teile der Material- und Fertigungsgemeinkosten als auch Zinsen für Fremdkapital (zur Finanzierung der Herstellung, nicht der Anschaffung) für den Zeitraum der Herstellung aktiviert werden. Darunter fallen auch Wertsicherungsbeträge und ein zeitanteiliges Disagio. Es können auch anteilige Entwicklungskosten, fertigungsbezogene Verwaltungskosten sowie Aufwendungen für soziale Einrichtungen und freiwillige Sozialleistungen einbezogen werden (§ 203 Abs 3 und 4 HGB).

4. Nachträgliche Anschaffungs- oder Herstellungskosten

IFRS　Nachträgliche Anschaffungs- oder Herstellungskosten sind dem Buchwert hinzuzurechnen, wenn die allgemeinen Ansatzkriterien für Sachanlagen erfüllt sind, es also wahrscheinlich ist, dass ein mit der Sachanlage verbundener künftiger wirtschaftlicher Nutzen dem Unternehmen zufließen wird, und die nachträglichen Anschaffungs- bzw Herstellungskosten des Vermögenswertes verlässlich ermittelt werden können. Sofern die nachträglichen Anschaffungskosten anfallen, um einen Teil eines Vermögenswertes zu ersetzen, ist für den abgehenden Bestandteil ein entsprechender Abgang zu erfassen (IAS 16.13). Die Kosten einer Inspektion oder einer Generalüberholung, die in regelmäßigen Abständen erfolgt, sind zu aktivieren, wenn man diese als eigene Komponente des Vermögenswertes betrachten kann (beispielsweise Ausmantelung eines Hochofens) (IAS 16.14). Ein eventuell verbliebener Buchwert aus der vorangegangenen Inspektion oder Generalüberholung ist ebenfalls auszubuchen.

US GAAP　Diese Thematik wird nach US GAAP nicht erörtert. Jüngsten Vorschlägen zufolge stellen die Kosten signifikanter Erhaltungsmaßnahmen grundsätzlich keine selbständigen Komponenten oder Vermögensgegenstände dar. Diese Kosten dürfen nur in dem Ausmaß aktiviert werden, in dem sie Zugänge („Additions") oder Ersatz („Replacements") darstellen. So werden die Kosten für Generalüberholungen in einigen Branchen unter bestimmten Umständen aktiviert: Beispielsweise sind derartige Kosten bei Flugzeugen in jenem Ausmaß zu aktivieren, in dem sie aus dem Austausch bestehender Komponenten resultieren. Im Zeitpunkt der Generalüberholung ist der Buchwert der ersetzten Komponente als Aufwand zu erfassen.

HGB   Grundsätzlich vergleichbar mit IFRS; nachträgliche Anschaffungs- und Herstellungskosten unterliegen bei Vorliegen bestimmter Voraussetzungen einer Aktivierungspflicht (§ 203 Abs 2 und 3 HGB):

- Nachträgliche Anschaffungskosten müssen mit dem Erwerbsvorgang in zeitlichem und kausalem Zusammenhang stehen. Das ist etwa bei nachträglichen Anschaffungskostenerhöhungen durch Prozessführung oder eine höhere Grunderwerbsteuer der Fall.
- Nachträgliche Herstellungskosten sind immer dann zu aktivieren, wenn sie Aufwendungen für Erweiterung oder eine über den ursprünglichen Zustand hinausgehende wesentliche Verbesserung darstellen. Das Wesen des Vermögensgegenstandes muss hierbei eine Verbesserung erfahren.

Maßnahmen zur Wiederherstellung der ursprünglichen Nutzungsmöglichkeit ohne Erweiterung oder wesentliche Verbesserung stellen nicht aktivierungsfähigen Instandhaltungs- oder Instandsetzungsaufwand dar.

5. Abschreibungen

IFRS   Das Abschreibungsvolumen einer Sachanlage ist auf systematischer Grundlage planmäßig über ihre Nutzungsdauer zu verteilen, wobei die Abschreibungsmethode dem Verbrauch des wirtschaftlichen Nutzens des Vermögenswertes durch das Unternehmen zu entsprechen hat (IAS 16.48, 50, 60). Aus der periodischen Überprüfung der Abschreibungsmethode resultierende Änderungen dieser Methode werden als Änderung von Schätzungen behandelt, die sich auf den Abschreibungsaufwand der laufenden und zukünftigen Perioden auswirkt (IAS 16.51, .61). Die planmäßige Abschreibung beginnt mit der Betriebsbereitschaft, nicht mit der tatsächlichen Inbetriebnahme (IAS 16.55).

Bei der Ermittlung des Abschreibungsvolumens ist ein eventuell erzielbarer Restwert zu berücksichtigen (IAS 16.53). Die Abschreibungsmethode (IAS 16.52), betriebsgewöhnliche Nutzungsdauer (IAS 16.49) und signifikante Restbuchwerte sind zu jedem Bilanzstichtag auf ihre Angemessenheit zu überprüfen.

Gemäß dem sog Komponentenansatz ist eine Sachanlage in ihre Bestandteile zu trennen, wenn es sich bei diesen Bestandteilen um wertmäßig bedeutende Elemente handelt, die einem unterschiedlichen Nutzenverlauf unterliegen (zB Flugwerk und Triebwerke). Die jeweiligen Bestandteile sind dann getrennt entsprechend ihrer jeweiligen Nutzungsdauer von den anderen Bestandteilen abzuschreiben (IAS 16.43).

Die ursprünglich in den Anschaffungs- und Herstellungskosten mitakti-
vierten Kosten für den Abbruch und das Abräumen des Vermögenswertes und die Wiederherstellung des Standortes werden ebenfalls über die
ermittelte Nutzungsdauer abgeschrieben. Sofern es zu nachträglichen
Änderungen der Höhe der geschätzten Kosten und/oder des verwende-
ten Zinssatzes kommt, sind diese Änderungen in einem ersten Schritt ergebnisneutral zu erfassen, dh dass bei Anwendung der bevorzugten Methode sowohl die Sachanlage als auch die korrespondierende Rückstellung um denselben Betrag erhöht bzw vermindert werden (IFRIC 1.5).
Der korrigierte Betrag der Anschaffungskosten wird dann über die verbleibende Restnutzungsdauer abgeschrieben und der korrigierte Rück-
stellungsbetrag in der Folge aufgezinst. Eine Kürzung der Anschaffungs-
und Herstellungskosten der Sachanlage darf nur maximal in dem Umfang erfolgen, in dem ein Buchwert vorhanden ist. Ein darüber hinausge-
hender Betrag ist unmittelbar in der Gewinn- und Verlustrechnung als
Ertrag zu erfassen. Eine Erhöhung der Sachanlage stellt einen Hinweis
auf eine mögliche Wertminderung nach IAS 36 dar („triggering event").
Für nach der Neubewertungsmethode geführte Sachanlagen gelten besondere Vorschriften (IFRIC 1.6).

US GAAP Vergleichbar mit IFRS (ARB 43 Chapter 9).

HGB Handelsrechtlich wird das Sachanlagevermögen über die voraussichtliche wirtschaftliche Nutzungsdauer planmäßig abgeschrieben, in der Praxis können jedoch beeinflusst vom Steuerrecht kürzere Zeiträume einfließen (lineare Abschreibung – § 7 Abs 1 und § 8 EStG).

Änderungen der Abschreibungsmethode und der Nutzungsdauer können nur nach Maßgabe der Bewertungsstetigkeit (Bilanzidentität) vorgenommen werden.

6. Folgebewertung

IFRS Nach dem Anschaffungskostenmodell sind Sachanlagen mit ihren Anschaffungskosten abzüglich der kumulierten Abschreibungen und Wertminderungsaufwendungen anzusetzen (IAS 16.30). Entsprechend dem
Neubewertungsmodell ist eine Neubewertung von Sachanlagen zum beizulegenden Zeitwert erlaubt (IAS 16.31). Im Rahmen der Neubewertung
müssen alle Vermögenswerte innerhalb einer Gruppe gleichzeitig neu bewertet werden (IAS 16.36).

Eine Erhöhung des Buchwerts eines Vermögenswertes auf Grund einer
Neubewertung ist im Eigenkapital innerhalb der Neubewertungsrücklage zu erfassen. Allerdings kommt es zu einer erfolgswirksamen Erfassung dieser Erhöhung, soweit sie eine in der Vergangenheit als Aufwand
erfasste Abwertung desselben Vermögenswertes auf Grund einer Neubewertung rückgängig macht. Verminderungen des Buchwertes eines Vermögenswertes auf Grund von Neubewertungen sind mit einer bestehenden Neubewertungsrücklage zu verrechnen, übersteigende Beträge
werden im Periodenergebnis erfasst (IAS 16.39f).

Bei Anwendung der Neubewertungsmethode sind – neben einer Reihe von Angaben zur Bestimmung der beizulegenden Zeitwerte – auch die Vergleichswerte auf Basis der bevorzugten Methode im Anhang anzugeben.

US GAAP Sachanlagen sind grundsätzlich mit ihren Anschaffungskosten abzüglich der kumulierten Abschreibungen und Wertminderungsaufwendungen anzusetzen (FAS 144.4).

HGB Die handelsrechtliche Bewertung hat zu den fortgeführten Anschaffungs-/Herstellungskosten zu erfolgen. Im Gegensatz zu IFRS richten sich die Abschreibungen nach dem gemilderten Niederstwertprinzip. Das bedeutet, Abschreibungen werden nur im Falle von nachhaltigen Wertminderungen vorgenommen.

Neubewertungen sind handelsrechtlich unzulässig.

7. Häufigkeit der Vornahme von Neubewertungen

IFRS Neubewertungen haben mit hinreichender Regelmäßigkeit zu erfolgen, damit der Buchwert nicht wesentlich von jenem Wert abweicht, der sich bei einer Bewertung mit dem beizulegenden Zeitwert am Bilanzstichtag ergeben würde (IAS 16.31). Eine alle drei oder fünf Jahre vorgenommene Neubewertung wird als ausreichend erachtet.

US GAAP Nicht zutreffend.

HGB Die Neubewertungsmethode ist handelsrechtlich nicht vorgesehen.

8. Wertminderung neubewerteter Sachanlagen

IFRS Wertminderungsaufwendungen resultierend aus Verminderungen auf Grund einer Neubewertung von Vermögenswerten sind mit der Neubewertungsrücklage in jenem Ausmaß zu verrechnen, in dem die Neubewertungsrücklage aus der Neubewertung des zugrunde liegenden Vermögenswertes stammt; ein nicht mittels Rücklage gedeckter Wertminderungsbetrag ist aufwandswirksam zu erfassen (IAS 16.63 iVm IAS 36.60).

US GAAP Alle Wertminderungen sind aufwandswirksam zu erfassen.

HGB Handelsrechtlich ist die Methode der Neubewertung weder vorgesehen noch zulässig. Planmäßige und außerplanmäßige Abschreibungen sind erfolgswirksam als Aufwand zu erfassen.

9. Relevante Vorschriften

IFRS IAS 16, IAS 20, IAS 23, IAS 36, IAS 37, IAS 39, IFRS 2, IFRIC 1.

US GAAP FAS 34, FAS 143, APB 6, APB 12, APB 20, ARB 43, CON 6.

HGB §§ 198, 203, 224; EStG: §§ 7, 8.

C. Leasing – Bilanzierung beim Leasinggeber

1. Definition Leasing

IFRS Ein Leasingverhältnis ist eine Vereinbarung, bei der der Leasinggeber dem Leasingnehmer gegen eine Zahlung oder eine Reihe von Zahlungen das Recht auf Nutzung eines Vermögenswertes für einen vereinbarten Zeitraum überträgt (IAS 17.4).

In SIC-27 werden Indikatoren definiert, bei deren Vorliegen die Definitionsmerkmale eines Leasingverhältnisses nach IAS 17 nicht erfüllt sind, wobei das Vorliegen eines einzelnen Indikators als ausreichend angesehen wird. Folgende Indikatoren werden genannt:
1. Die mit dem Vermögenswert verbundenen Risiken und Chancen verbleiben bei dem Unternehmen und die Nutzungsrechte am Vermögenswert bleiben im Wesentlichen bestehen.
2. Die primäre Motivation für den Abschluss der Vereinbarung liegt in der Ausnutzung steuerlicher Gestaltungsmöglichkeiten und nicht in der Übertragung des Nutzungsrechts am jeweiligen Vermögenswert.
3. Der Vertrag räumt ein Optionsrecht ein, dessen Ausübung auf Grund der gewährten Konditionen mit an Sicherheit grenzender Wahrscheinlichkeit zu erwarten ist.

Bei Vorliegen (einer oder mehrerer) dieser Indikatoren ist sodann zu beurteilen, ob etwaige, sich aus der vertraglichen Gestaltung ergebende Finanzierungsforderungen oder Leasingverpflichtungen als Vermögenswerte oder Verbindlichkeiten des Unternehmens zu qualifizieren und bilanzieren sind.

US GAAP Vergleichbar mit IFRS. Es besteht jedoch keine dem SIC-27 vergleichbare Vorschrift.

HGB Es bestehen keine spezifischen handelsrechtlichen Vorschriften. Die Zuordnung des Leasinggegenstandes richtet sich, vergleichbar mit IFRS, nach dem wirtschaftlichen Eigentum. Regelungen zum Finanzierungsleasing beinhalten die Einkommensteuerrichtlinien (EStR 2000, Abschnitt 2, § 2.5, Rz 135 ff), wo zwischen Voll- und Teilamortisationsverträgen differenziert wird. Die handelsrechtliche Behandlung erfolgt in Anlehnung an die steuerlichen Zuordnungskriterien.

2. Klassifizierung – Finanzierungs- versus Operating-Leasing

Folgende Tabelle beinhaltet Indikatoren, die nach IFRS bzw US GAAP zur Klassifizierung als Finanzierungs-Leasing führen. Eine Zuordnung nach Handelsrecht wird an dieser Stelle nicht vorgenommen, da der Einkommensteuerrichtlinien-Begriff des „Finanzierungsleasing" mit jenem des „Finance Lease" nach internationalen Vorschriften nicht exakt übereinstimmt.

INDIKATOR	IFRS	US GAAP
Führt zur Qualifizierung als Finanzierungs-Leasing		
Übertragung des Eigentums auf den Leasing-nehmer am Ende der Grundmietzeit	Indikator für ein Finanzierungsleasing (IAS 17.10a)	Indikator für ein Finanzierungsleasing
Vorhandensein einer günstigen Kaufoption aus Sicht des Leasingnehmers („Bargain Purchase Option")	Indikator für ein Finanzierungsleasing (IAS 17.10b)	Indikator für ein Finanzierungsleasing
Die Laufzeit des Leasingverhältnisses umfasst den überwiegenden Teil der wirtschaftlichen Nutzungsdauer des Leasingobjektes	Indikator für ein Finanzierungsleasing (IAS 17.10c)	Indikator für ein Finanzierungsleasing, wobei 75% oder mehr als überwiegender Teil betrachtet wird
Der Barwert der Mindestleasingzahlungen entspricht zu Beginn des Leasingverhältnisses im Wesentlichen dem beizulegenden Zeitwert des Leasingobjektes	Indikator für ein Finanzierungsleasing (IAS 17.10d)	Indikator für ein Finanzierungsleasing, wobei 90% abzüglich einer durch den Leasinggeber einbe-haltenen investitions-steuerlichen Gut-schrift als Wertgrenze spezifiziert werden
Spezialleasing, wobei der Leasinggegenstand nur vom Leasingnehmer genutzt werden kann, ohne dass wesentliche Veränderungen vorgenommen werden	Indikator für ein Finanzierungsleasing (IAS 17.10e)	Nicht vorgesehen
Kann zur Qualifizierung als Finanzierungs-Leasing führen		
Im Falle der vorzeitigen Auflösung des Leasing-verhältnisses werden etwaige Verluste des Leasinggebers vom Leasingnehmer getragen	Indikator für ein Finanzierungsleasing (IAS 17.11a)	Nicht vorgesehen
Gewinne und Verluste aus Schwankungen des beizulegenden Zeitwertes des Restwertes werden dem Leasingnehmer zugerechnet	Indikator für ein Finanzierungsleasing (IAS 17.11b)	Nicht vorgesehen
Vorhandensein einer günstigen Mietverlänge-rungsoption für eine zweite Periode aus Sicht des Leasingnehmers („Bargain Renewal Option")	Indikator für ein Finanzierungsleasing (IAS 17.11c)	Nicht vorgesehen

IFRS Nach IFRS wird auf die wirtschaftliche Betrachtungsweise abgestellt („Substance over Form"). Demnach ist ein Leasinggeschäft als Finanzie-rungs-Leasing zu klassifizieren, wenn im Wesentlichen alle mit dem Ei-gentum verbundenen Risiken und Chancen eines Vermögenswertes auf den Leasingnehmer übergehen. Die Klassifizierung hat bei Abschluss der Vereinbarung bzw zu dem Zeitpunkt zu erfolgen, an dem Leasingnehmer und Leasinggeber sich über die wesentlichen Konditionen einigen („in-ception of the lease"). Die Bilanzierung des Leasingverhältnisses beginnt hingegen erst mit Beginn der Grundmietzeit („commencement of the lease term").

Leasing von Grund und Boden sowie darauf errichteten Gebäuden ist grundsätzlich in zwei Komponenten zu zerlegen und getrennt voneinan-der nach den vorstehend genannten Kriterien zu beurteilen. Die Leasingraten sind entsprechend dem Verhältnis der beizulegenden Zeitwerte aufzuteilen (IAS 17.15 ff). Sofern kein automatischer Eigentumsübergang vereinbart ist, wird Grund und Boden im Regelfall ein Operating-Leasing darstellen.

US GAAP Bei US GAAP steht die förmliche Ausgestaltung des Leasingverhältnisses im Vordergrund (FAS 13.5 und .6).

HGB Nach österreichischem Bilanzrecht steht das Prinzip des wirtschaftlichen Eigentums im Vordergrund, welches bisweilen vom zivilrechtlichen Eigentumsbegriff abweicht.

Es bestehen keine kodifizierten handelsrechtlichen Zuordnungskriterien betreffend Leasing (einzige Regelung: § 237 Z 8 b HGB über Anhangangaben), die Vorgehensweise orientiert sich an Steuererlässen (EStR 2000, Abschnitt 2, § 2.5, Rz 135 ff). Die Einkommensteuerrichtlinien unterscheiden beim Finanzierungsleasing zwischen Voll- und Teilamortisationsverträgen.

- Vollamortisationsvertrag (Full-Pay-Out-Leasing): Der Leasingnehmer muss während der Grundmietzeit für die Investitionskosten und den Gewinn des Leasinggebers aufkommen.
- Teilamortisationsvertrag (Non-Full-Pay-Out-Leasing): Der Leasingnehmer muss während der Grundmietzeit nicht die gesamten Aufwendungen des Leasinggebers abdecken.

3. Finanzierungs-Leasing

IFRS Der Leasinggeber hat eine Leasingforderung in Höhe des Nettoinvestitionsbetrages zu bilanzieren. Dieser ist definiert als Gesamtsumme der zukünftigen Brutto-Mindestleasingzahlungen abzüglich noch nicht realisierter Zinserträge (IAS 17.36 iVm 17.4).

Die Bruttozahlungseingänge aus der Investition werden in einen Kapital- und einen Zinsanteil derart aufgeteilt, dass eine konstante periodische Verzinsung erzielt wird. Die Anwendung der Nettoinvestitionsmethode zur Aufteilung der Bruttozahlungseingänge ist zwingend anzuwenden, wobei die Cash-Flow-Effekte aus Steuern und Finanzierungsgeschäften nicht berücksichtigt werden.

Die Erfassung der dem Leasinggeber bei den Verhandlungen oder bei Abschluss eines Leasingvertrages entstehenden anfänglichen direkten Kosten (wie beispielsweise Provisionen und Rechtsberatungsgebühren) sind im Nettoinvestitionsbetrag zu berücksichtigen und verringern in zukünftigen Perioden die zu vereinnahmenden Erträge entsprechend (IAS 17.38). Eine Ausnahme besteht für Hersteller-Leasingverträge.

US GAAP Vergleichbar mit IFRS (FAS 13.10 f – Leasingnehmer, FAS 13.17 – Leasinggeber). Besonderheiten bei Anwendung der Nettoinvestitionsmethode ergeben sich bei den so genannten „Leveraged" Leasingverhältnissen, wo steuerliche Cash-Flow-Effekte miteinbezogen werden (FAS 13.43 aus der Sicht des Leasinggebers).

HGB   Finanzierungsleasingverträge im Sinne der Einkommensteuerrichtlinien unterscheiden sich vom internationalen „Finance Lease" Begriff.

Finance Lease umschreibt Leasingverträge, die eine Zurechnung des Leasinggegenstandes zum Leasingnehmer zur Folge haben, wogegen Finanzierungsleasing, das die herkömmliche Form der Investitionsfinanzierung ersetzt hat, abhängig von der jeweiligen Ausprägung sowohl dem Leasinggeber als auch dem Leasingnehmer zugerechnet werden kann. Bei Vollamortisationsverträgen wird der Leasinggegenstand in der Regel dem Leasingnehmer zugerechnet. Nach den EStR 2000 kann mithilfe folgender Merkmale zwischen Voll- und Teilamortisationsverträgen unterschieden werden.

- Vollamortisationsverträge sind durch folgende Merkmale gekennzeichnet:
  - Die Grundmietzeit liegt entweder über 90% oder
  - unter 40% der betriebsgewöhnlichen Nutzungsdauer.
  - Der Leasingnehmer hat bei Grundmietzeit von mindestens 40% und höchstens 90% der betriebsgewöhnlichen Nutzungsdauer nach Ablauf der Mietdauer die Option, den Leasinggegenstand gegen einen wirtschaftlich unbedeutenden Betrag zu kaufen oder den Vertrag zu verlängern.
  - Spezialleasing.
- Teilamortisationsverträge sind unter folgenden Voraussetzungen gegeben:
  - Grundmietzeit und betriebsgewöhnliche Nutzungsdauer stimmen annähernd überein.
  - Der Leasingnehmer trägt das Risiko der Wertminderung und die Chance der Wertsteigerung.
  - Spezialleasing.

4. Operating-Leasing

IFRS   Vermögenswerte aus einem Operating-Leasing sind vom Leasinggeber im Sachanlagevermögen zu bilanzieren und über die wirtschaftliche Nutzungsdauer abzuschreiben. Mieterträge werden linear über die Leasing-Laufzeit erfasst.

US GAAP Vergleichbar mit IFRS (FAS 13.19 – Leasinggeber, FAS 13.15 – Leasingnehmer).

HGB   Während das internationale „Operating Lease" mit der Zurechnung des Leasinggegenstandes zum Leasinggeber verknüpft ist, entsprechen die nach handels- und steuerrechtlichen Grundsätzen gebräuchlichen Operating-Leasingverträge dem zivilrechtlichen Bestandvertrag, der Leasinggegenstand kann je nach Ausgangslage entweder dem Leasinggeber oder dem Leasingnehmer zugerechnet werden. Die Einkommensteuerrichtlinien enthalten keine diesbezüglichen Regelungen.

5. Anreizvereinbarungen – Leasing

IFRS   Die Kosten aus der Verschaffung von Anreizvereinbarungen („Incentives") (für den Abschluss von Leasingverträgen) sind als eine Minderung der Mieterträge linear über die Laufzeit des Leasingverhältnisses zu erfassen. Abweichend von der linearen Methode kann auch eine andere, systematische Verteilungsbasis gewählt werden, sofern diese den zeitlichen Verlauf der Nutzung des Leasinggegenstandes besser reflektiert (SIC-15.4).

US GAAP Es bestehen keine spezifischen Regelungen für die Bilanzierung von Anreizvereinbarungen; in der Praxis wird jedoch ähnlich wie nach IFRS vorgegangen.

HGB   Es bestehen keine gesonderten Regelungen betreffend Leasing-Anreize, bei speziell auf die individuellen Bedürfnisse des Leasingnehmers zugeschnittenen Leasinggütern sprechen die Einkommensteuerrichtlinien wie die internationalen Vorschriften von Spezialleasing (EStR 2000, Abschnitt 2, § 2.5, Rz 137 f).

6. Relevante Vorschriften

IFRS   IAS 1, IAS 17, SIC-15, SIC-27.

US GAAP FAS 13.

HGB   § 237; EStR 2000.

D. Wertminderung von Vermögenswerten

1. Grundkonzept

IFRS   Ein Unternehmen muss alljährlich beurteilen, ob Anhaltspunkte für die Wertminderung von Vermögenswerten vorliegen („Impairment Indicators"). Gegebenenfalls muss eine Überprüfung auf Wertminderung vorgenommen werden (IAS 36.9). Bestätigt die Überprüfung („Impairment Test") das Vorliegen einer Wertminderung, so ist der Wertminderungsaufwand im Periodenergebnis zu erfassen (IAS 36.59f).

Bei Vorliegen eines Anhaltspunkts für die Wertminderung eines Vermögenswertes ist der erzielbare Betrag für den einzelnen Vermögenswert zu schätzen. Falls dies nicht möglich ist, so ist der erzielbare Betrag für die zahlungsmittelgenerierende Einheit („Cash Generating Unit") zu bestimmen, zu der der Vermögenswert gehört (IAS 36.66). Eine besondere Vorgehensweise ist für die Zuordnung von Geschäfts- und Firmenwerten und gemeinschaftliche Vermögenswerte („Corporate Assets") auf zahlungsmittelgenerierende Einheiten vorgesehen (IAS 36.80 ff und IAS 36.102).

Für folgende immaterielle Vermögenswerte ist unabhängig vom Vorliegen von Wertminderungsindikatoren eine Überprüfung auf Wertminderung zwingend jährlich durchzuführen: Geschäfts- und Firmenwerte, immaterielle Vermögenswerte mit unbestimmter Nutzungsdauer sowie immaterielle Vermögenswerte, die noch nicht nutzungsbereit sind (IAS 36.10).

US GAAP Seit der Einführung von FAS 144 sind die Regelungen nach US GAAP in weiten Teilen vergleichbar mit IFRS. Es wird grundsätzlich zwischen drei Kategorien langfristiger Vermögenswerte unterschieden:
- zur unternehmerischen Nutzung vorgesehene Vermögenswerte,
- Vermögenswerte, die außer Betrieb genommen werden sollen, etwa durch Stilllegung oder durch Tausch gegen einen ähnlichen produktiven Vermögenswert oder durch Übertragung an einen Anteilseigner im Rahmen eines Spin-Off, und
- zur Veräußerung bestimmte langfristige Vermögenswerte.

Bei Vorliegen bestimmter Hinweise auf einen Abwertungsbedarf ist eine faktische Überprüfung vorzunehmen. Diese hat für einzelne Vermögenswerte oder alternativ für die kleinste zahlungsmittelgenerierende Einheit („Asset Group" bzw „Reporting Unit") zu erfolgen.

HGB Nach handelsrechtlichen Bewertungsgrundsätzen müssen Vermögensgegenstände des Anlagevermögens (§ 204 Abs 2 HGB) bei voraussichtlich dauernder Wertminderung auf den niedrigeren beizulegenden Wert, der ihnen am Abschluss-Stichtag unter Bedachtnahme auf die Nutzungsmöglichkeit im Unternehmen beizulegen ist, außerplanmäßig abgeschrieben werden. Die außerplanmäßige Abschreibung darf, im Gegensatz zu IFRS, immer nur dann vorgenommen werden, wenn eine voraussichtlich „dauernde" Wertminderung vorliegt (gemildertes Niederstwertprinzip). Bei Finanzanlagen besteht ein Abschreibungswahlrecht auch bei voraussichtlich nicht dauernder Wertminderung (§ 204 Abs 2 HGB).

Die Bildung von den „Cash-Generating-Units" entsprechenden Bewertungseinheiten ist dem HGB fremd.

2. Wertminderungsindikatoren

IFRS Anhaltspunkte für Wertminderungen können sich aus externen und internen Informationsquellen ergeben (IAS 36.12).

Beispiele für externe Informationsquellen:
- der Marktwert des Vermögenswertes ist deutlich stärker gesunken als dies durch den Zeitablauf oder die gewöhnliche Nutzung zu erwarten gewesen wäre;
- es bestehen signifikante nachteilige Veränderungen im technischen, marktbezogenen, ökonomischen oder gesetzlichen Umfeld, in welchem das Unternehmen operiert;
- Anstieg von Marktzinssätzen oder anderen Marktrenditen;
- der Buchwert des Reinvermögens des berichterstattenden Unternehmens ist größer als seine Marktkapitalisierung.

Beispiele für interne Informationsquellen:
- es bestehen substanzielle Hinweise für eine Überalterung oder physische Beschädigung des Vermögenswertes;

- es gibt Planungen für die Einstellung oder Restrukturierung des Berei-
  ches, zu dem der Vermögenswert gehört;
- die wirtschaftliche Ertragskraft des Vermögenswertes bleibt hinter den
  Erwartungen zurück.

US GAAP   Wertminderungsindikatoren werden in FAS 144 exemplarisch aufge-
zählt, so etwa:

- starker Rückgang des Marktpreises für den langfristigen Vermögenswert;
- nachteilige Änderung in der Verwertbarkeit des langfristigen Vermögenswertes;
- Verschlechterung der rechtlichen oder wirtschaftlichen Rahmenbedingungen;
- die Planwerte deutlich übersteigende Kosten im Rahmen der Herstellung eines langfristigen Vermögenswertes;
- dauerhaft negative Cashflows;
- erwartete Veräußerung oder Stilllegung des langfristigen Vermögenswertes deutlich vor Ablauf der ursprünglich geschätzten betriebsgewöhnlichen Nutzungsdauer.

HGB   Die Anhaltspunkte für das Vorliegen einer „dauernden Wertminderung"
werden handelsrechtlich nicht normiert.

3. Wertminderung

IFRS   Der Wertminderungsaufwand wird definiert als die Differenz zwischen
dem Buchwert eines Vermögenswertes und seinem erzielbaren Betrag.
Der erzielbare Betrag („Recoverable Amount") ist der höhere der beiden
Beträge aus beizulegendem Zeitwert abzüglich Veräußerungskosten
(„Fair Value less Costs to Sell") und Nutzungswert („Value in Use") des
Vermögenswertes.

Der beizulegende Zeitwert abzüglich Veräußerungskosten ist jener Betrag, der durch den Verkauf eines Vermögenswertes in einer Transaktion
zu Marktbedingungen zwischen sachverständigen, vertragswilligen Parteien nach Abzug der Veräußerungskosten erzielt werden könnte (IAS
36.6).

Der Nutzungswert entspricht dem Barwert der geschätzten künftigen
Cashflows, die aus der fortgesetzten Nutzung eines Vermögenswertes
und seinem Abgang am Ende seiner Nutzungsdauer erwartet werden
(IAS 36.6). Die Bestimmung des Nutzungswertes erfordert die Schätzung
der künftigen Cash-Flows aus dem betreffenden Vermögenswert und deren Abzinsung auf den Gegenwartswert unter Verwendung eines marktbezogenen Zinssatzes vor Steuern, der die gegenwärtigen Marktbewer-
tungen über den Zinseffekt und die spezifischen Risiken des betroffenen
Vermögenswertes widerspiegelt (IAS 36.55). In die Schätzung der Cash-
Flows dürfen jedoch keine Effekte aus zukünftig möglichen Restrukturierungen oder geplanten Erweiterungsinvestitionen einbezogen werden
(IAS 36.44).

US GAAP Anders als in IFRS (One-Step-Approach) wird in FAS 144 ein Two-Step-Approach angewendet. Für langfristige Vermögenswerte (Sachanlagevermögen), die zur unternehmerischen Nutzung vorgesehen sind, oder außer Betrieb genommen werden sollen, ist der Buchwert mit der Summe der nicht abgezinsten erwarteten künftigen Nettozahlungsströme zu vergleichen (1. Schritt). Ist der Buchwert höher, so ist im nächsten Schritt die Höhe des Abwertungsbedarfs durch Vergleich des Buchwertes mit dem beizulegenden Zeitwert zu bestimmen, der vorzugsweise dem Marktwert bei Vorliegen eines aktiven Marktes entspricht, ansonsten dem unter Anwendung anderer Bewertungsmethoden, wie etwa abgezinste erwartete künftige Nettozahlungsströme.

Für langfristige Vermögenswerte, die zur Veräußerung bestimmt sind, ist ein Vergleich zwischen Buchwert und beizulegendem Zeitwert, nach Abzug der erwarteten Veräußerungskosten, anzustellen. Ab dem Zeitpunkt der Einordnung unter diese Kategorie der langfristigen Vermögenswerte ist im Verkaufszeitraum keine planmäßige Abschreibung mehr vorzunehmen (FAS 144).

HGB Es bestehen keine gesetzlichen Regelungen für das Wertermittlungsverfahren, die Orientierung hat am Zweck der außerplanmäßigen Abschreibung zu erfolgen. Die außerplanmäßigen Abschreibungen orientieren sich für das Anlagevermögen am gemilderten, für das Umlaufvermögen strengen Niederstwertprinzip.

Nach HGB besteht kein Verfahren zur Ermittlung des niedrigeren beizulegenden Wertes, mangels einer Vorschrift könnte die internationale Vorgehensweise angewendet werden.

4. Wertaufholung

IFRS IFRS verlangt die Wertaufholung („Reversal of Impairment Loss") eines zuvor erfassten Wertminderungsaufwandes, wenn eine Änderung in den wirtschaftlichen Verhältnissen oder der beabsichtigten Nutzung des Vermögenswertes stattgefunden hat (IAS 36.110 ff).

Der infolge einer Wertaufholung erhöhte Buchwert eines Vermögenswertes darf nicht den Buchwert übersteigen, der, abzüglich Abschreibungen, bestimmt worden wäre, wenn in früheren Jahren kein Wertminderungsaufwand erfasst worden wäre (IAS 36.117). Eine Wertaufholung ist im Periodenergebnis zu erfassen, es sei denn, der zugrunde liegende Vermögenswert hat Neubewertungen unterlegen (IAS 36.119).

Für Geschäfts- und Firmenwert besteht hingegen ein Wertaufholungsverbot (IAS 36.124).

US GAAP Nach US GAAP sind Wertaufholungen, falls der Grund für die Wertminderung weggefallen ist, untersagt. Im Falle von zur Veräußerung bestimmten Vermögenswerten sind nachträgliche – sowohl positive als auch negative – Wertänderungen zu erfassen, wobei der Betrag der Wertaufholung nicht jenen der vorherigen Wertminderung übersteigen darf.

HGB Die handelsrechtliche Zuschreibung ist ausschließlich für Vermögensgegenstände vorgesehen. Abschreibungen, die auf den Firmenwert und Ingangsetzungskosten vorgenommen wurden, dürfen nicht „aufgeholt" werden.

Der Wegfall des Grundes für die außerplanmäßige Abschreibung kann prinzipiell zu einer Wertaufholung in Form einer Zuschreibung führen. Diese kann jedoch aus steuerlichen Gründen unterbleiben (§ 208 Abs 1 und 2 HGB). Bei Fortbestand jener Gründe, die zur außerplanmäßigen Abschreibung geführt haben, bzw einer Werterhöhung aus anderen Gründen, ist die Zuschreibung unzulässig. Außerdem muss insgesamt betrachtet eine Werterhöhung eingetreten sein.

5. Geringwertige Wirtschaftsgüter

IFRS Das Konzept geringwertiger Wirtschaftsgüter ist IFRS fremd. Aus dem Wesentlichkeitsgrundsatz (F.29–.30) lässt sich jedoch eine Rechtfertigung für die Vollabschreibung von Vermögenswerten des Anlagevermögens im Zugangsjahr ableiten, solange die Zugänge branchenbezogen und mangels Häufigkeit nicht wesentlich sind.

US GAAP Vergleichbar mit IFRS.

HGB In Anlehnung an steuerrechtliche Vorschriften (§ 13 EStG) können Wirtschaftsgüter des abnutzbaren Anlagevermögens, deren Anschaffungs-/Herstellungskosten € 400 nicht übersteigen, im Jahr ihrer Anschaffung erfolgswirksam abgeschrieben werden (umgekehrte Maßgeblichkeit des Steuerrechts für das Handelsrecht).

Erreichen die sofort abgeschriebenen geringwertigen Wirtschaftsgüter in Summe einen wesentlichen Umfang (§ 205 Abs 1 HGB), ist passivseitig in selber Höhe eine unversteuerte Rücklage zu bilden (§ 226 Abs 3 HGB).

6. Relevante Vorschriften

IFRS Framework (F.), IAS 16, IAS 36.

US GAAP FAS 144.

HGB §§ 204, 205, 208, 226; EStG: § 13.

E. Aktivierung von Fremdkapitalkosten

1. Ansatz

IFRS Nach IFRS hat ein Unternehmen die Wahlmöglichkeit, Fremdkapitalkosten („Borrowing Costs"), die direkt dem Erwerb, dem Bau oder der Herstellung von qualifizierten Vermögenswerten zugeordnet werden können, als Teil der Anschaffungs- oder Herstellungskosten zu aktivieren (IAS 23.11). Ein qualifizierter Vermögenswert ist ein Vermögenswert, dessen Versetzung in seinen beabsichtigten gebrauchs- oder verkaufsfähigen Zustand einen beträchtlichen Zeitraum in Anspruch nimmt (IAS 23.4).

US GAAP Nach US GAAP ist die Aktivierung von Fremdkapitalzinsen zwingend vorgesehen. Die Begriffsdefinition von qualifizierten Vermögenswerten erfolgt in ähnlicher Weise wie nach IFRS (FAS 34.9). Eine Ausnahme besteht für Beteiligungen, die nach der Equity-Methode bilanziert werden. Diese stellen bereits während des Zeitraums, innerhalb dessen das Beteiligungsunternehmen sich aktiv auf seine geplante Hauptgeschäftstätigkeit vorbereitet, qualifizierte Vermögenswerte dar. Voraussetzung ist jedoch, dass das Beteiligungsunternehmen im Begriff ist, qualifizierte Vermögenswerte für seine Geschäftstätigkeit zu erwerben (FAS 58.21 f).

HGB Handelsrechtlich zählen Finanzierungskosten nicht zu den Anschaffungskosten, wobei jedoch im Rahmen der Herstellungskosten Fremdkapitalzinsen wahlweise aktiviert werden können (§ 203 Abs 4 HGB).

Folgende Unterschiede bestehen zu IFRS:
- Nach HGB sind lediglich Zinsen, inklusive Disagio und Wertsicherungsbeträge und ausnahmsweise auch Geldbeschaffungskosten aktivierbar.
- Es werden nur Zinsen zur Finanzierung der Herstellung eines Vermögensgegenstandes aktiviert, nicht jedoch für die Anschaffung.
- Eine Beschränkung der Aktivierung auf „qualifizierte Vermögensgegenstände" ist nicht vorgesehen.

2. Bewertung

IFRS Der Betrag der aktivierungsfähigen Zinsen ergibt sich aus den tatsächlichen Fremdkapitalkosten einer spezifischen Fremdkapitalaufnahme abzüglich etwaiger Anlageerträge aus der vorübergehenden Zwischenanlage dieser Mittel (IAS 23.15) oder durch Anwendung eines Finanzierungskostensatzes auf die Ausgaben für den qualifizierten Vermögenswert. Als Finanzierungskostensatz ist der gewogene Durchschnitt der Fremdkapitalkosten für solche Kredite des Unternehmens zugrunde zu legen, die während der Periode bestanden haben und nicht speziell für die Beschaffung eines qualifizierten Vermögenswertes aufgenommen worden sind (IAS 23.17). Wechselkursdifferenzen können nur unter streng definierten Voraussetzungen aktiviert werden (IAS 23.5e). Die Aktivierung von Fremdkapitalzinsen ist mit dem Zeitpunkt der Fertigstellung des Vermögenswertes, das bedeutet mit dessen Verfügbarkeit für die beabsichtigte Verwendung bzw Veräußerung beendet (IAS 23.25).

US GAAP Vergleichbar mit IFRS (FAS 34). Unzulässig ist allerdings die Kürzung aktivierungsfähiger Fremdkapitalkosten durch Währungsdifferenzen und Anlageerträge aus der vorübergehenden Zwischenanlage einer Fremdkapitalaufnahme.

HGB Es bestehen keine spezifischen Regelungen im HGB.

3. Relevante Vorschriften

IFRS   IAS 23.

US GAAP   FAS 34, FAS 58, FAS 62.

HGB   § 203.

F. Als Finanzinvestition gehaltene Immobilien

1. Definition

IFRS   Als Finanzinvestition gehaltene Immobilien sind Grundstücke und/oder Gebäude („Investment Property"), die vom Eigentümer oder Leasingnehmer im Rahmen eines Finanzierungsleasing zur Erzielung von Mieteinnahmen oder zum Zwecke der Wertsteigerung gehalten werden (IAS 40.5). Werden als Finanzinvestitionen gehaltene Immobilien im Rahmen eines Operating Leasing gehalten, so besteht ein Wahlrecht unter gewissen Voraussetzungen, auch diese Immobilien nach IAS 40 zu bilanzieren (IAS 40.6).

Vom Eigentümer selbst genutzte Immobilien oder Immobilien, die im Rahmen der gewöhnlichen Geschäftstätigkeit zum Verkauf gehalten werden, fallen nicht unter diesen Standard. Ebenfalls nicht unter den Anwendungsbereich des IAS 40 fallen Immobilien, die die Kriterien des IFRS 5 als „zur Veräußerung gehalten" erfüllen. Für diese gelten die besonderen Ausweisvorschriften und die speziellen Bewertungsmaßstäbe des IFRS 5. Eine Bewertung gemäß IFRS 5 erfolgt nur, wenn die ursprünglich als Finanzinvestition gehaltenen Immobilien zu fortgeführten Anschaffungs- und Herstellungskosten bewertet wurden (IFRS 5.5).

US GAAP   Es bestehen keine gesonderten Regelungen für als Finanzinvestition gehaltene Immobilien, diese sind nach US GAAP wie Sachanlagen zu behandeln.

HGB   Es besteht keine spezifische Regelung im HGB, die Bilanzierung erfolgt nach den Regeln für das Sachanlagevermögen.

2. Erstmalige Bewertung

IFRS   Erworbene und selbst hergestellte, als Finanzinvestition gehaltene Immobilien sind im Zugangszeitpunkt mit ihren Anschaffungs- oder Herstellungskosten zu bewerten (IAS 40.20). Die Kosten einer erworbenen, als Finanzinvestition gehaltenen Immobilie umfassen den Kaufpreis und die direkt zurechenbaren Kosten, beispielsweise Honorare und Gebühren für Rechtsberatung, auf die Übertragung der Immobilien anfallende Steuern und andere Transaktionskosten. Selbst gefertigte Immobilien sind erst im Zeitpunkt der Fertigstellung vom Sachanlagevermögen zu den als Finanzinvestition gehaltenen Immobilien umzugliedern.

US GAAP Es bestehen keine gesonderten Regeln für als Finanzinvestition gehaltene Immobilien, es ist nach den Bestimmungen für das Sachanlagevermögen vorzugehen.

HGB Es besteht keine spezifische Regelung im HGB, als Finanzinvestition gehaltene Immobilien sind als Sachanlagevermögen zu bilanzieren.

3. Folgebewertung

IFRS Es besteht ein Wahlrecht der Bewertung von als Finanzinvestition gehaltenen Immobilien zum beizulegenden Zeitwert („Fair Value Model") oder zu fortgeführten Anschaffungs- oder Herstellungskosten („Cost Model"). Eine ein Mal festgelegte Bilanzierungsmethode ist für das gesamte Portfolio an als Finanzinvestition gehaltenen Immobilien anzuwenden und in den Folgejahren beizubehalten (IAS 40.30). Gewinne oder Verluste, die aus der Änderung des beizulegenden Zeitwerts der als Finanzinvestition gehaltenen Immobilien resultieren, sind im Ergebnis jener Periode erfolgswirksam zu erfassen, in der sie entstanden sind (IAS 40.35).

Es besteht nach IAS 40 die Möglichkeit, Immobilien, die im Rahmen eines Operating Leasing gehalten werden, als Finanzinvestitionen gehaltene Immobilien zu klassifizieren. Dieses Wahlrecht kann individuell für jedes Leasingverhältnis separat getroffen werden. Die Ausübung des Wahlrechts ist jedoch an folgende Voraussetzungen geknüpft (kumulative Erfüllung):
- die sonstigen Definitionsmerkmale für eine als Finanzinvestition gehaltene Immobilie sind für dieses Objekt erfüllt,
- die in Rede stehende Immobilie wird nach dem Fair Value-Modell des IAS 40, und
- sämtliche als Finanzinvestitionen gehaltene Immobilien werden einheitlich nach dem Fair Value-Modell bilanziert.

US GAAP Die Bewertung muss zu den fortgeführten Anschaffungs- oder Herstellungskosten erfolgen.

HGB Die Bewertung erfolgt zu den fortgeführten Anschaffungs- oder Herstellungskosten; die Methode der Neubewertung ist, abgesehen vom Konzern, handelsrechtlich unzulässig.

4. Umklassifizierung als Folge von Nutzungsänderungen

IFRS IAS 40.57 enthält detaillierte Regelungen für den Fall einer Änderung in der Verwendung von als Finanzinvestition gehaltenen Immobilien. Im Einzelnen gilt Folgendes:

Nutzungsänderung	Umklassifizierung
1. Als Finanzinvestition gehaltene Immobilien werden der Selbstnutzung zugeführt	Von als Finanzinvestition gehaltenen Immobilien in Sachanlagen

Nutzungsänderung	Umklassifizierung
2. Beginn der Erschließung/ Entwicklung mit der Absicht der anschließenden Veräußerung	Von als Finanzinvestition gehaltene Immobilien in Vorräte
3. Aufgabe der Selbstnutzung	Von Sachanlagen in als Finanzinvestition gehaltene Immobilien
4. Abschluss eines Operating-Leasing zur Vermietung an eine andere Partei	Von Vorräten in als Finanzinvestition gehaltene Immobilien
5. Beendigung der Bautätigkeit/ Entwicklung	Von im Bau befindliche Anlagen in als Finanzinvestition gehaltene Immobilien

US GAAP Es bestehen keine derartigen Regelungen.

HGB Es bestehen keine derartigen Regelungen im HGB.

5. Häufigkeit und Basis von Neubewertungen

IFRS Der beizulegende Zeitwert der als Finanzinvestition gehaltenen Immobilien hat die am Bilanzstichtag vorherrschenden Marktbedingungen und Umstände widerzuspiegeln (IAS 40.38). Ein unabhängiges Bewertungsgutachten ist vom Standard zwar nicht ausdrücklich verlangt, wird aber befürwortet. Die Festlegung des beizulegenden Zeitwerts erfolgt auf Basis des bestmöglichen, aus Käufer- und Verkäufersicht vernünftigerweise erzielbaren Preises (IAS 40.36). Neubewertungen sollten mit hinreichender Regelmäßigkeit erfolgen, sodass der Buchwert nicht wesentlich vom beizulegenden Zeitwert am Bilanzstichtag abweicht.

US GAAP Nicht zutreffend.

HGB Es bestehen keine spezifischen Regelungen im HGB.

6. Relevante Vorschriften

IFRS IAS 17, IAS 40, IFRS 5, IFRIC 4.

US GAAP ARB 43, APB 6.

G. Vorräte

1. Definition

IFRS Vorräte („Inventories") sind Vermögenswerte,
- die zum Verkauf im normalen Geschäftsgang gehalten werden,
- die sich in der Herstellung für einen solchen Verkauf befinden oder
- die als Roh-, Hilfs- und Betriebsstoffe dazu bestimmt sind, bei der Herstellung oder der Erbringung von Dienstleistungen verbraucht zu werden (IAS 2.6).

US GAAP Vergleichbar mit IFRS (ARB 43 ch 4 statement 1, FAS 151).

HGB   Vergleichbar mit IFRS. Es besteht aber keine gesonderte handelsrechtliche Begriffsdefinition. Nach der Bilanzgliederung für Kapitalgesellschaften fallen Roh-, Hilfs- und Betriebsstoffe, unfertige Erzeugnisse und Waren sowie noch nicht abrechenbare Leistungen unter diesen Posten (§ 224 Abs 2 B I HGB).

2. Bewertung

IFRS   Vorräte sind zu Anschaffungs- oder Herstellungskosten oder zum niedrigeren Nettoveräußerungswert zu bewerten (IAS 2.9).

Anschaffungskosten umfassen den Kaufpreis, Einfuhrzölle und andere Steuern, Transport- und Abwicklungskosten sowie sonstige Kosten, die der Beschaffung von Fertigerzeugnissen, Materialien und Leistungen unmittelbar zugerechnet werden können. Ist ein längeres Zahlungsziel vereinbart, so ist der Barwert des Kaufpreises als Bemessungsgrundlage für die Anschaffungskosten heranzuziehen. Skonti, Rabatte und Ähnliches werden zum Abzug gebracht. Herstellungskosten umfassen direkt zurechenbare Kosten (beispielsweise Material und Fertigungslöhne), systematisch zurechenbare fixe Gemeinkosten (auf der Basis der Normalkapazität des Unternehmens), systematisch zurechenbare variable Gemeinkosten (auf der Basis der tatsächlichen Auslastung der Produktionsanlagen) und sonstige Kosten, um die Vorräte an ihren derzeitigen Ort und in ihren derzeitigen Zustand zu versetzen, beispielsweise Kosten der Produktentwicklung für bestimmte Kunden (IAS 2.10 ff). Nicht aktivierungsfähig sind anormale Beträge für Materialabfälle, Fertigungslöhne oder andere Produktionskosten. Lagerkosten (soweit diese nicht im Produktionsprozess vor einer weiteren Produktionsstufe erforderlich sind), Verwaltungsgemeinkosten und Vertriebskosten (IAS 2.16).

Nettoveräußerungswert ist der geschätzte, im normalen Geschäftsgang erzielbare Verkaufserlös abzüglich geschätzter Kosten bis zur Fertigstellung sowie geschätzter notwendiger Vertriebskosten. Ein durchschnittlicher Gewinnabschlag ist nicht zum Abzug zu bringen (IAS 2.6), das heißt, IFRS kennt nur die absatzmarktbezogene Bewertung.

Eine verminderte Werthaltigkeit von Vorräten ist gegeben, wenn diese beschädigt sind, ganz oder teilweise veraltet sind, oder wenn ihr Verkaufspreis zurückgegangen ist (IAS 2.28).

Wenn die Umstände, die früher zu einer Abwertung der Vorräte auf einen Wert unter ihre Anschaffungs- oder Herstellungskosten geführt haben, nicht länger bestehen, wird der Betrag der Abwertung rückgängig gemacht, wobei die historischen Anschaffungs- oder Herstellungskosten die Wertobergrenze darstellen (IAS 2.33).

US GAAP   Die Regelungen nach US GAAP stimmen mit IFRS insoweit überein, als die Anschaffungs- oder Herstellungskosten (ARB 43 ch 4.5) ebenfalls mit einem Referenzwert (hier: Marktwert) verglichen werden und im Bedarfsfall auf diesen abgeschrieben werden. Der Marktwert entspricht den aktuellen Wiederbeschaffungs- oder Wiederherstellungskosten, wobei der Nettoveräußerungswert als Wertobergrenze („Ceiling") und der um eine durchschnittliche Gewinnmarge gekürzte Nettoveräußerungswert als Wertuntergrenze („Floor") für den Marktwert betrachtet werden, das heißt, nach US GAAP ist sowohl eine absatzmarkt- als auch eine beschaffungsmarktorientierte Betrachtung notwendig. Nachfolgende Werterhöhungen dürfen nicht zu einer Rücknahme einer vorherigen Abschreibung auf den niedrigeren Marktwert führen (ARB 43 ch 4.9).

HGB Die handelsrechtliche Bewertung richtet sich nach dem strengen Niederstwertprinzip. Demnach sind Vorräte mit den Anschaffungs- oder Herstellungskosten vermindert um eine allfällige Abschreibung auf den niedrigeren Börsen- oder Marktpreis am Abschluss-Stichtag anzusetzen. Die Bewertung ist absatzmarkt- und beschaffungsmarktorientiert (§§ 206, 207 HGB).

3. Verfahren zur Zuordnung der Anschaffungs- oder Herstellungskosten

IFRS Vorräte, die normalerweise nicht austauschbar sind, sowie Erzeugnisse, Waren oder Leistungen, die für spezielle Projekte hergestellt und ausgesondert werden, sind nach dem Identitätspreisverfahren zu bewerten (IAS 2.23).

In allen anderen Fällen ist entweder das FIFO oder das gleitende Durchschnittspreisverfahren als Verbrauchsfolgeverfahren anzuwenden (IAS 2.25).

Die Anwendung von Festpreisverfahren ist nach IAS 2 nicht vorgesehen.

IAS 2 verbietet die Anwendung unterschiedlicher Bewertungsvereinfachungsverfahren für Vorräte ähnlicher Natur und Verwendung.

US GAAP Vergleichbar mit IFRS (ARB 43 ch 4.6), LIFO ist weiterhin möglich. Falls eine Bewertung nach LIFO vorgenommen wird, muss zusätzlich eine Bewertung nach einem anderen Verfahren (beispielsweise Durchschnittspreisverfahren oder FIFO) durchgeführt werden. Die aus diesen beiden Bewertungsverfahren resultierende Differenz muss im Anhang offen gelegt werden.

HGB Handelsrechtlich kommen neben Realbewertungsverfahren – Identitätspreisverfahren, gleitendes und gewogenes Durchschnittspreisverfahren – auch so genannte Kunstbewertungsverfahren, die steuerlich entweder eingeschränkt oder gar nicht anerkannt sind, zur Anwendung. Entsprechend den tatsächlichen Gegebenheiten können daher auch FIFO, LIFO und HIFO angewendet werden.

Roh-, Hilfs- und Betriebsstoffe, die regelmäßig ersetzt werden und deren Gesamtwert von untergeordneter Bedeutung ist, können mit einem gleich bleibenden Wert – Festpreisverfahren – angesetzt werden, sofern ihr Bestand voraussichtlich nur geringen Veränderungen unterliegt (§ 209 HGB).

4. Relevante Vorschriften

IFRS   IAS 2.

US GAAP   ARB 43, FAS 151.

HGB   §§ 206, 207, 209, 224.

H. Zur Veräußerung gehaltene langfristige Vermögenswerte

1. Anwendungsbereich und Voraussetzungen

IFRS   IFRS 5 regelt den Ausweis und die Bewertung von zur Veräußerung gehaltenen langfristigen Vermögenswerten, Gruppen von Vermögenswerten sowie aufgegebenen Geschäftsbereichen. Als typische langfristige
Vermögenswerte, die unter IFRS 5 fallen können, gelten Sachanlagen und
immaterielle Vermögenswerte. Dies gilt auch, wenn diese im Rahmen
von Finanzierungs-Leasingverhältnissen gehalten werden. Eine Gruppe
von Vermögenswerten liegt dann vor, wenn sich eine Veräußerungs-
gruppe aus mehreren Posten (ua auch aus Umlaufvermögen) zusam-
mensetzt, jedoch mindestens einen langfristigen Vermögenswert (zB eine
Sachanlage oder einen immateriellen Vermögenswert) aufweist. Von einem aufgegebenen Geschäftsbereich ist dann auszugehen, wenn ein Un-
ternehmensbestandteil (beispielsweise ein wesentlicher Geschäftszweig
oder ein abgegrenzter geographischer Geschäftsbereich) aufgegeben
oder veräußert wird (sog „discontinued operation").

Sobald ein einzelner langfristiger Vermögenswert oder eine Veräuße-
rungsgruppe als zur Veräußerung gehalten werden, werden die bisherigen Ausweis- und Bewertungsregeln (zB des IAS 16 oder IAS 38) außer
Kraft gesetzt. Es gelten stattdessen die speziellen Ausweis- und Bewertungsvorschriften des IFRS 5.

Ein langfristiger Vermögenswert oder eine Gruppe von Vermögenswerten sind dann als „zur Veräußerung gehalten" zu klassifizieren, wenn deren Buchwert primär über einen Veräußerungsvorgang und nicht mehr
im Rahmen der fortgesetzten Nutzung realisiert wird (IFRS 5.6). Davon
ist nur dann auszugehen, wenn die folgenden Kriterien kumulativ erfüllt
werden (IFRS 5.7 ff):
- der langfristige Vermögenswert ist in seinem gegenwärtigen Zustand
  unmittelbar veräußerbar und
- der Verkauf ist höchstwahrscheinlich. Von letzterem Merkmal ist nur
  dann auszugehen, wenn:
  - die zuständige Managementebene einen Plan für den Verkauf des
    Vermögenswertes oder der Veräußerungsgruppe beschlossen hat,
  - mit der Suche nach einem Käufer und der Durchführung des Plans
    aktiv begonnen wurde,
  - der Vermögenswert zu einem Preis angeboten wird, der in einem an-
    gemessenen Verhältnis zum gegenwärtigen beizulegenden Zeitwert
    steht,

– die Veräußerung erwartungsgemäß innerhalb von 12 Monaten erfolgen wird und
– wesentliche Veränderungen des Plans unwahrscheinlich sind.

Die Anwendung von IFRS 5 scheidet hingegen aus, wenn ein einzelner langfristiger Vermögenswert oder eine Gruppe von Vermögenswerten stillgelegt wird (IFRS 5.13). Eine Ausnahme besteht diesbezüglich für aufgegebene Geschäftsbereiche.

US GAAP Vergleichbar mit IFRS (FAS 144). IFRS 5 wurde im Zuge des Convergence Projekts veröffentlicht, um eine Angleichung an US GAAP (FAS 144) zu gewährleisten.

HGB Es bestehen keine spezifischen Regelungen im HGB.

2. Bewertung

IFRS Langfristige Vermögenswerte oder Veräußerungsgruppen, die als „zur Veräußerung gehalten" klassifiziert werden, sind zum niedrigeren Wert aus Buchwert und beizulegenden Zeitwert abzüglich Veräußerungskosten anzusetzen (IFRS 5.15). Planmäßige Abschreibungen sind nicht mehr zu erfassen (IFRS 5.25).

Für Gruppen von Vermögenswerten gilt eine besondere Vorgehensweise. Diejenigen Vermögenswerte, die keine langfristigen Vermögenswerte darstellen (zB Vorräte, Forderungen) sind nach den jeweiligen Vorschriften (zB IAS 2, IAS 39) unmittelbar vor Klassifizierung als „zur Veräußerung gehalten" zu bewerten (IFRS 5.18). In einem zweiten Schritt ist für die gesamte Gruppe von Vermögenswerten der beizulegende Zeitwert abzüglich Veräußerungskosten zu ermitteln und den aufsummierten Buchwerten aller Posten gegenüberzustellen. Sofern die Buchwerte den beizulegenden Zeitwert überschreiten, ist eine Wertminderung („impairment") zu Lasten ausschließlich der langfristigen Vermögenswerte zu erfassen. Die Zuteilung der Wertminderung folgt dabei den allgemeinen Regeln des IAS 36, dh buchwertproportional (IFRS 5.23 iVm IAS 36).

In Folgeperioden ist der beizulegende Zeitwert abzüglich Veräußerungskosten zu prüfen. Sollte der beizulegende Zeitwert abzüglich Veräußerungskosten den Buchwert (oder die kumulierten Buchwerte) unterschreiten, ist zusätzlicher Wertminderungsaufwand zu erfassen. Steigt hingegen der beizulegende Zeitwert abzüglich Veräußerungskosten, so ist eine Zuschreibung vorzunehmen, allerdings nur im Umfang von bisher nach IAS 36 und IFRS 5 vorgenommenen außerplanmäßigen Wertminderungen (IFRS 5.21 ff). Die Zuschreibung folgt dabei ebenfalls den allgemeinen Grundsätzen des IAS 36, dh proportional zu den Buchwerten der langfristigen Vermögenswerte.

Sollte eine Gruppe von Vermögenswerten einen Geschäfts- oder Firmenwert umfassen, so sind auftretende Wertminderungen primär mit diesem zu verrechnen. Eine spätere Zuschreibung für Geschäfts- und Firmenwerte scheidet hingegen aus.

Werden die Kriterien des IFRS 5 zur Klassifizierung als „zur Veräußerung gehalten" nicht mehr erfüllt, so ist ein bisher als „zur Veräußerung gehaltener" langfristiger Vermögenswert mit dem niedrigeren der beiden Werte anzusetzen (IFRS 5.27):

- fortgeführter Buchwert des langfristigen Vermögenswertes, so als hätte eine Klassifizierung nach IFRS 5 niemals stattgefunden und
- erzielbarer Betrag zum Zeitpunkt der späteren Entscheidung, nicht zu verkaufen.

US GAAP   Vergleichbar mit IFRS (FAS 144.34).

HGB   Es bestehen keine spezifischen Regelungen im HGB.

3. Ausweis

IFRS   Zum Zeitpunkt der Klassifizierung als „zur Veräußerung gehalten" ist der langfristige Vermögenswert nicht mehr im Rahmen des Anlagevermögens, sondern in einer eigenen Zeile im Umlaufvermögen auszuweisen (IAS 1.68A).

US GAAP   Vergleichbar mit IFRS (FAS 144.46).

HGB   Es bestehen keine spezifischen Regelungen im HGB.

4. Relevante Vorschriften

IFRS   IAS 1, IFRS 5.

US GAAP   FAS 144.

I. Finanzielle Vermögenswerte

1. Definition

IFRS   IAS 39.8 verweist auf IAS 32.11 und definiert finanzielle Vermögenswerte als:

- flüssige Mittel;
- ein vertraglich festgelegtes Recht, flüssige Mittel oder andere finanzielle Vermögenswerte von einem anderen Unternehmen zu erhalten;
- ein vertraglich festgelegtes Recht, Finanzinstrumente mit einem anderen Unternehmen unter potenziell vorteilhaften Bedingungen austauschen zu können; oder
- ein als Aktivum gehaltenes Eigenkapitalinstrument eines anderen Unternehmens.

Obige Definition beinhaltet derivative Finanzinstrumente, umfasst hingegen nicht Anteile an verbundenen Unternehmen, Joint Ventures und assoziierten Unternehmen (IAS 39.1).

US GAAP   Vergleichbar mit IFRS (FAS 115.137 – Definition, FAS 115.4 – Nichtanwendung).

HGB   Das österreichische HGB enthält keine Definition finanzieller Vermögenswerte. Auch wird im HGB keine besondere handelsrechtliche Einordnung der Finanzinstrumente entsprechend IFRS vorgenommen, es
müssen die allgemeinen handelsrechtlichen Bestimmungen herangezogen werden.

Zu Finanzinstrumenten sind nunmehr besondere Anhangangaben zu
machen. Seit Geschäftsjahren, die nach dem 31. Dezember 2003 beginnen, hat der Anhang folgende Angaben zu enthalten (§ 237a HGB):

- für jede Kategorie derivativer Finanzinstrumente: Art und Umfang der
  Finanzinstrumente und der beizulegende Wert, soweit sich dieser verlässlich ermitteln lässt, unter Angabe der Bewertungsmethode, des
  Buchwertes und des Bilanzpostens, in welchem der Buchwert erfasst ist;
- beim Unterbleiben einer außerplanmäßigen Abschreibung von zum
  Finanzanlagevermögen gehörenden Finanzinstrumenten, die über ihren beizulegenden Zeitwert ausgewiesen werden:
  - der Buchwert oder beizulegende Zeitwert der einzelnen Vermögensgegenstände oder angemessene Gruppierungen,
  - die Gründe für das Unterlassen der Abschreibung und
  - die Anhaltspunkte, die darauf hindeuten, dass die Wertminderung
    voraussichtlich nicht von Dauer sein wird.

2. Ansatz und erstmalige Bewertung

IFRS   Nach IFRS ist es vorgesehen, dass ein Unternehmen einen finanziellen
Vermögenswert nur dann in seiner Bilanz ansetzen darf und muss, wenn
es Vertragspartei zu den vertraglichen Regelungen des Finanzinstruments wird (IAS 39.14). Die Kosten bei erstmaliger Bewertung des Vermögenswertes bemessen sich am beizulegenden Zeitwert der hingegebenen Leistung sowie bei finanziellen Vermögenswerten, die nicht erfolgswirksam zum beizulegenden Zeitwert bewertet werden, einschließlich etwaiger Transaktionskosten (IAS 39.43).

US GAAP Vergleichbar mit IFRS (FAS 115.3).

HGB   Die handelsrechtliche Bewertung entspricht der Einzelbewertung nach
dem Anschaffungskostenprinzip.

3. Klassifizierung und Folgebewertung

Nach IFRS und US GAAP wird zwischen vier Kategorien finanzieller Vermögenswerte unterschieden. Klassifizierung und Fragen der Folgebewertung werden in
nachfolgender Übersicht erörtert.

Eine handelsrechtliche Einordnung entfällt in diesem Abschnitt, da hier, abgesehen
von der Einordnung in Finanzanlage- und Finanzumlaufvermögen, keine Trennung
in die einzelnen Finanzinstrumente vorgenommen wird. Es kommen die allgemeinen Regelungen zum Finanzanlage-/Umlaufvermögen zur Anwendung, das bedeutet, Wertpapiere sind zu den fortgeführten Anschaffungskosten zu bewerten.

Erfolgswirksam zum beizulegenden Zeitwert erfasste finanzielle Vermögenswerte ("At Fair Value through profit or loss")

Klassifizierung: In dieser Kategorie gibt es zwei Unterkategorien: zu Handelszwecken gehaltene finanzielle Vermögenswerte und finanzielle Vermögenswerte, die zu Beginn in diese Kategorie eingestuft werden.

A) Designierte finanzielle Vermögenswerte

Klassifizierung: Schuld- und Eigentümerrechte verbriefende Wertpapiere, die bei erstmaliger Erfassung in der Bilanz in diese Kategorie gewidmet wurden.

IFRS	US GAAP
Diese Kategorie umfasst sowohl den Handelsbestand, der bereits bisher als Held-for-Trading zu klassifizieren war, als auch all jene Finanzinstrumente, die freiwillig in diese Kategorie gewidmet wurden.	Keine vergleichbaren Einschränkungen.
Die freiwillige Widmung ist nur dann möglich, wenn der beizulegende Zeitwert des finanziellen Vermögenswertes verlässlich bestimmt werden kann.	
Weiters ist Voraussetzung für eine freiwillige Widmung, dass entweder • ein finanzieller Vermögenswert mit einem trennungspflichtigen eingebetteten Derivat vorliegt; • eine Inkonsistenz in den Bilanzierungsvorschriften des IAS 39 vorliegt und diese durch die Designation reduziert werden kann ("Accounting Mismatch"); • der finanzielle Vermögenswert Teil eines Portfolios ist, dessen Performance auf Basis des beizulegenden Zeitwerts gemessen wird und darüber, basierend auf einer dokumentierten Investitions- oder Risikomanagementstrategie, an wesentliche Führungskräfte berichtet wird.	
Die Folgebewertung erfolgt zum beizulegenden Zeitwert (IAS 39.46).	
Realisierte und unrealisierte Gewinne und Verluste werden im Periodenergebnis erfasst (IAS 39.55).	

B) Zu Handelszwecken gehaltene finanzielle Vermögenswerte ("Held for Trading Investments")

Klassifizierung: Schuld- und Eigentümerrechte verbriefende Wertpapiere, die zum Zwecke des Verkaufs kurzfristig gehalten werden. Die Definition schließt für Spekulationszwecke gehaltene Wertpapiere ("short-term profit taking") sowie in bestimmten Fällen derivative Finanzinstrumente ein.

IFRS	US GAAP
Die Kriterien sind streng auszulegen. Abgestellt wird auf Kurzfristigkeit – entweder besteht die Absicht, die Vermögenswerte nur einen relativ kurzen Zeitraum zu halten, oder sind diese Bestandteil eines Portfolios, das zum Zweck der kurzfristigen Gewinnrealisierung gehalten wird (IAS 39.10).	Vergleichbar mit IFRS. Häufiges Kaufen und Verkaufen wird als Indiz für eine bestehende Handelsabsicht gedeutet (FAS 115.12).
Die Folgebewertung erfolgt zum beizulegenden Zeitwert (IAS 39.46).	Vergleichbar mit IFRS (FAS 115.12).
Realisierte und unrealisierte Gewinne und Verluste werden im Periodenergebnis erfasst (IAS 39.55).	Vergleichbar mit IFRS (FAS 115.13).

Bis zur Endfälligkeit zu haltende Finanzinvestitionen ("Held-to-Maturity Investments")

Klassifizierung: Finanzielle Vermögenswerte, die das Unternehmen bis zur Endfälligkeit halten will und kann. Hierunter fallen nur Vermögenswerte mit festen oder bestimmbaren Zahlungen sowie einer festen Laufzeit. Eigentümerrechte verbriefende Wertpapiere können per definitionem nicht dieser Kategorie angehören, da sie eine unbestimmte „Laufzeit" haben.

IFRS	US GAAP
Das Unternehmen muss die feste Absicht und Fähigkeit haben, einen finanziellen Vermögenswert mit fester Laufzeit bis zur Endfälligkeit zu halten. Eine bloß vorübergehende, gegenwärtige Absicht reicht nicht aus (IAS 39.AG16).	Vergleichbar mit IFRS (FAS 115.7).
Die Folgebewertung erfolgt zu fortgeführten Anschaffungskosten unter Verwendung der Effektivzinsmethode ("Amortised Cost using the Effective Yield Method") (IAS 39.46 (b) iVm .B.27).	Vergleichbar mit IFRS (FAS 115.7).

Wenn ein Unternehmen mehr als einen unwesentlichen Teil der bis zur Endfälligkeit zu haltenden Finanzinvestitionen vor Endfälligkeit verkauft, darf es für zwei Geschäftsjahre keine finanziellen Vermögenswerte als „bis zur Endfälligkeit zu haltende" einstufen (so genanntes „Tainting"). Zudem sind alle bestehenden bis zur Endfälligkeit zu haltenden Finanzinvestitionen in die Kategorie zur Veräußerung verfügbare Vermögenswerte umzugruppieren (IAS 39.9).	Vergleichbar mit IFRS. Nach US GAAP ist jedoch keine Regelung zur Tainting-Thematik vorgesehen.

Kredite und Forderungen („Loans and Receivables")

Klassifizierung: Hierunter fallen finanzielle Vermögenswerte, die vom Unternehmen durch die direkte Bereitstellung von Bargeld, Waren oder Dienstleistungen an einen Schuldner geschaffen wurden, beispielsweise Industrieobligationen, Kundenkredite oder Forderungen aus Lieferungen und Leistungen. Dieser Begriff beinhaltet weder erworbene Kredite noch Forderungen.

IFRS	US GAAP
Die Folgebewertung erfolgt zu fortgeführten Anschaffungskosten unter Verwendung der Effektivzinsmethode (IAS 39.46 (a) ivm .B.26 und .B.27).	Diese Kategorie besteht nach US GAAP nicht. Es gibt jedoch branchenspezifische Standards. Grundsätzlich sind sämtliche Forderungen, die nicht in Form von Wertpapieren bestehen, mit ihren fortgeführten Anschaffungskosten unter Verwendung der Effektivzinsmethode zu bilanzieren.

Zur Veräußerung verfügbare finanzielle Vermögenswerte („Available-for-Sale Investments")

Klassifizierung: Es handelt sich um eine Auffangkategorie für alle nicht den zuvor aufgezählten Kategorien zuordenbaren finanziellen Vermögenswerte. Diese enthält insbesondere Anteilspapiere, es sei denn, diese werden zu Handelszwecken gehalten.

IFRS	US GAAP
Die Folgebewertung erfolgt zum beizulegenden Zeitwert (IAS 39.46). Unrealisierte Gewinne und Verluste werden, nach Abzug anteiliger zurechenbarer Steuern, im Eigenkapital erfasst und erst bei Verkauf, Wertminderung oder Einziehung ins Periodenergebnis umgebucht (IAS 39.55 (b)).	Wie IFRS, wobei jedoch die nicht börsennotierten Anteilspapiere ausgenommen sind (FAS 115.12). Änderungen im beizulegenden Zeitwert werden im Eigenkapital als „Other Comprehensive Income" erfasst (FAS 115.13).

4. Umklassifizierung

IFRS und US GAAP Umgruppierungen zwischen den einzelnen Kategorien werden nach IFRS und US GAAP (FAS 115.15) folgendermaßen behandelt.

a) Von der Kategorie „bis zur Endfälligkeit zu halten" in die Kategorie „zur Veräußerung verfügbar"

IFRS und US GAAP Ein Unternehmen muss einen als „bis zur Endfälligkeit zu haltenden" finanziellen Vermögenswert umklassifizieren, wenn sich die Absicht oder Fähigkeit des Unternehmens, bis zur Endfälligkeit zu halten, geändert hat, oder wenn die Realisierung kurzfristiger Gewinne, beispielsweise bei Spekulationsgeschäften, nachgewiesen werden kann.

Der Unterschiedsbetrag zwischen den fortgeschriebenen Anschaffungskosten und dem beizulegenden Zeitwert ist erfolgsneutral, um allfällige latente Steuern bereinigt, im Eigenkapital zu erfassen.

Solche Umklassifizierungen können so genannte „Tainting Provisions" nach sich ziehen. Diese ergeben sich aus der Tatsache, dass das Unternehmen im konkreten Einzelfall die Voraussetzungen für die Einordnung als „bis zur Endfälligkeit zu haltender" finanzieller Vermögenswert nachträglich nicht erfüllt hat mit der Konsequenz, dass sämtliche in dieser Kategorie geführten finanziellen Vermögenswerte verpflichtend umzuklassifizieren sind (Kategorie: „zur Veräußerung verfügbare" finanzielle Vermögenswerte) und auch in den kommenden zwei Jahren keine Neuzuweisungen zu dieser Kategorie zulässig sind.

b) In die Kategorie „bis zur Endfälligkeit zu halten"

IFRS und US GAAP Ein Unternehmen muss einen finanziellen Vermögenswert in folgenden Fällen als „bis zur Endfälligkeit zu halten" neu umklassifizieren: falls sich die Absicht oder Fähigkeit geändert hat; falls der beizulegende Zeitwert nicht mehr zuverlässig ermittelt werden kann; oder falls die zweijährige „Tainting"-Periode verstrichen ist. Im Zeitpunkt der Umklassifizierung wird der beizulegende Zeitwert als fortgeführte Anschaffungskosten unter Verwendung der Effektivzinsmethode uminterpretiert. Ein etwaiger in der Neubewertungsrücklage befindlicher Posten aus vergangenen Neubewertungen zum beizulegenden Zeitwert ist über die Restlaufzeit des finanziellen Vermögenswertes (der Kategorie „bis zur Endfälligkeit zu halten") erfolgswirksam aufzulösen. Ein etwaiger Unterschiedsbetrag zwischen tatsächlichem Fälligkeitsbetrag und fortgeführten Anschaffungskosten unter Verwendung der Effektivzinsmethode ist als Anpassung der Effektivverzinsung zu betrachten.

c) Kategorie „Erfolgswirksam zum beizulegenden Zeitwert erfasste finanzielle Vermögenswerte"

IFRS und US GAAP Eine Umgruppierung in die Kategorie „Erfolgswirksam zum beizulegenden Zeitwert erfasste finanzielle Vermögenswerte" ist nicht möglich. Gleichermaßen ist eine Umkategorisierung aus dieser Kategorie in eine andere Kategorie nicht mehr zulässig (IAS 39.50). Andererseits könnte eine Umwidmung von zu Handelszwecken gehaltenen finanziellen Vermögenswerten in diese Kategorie dann vorgenommen werden, wenn der seltene Fall eintritt, dass der beizulegende Zeitwert sich nun doch verlässlich ermitteln lässt. Bewertungsunterschiede zwischen den fortgeschriebenen Anschaffungskosten und dem beizulegenden Zeitwert sind im Periodenergebnis zu erfassen.

d) Kategorien „Kredite und Forderungen"

IFRS und US GAAP IFRS und US GAAP verbieten Umklassifizierungen aus dieser Kategorie heraus in irgendeine der anderen Kategorien.

5. Wertminderungen

IFRS und US GAAP IFRS und US GAAP sehen vergleichbare Regelungen zu Wertminderungen von finanziellen Vermögenswerten vor. IFRS verlangt, dass ein Unternehmen Wertminderungen in Betracht zieht, wenn Wertminderungsindikatoren vorliegen, wie etwa die Verschlechterung in der Kreditwürdigkeit eines Kontrahenten, ein tatsächlich erfolgter Vertragsbruch, eine hohe Konkurs-Wahrscheinlichkeit oder das Verschwinden eines aktiven Marktes für einen Vermögenswert (IAS 39.58 ff).

US GAAP verlangt die außerplanmäßige Abschreibung von finanziellen Vermögenswerten, wenn der Rückgang des beizulegenden Zeitwertes nicht bloß vorübergehender Natur ist. Einzubeziehende Faktoren sind die finanzielle Lage des Kontrahenten, die Dauer, für die der finanzielle Vermögenswert gehalten werden soll, um so gegebenenfalls von einer Werterholung zu profitieren, und die Länge der Zeitspanne, während derer der Markwert unter den Kosten gelegen hat (FAS 115.16).

Sowohl nach IFRS als auch nach US GAAP ist für finanzielle Vermögenswerte, die zu fortgeführten Anschaffungskosten bilanziert werden, der Wertminderungsverlust als Differenzbetrag aus Buchwert und erwartetem erzielbarem Betrag (dh Barwert der erwarteten künftigen Cash-Flows, abgezinst mit dem ursprünglichen effektiven Zinssatz des Finanzinstruments) zu ermitteln (IAS 39.63). Für zum beizulegenden Zeitwert bilanzierte finanzielle Vermögenswerte ist der erzielbare Betrag als Barwert der erwarteten künftigen Cashflows, abgezinst mit dem aktuellen Marktzinssatz, definiert. Wenn ein Verlust über die Neubewertungsrücklage im Eigenkapital erfasst wurde, sollte dieser bei Vorliegen einer Wertminderung ergebniswirksam aus der Neubewertungsrücklage ausgebucht werden (IAS 39.67). Für Eigenkapitalwerte, deren beizulegender Zeitwert nicht verlässlich ermittelt werden kann, ist der Vergleichswert auf Grund der erwarteten Zahlungsströme, abgezinst mit der aktuellen Marktrendite für vergleichbare Investitionen zu ermitteln (IAS 39.66).

Nach IFRS ist die ergebniswirksame Erfassung von Wertminderungen vorgesehen, sobald diese festgestellt werden. Hinsichtlich „bis zur Endfälligkeit zu haltender" finanzieller Vermögenswerte werden nach US GAAP nachträgliche Änderungen des beizulegenden Zeitwertes erst im Zeitpunkt ihrer Realisierung (typischerweise bei Endfälligkeit) ergebniswirksam erfasst. Wertminderungsverluste aus zur Veräußerung verfügbarer finanzieller Vermögenswerte werden im „Other Comprehensive Income" erfasst und im Zeitpunkt der Realisierung (typischerweise bei Veräußerung) ergebniswirksam erfasst.

US GAAP verbietet die Umkehrung von zuvor bilanzierten Wertminderungsverlusten. Unabhängig von der Kategorisierung eines finanziellen Vermögenswertes verlangt IFRS, dass Werterhöhungen infolge zuvor bilanzierter Wertminderungen im Periodenergebnis zu erfassen sind. Lediglich bei Eigenkapitaltiteln, die in die Kategorie „zur Veräußerung verfügbar" gewidmet wurden, ist die Wertaufholung zur Gänze erfolgsneutral im Eigenkapital zu erfassen.

6. Ausbuchungen

IFRS und   Nach IFRS und nach US GAAP wird auf das Konzept der Verfügungs
US GAAP   macht abgestellt. Finanzielle Vermögenswerte werden bei Erlangung der

Verfügungsmacht aktiviert und bei einem Wegfall der Verfügungsmacht ausgebucht.

7. Kontrolle versus Risiko- und Gewinnansatz

IFRS Ein finanzieller Vermögenswert oder ein Teil davon ist auszubuchen, wenn das Unternehmen die im Vertrag vorgesehenen Nutzungsrechte realisiert, die Rechte verfallen, das Unternehmen seine Rechte aufgibt oder auf andere Art und Weise die Verfügungsmacht über die Rechte verliert (IAS 39.17). Problematisch ist dies in der Regel bei so genannten Asset Backed Securities, bei denen Vermögenswerte verbrieft und in großer Anzahl veräußert werden. Ein Abgang ist nur dann zu buchen, wenn das Unternehmen das Recht auf den Erhalt der Cash-Flows verliert oder es die erhaltenen Cash-Flows ohne nennenswerte Verzögerungen weiterreichen muss (zB echter Forderungsverkauf).

Dabei ist zu beachten, dass nunmehr eine klare Regelung getroffen wurde. Sofern es sich nicht nur um ein so genanntes „Pass-through-Arrangement" handelt und damit das übertragende Unternehmen noch Rechte oder Verpflichtungen zurückbehält, ist zuerst nach dem Risiko- und Gewinnansatz zu prüfen, ob alle wesentlichen Risiken und Chancen übergegangen sind bzw nur unwesentliche Risiken und Chancen zurückbehalten wurden. Erst wenn auf Grund dieser Prüfung keine klare Aussage getroffen werden kann, kommt der Kontrollansatz zur Anwendung. Ein Verlust der Kontrolle kann unter den folgenden Umständen angenommen werden: Der Empfänger hat das Recht, frei von allen Einschränkungen, den Vermögenswert zu verpfänden oder zu veräußern, und der Übertragende behält keine effektive Verfügungsmacht am übertragenen Vermögenswert, das bedeutet, es bestehen keine Rückkaufklauseln, es sei denn, der Vermögenswert ist jederzeit am Markt verfügbar oder der Rückkaufpreis entspricht dem beizulegenden Zeitwert zum Zeitpunkt des Rückerwerbs.

Kann auch durch die Anwendung des Kontrollansatzes keine Aussage getroffen werden, kommt der so genannte „Continuing Involvement Approach" zur Anwendung.

Wenn ein Vermögenswert durch Verkauf an eine Zweckgesellschaft („Special Purpose Entity") ausgebucht wird, kann sehr wohl die Verpflichtung zur Konsolidierung der Zweckgesellschaft bestehen.

Mit der Ausbuchung ist die Differenz zwischen dem empfangenen Betrag und dem Buchwert des Vermögenswertes ergebniswirksam in der Gewinn- und Verlustrechnung zu erfassen. Eine etwaige im Eigenkapital ausgewiesene, den Vermögenswert betreffende Neubewertungsrücklage, ist ebenfalls in der Gewinn- und Verlustrechnung zu erfassen. Sämtliche neuen, aus der Transaktion resultierenden Vermögenswerte oder Schulden, sind mit dem beizulegenden Zeitwert zu erfassen.

US GAAP Vergleichbar mit IFRS, sobald ein Unternehmen die Verfügungsmacht über einen finanziellen Vermögenswert oder einen Teil davon aufgibt, ist der Aktivposten auszubuchen. Andernfalls wird die Transaktion als Ausleihung interpretiert, welche durch den „verkauften" Vermögenswert gesichert ist. Weiters wird nach US GAAP unter gewissen Umständen eine rechtlich wirksame Loslösung des finanziellen Vermögenswertes vom Übertragenden (auch im Falle eines Konkurses oder einer Konkursverwaltung) als notwendige Voraussetzung für die Ausbuchung eines finanziellen Vermögenswertes verlangt (FAS 125.9).

8. Relevante Vorschriften

IFRS   IAS 32, IAS 39, SIC-12.

US GAAP FAS 115, FAS 125.

HGB   § 237a.

VIII. Schulden

A. Rückstellungen

1. Ansatz

IFRS   Rückstellungen sind Schulden, die bezüglich ihrer Fälligkeit oder ihrer Höhe ungewiss sind (IAS 37.10). Eine Rückstellung ist gemäß IAS 37.14 dann anzusetzen, wenn folgende Kriterien erfüllt sind:

- Aus einem Ereignis der Vergangenheit resultiert eine gegenwärtige, rechtliche oder faktische Verpflichtung gegenüber Dritten („Present Legal or Constructive Obligation") des Unternehmens.
- Es ist wahrscheinlich, dass der Abfluss von Ressourcen mit wirtschaftlichem Nutzen zur Erfüllung dieser Verpflichtung erfolgen wird (Wahrscheinlichkeit der Inanspruchnahme).
- Die Höhe der Verpflichtung ist zuverlässig schätzbar.

Eine gegenwärtige Verpflichtung entsteht aus einem verpflichtenden Ereignis und kann als rechtliche oder faktische Verpflichtung ausgestaltet sein. Für das Unternehmen besteht bei verpflichtenden Ereignissen bei objektiver Betrachtung keine realistische Alternative, die Verpflichtung nicht zu erfüllen. Wenn das Unternehmen hingegen das Anfallen künftiger Aufwendungen durch künftige Aktivitäten vermeiden kann, so besteht zum Bilanzstichtag keine gegenwärtige Verpflichtung und die Bildung einer Rückstellung ist nicht zulässig.

Hinsichtlich der Wahrscheinlichkeit des Abflusses von Ressourcen werden nach IAS 37 die Begriffe „Probable", „Possible" und „Remote" verwendet. „Probable" ist im Sinne von „More Likely Than Not" zu verstehen (IAS 37.23), geht also von einer Wahrscheinlichkeit von mehr als 50 % aus. Nur im Falle von „Probable" kommt es, soweit auch die übrigen Kriterien erfüllt sind, zum Ansatz einer Rückstellung.

Der Ansatz von Rückstellungen für zukünftige Kosten einschließlich Kosten im Zusammenhang mit vorgeschlagenen, aber noch nicht in Kraft getretenen Gesetzen ist untersagt. Ebenso dürfen für Aufwendungen der künftigen Geschäftstätigkeit keine Rückstellungen angesetzt werden (IAS 37.18).

US GAAP   Vergleichbar mit IFRS, wobei einige Standards für spezielle Formen von Rückstellungen bestehen, etwa für Rückstellungen aus Umweltverpflichtungen und für Restrukturierungsmaßnahmen (CON 6.35 ff, FAS 5, FAS 38, SOP 94-6, EITF 93-5, EITF 94-3).

Hinsichtlich der Wahrscheinlichkeit des Abflusses von Ressourcen werden nach US GAAP die Begriffe „Probable", „Reasonably Possible" und „Remote" verwendet. Wie nach IFRS kommt es nur im Fall von probable zum Ansatz einer Rückstellung. Probable ist nach US GAAP als „Likely to Occur" zu verstehen und führt seltener zur Rückstellungsbildung als dies nach IFRS der Fall ist, da nach US GAAP ein höherer Wahrscheinlichkeitsprozentsatz als 50% gefordert wird.

HGB   Nach HGB kann zwischen Verbindlichkeits- und Aufwandsrückstellungen unterschieden werden, die Bildung von Aufwandsrückstellungen ist nach internationalen Vorschriften unzulässig. Handelsrechtliche Rückstellungen beruhen nicht nur auf Verpflichtungen gegenüber einem Dritten, die aus einem in der Vergangenheit liegenden Ereignis resultieren, sondern vor allem auch auf einer drohenden Inanspruchnahme am Abschlussstichtag, die jedoch hinsichtlich ihrer Höhe oder dem Zeitpunkt ihres Eintritts nach ungewiss ist. Der handelsrechtliche Rückstellungsbegriff ist weiter als jener nach IFRS bzw nach US GAAP, einige handelsrechtliche Rückstellungsverpflichtungen sind international als Verbindlichkeiten („Accruals") auszuweisen.

Infolge des Vorsichtsprinzips müssen für die handelsrechtliche Passivierungspflicht weniger strenge Voraussetzungen als nach IFRS vorliegen. Das bedeutet, die Wahrscheinlichkeit der Rückstellungsbildung ist nach HGB sehr hoch, nach US GAAP vergleichsweise geringer, die Wahrscheinlichkeit der Rückstellungsbildung nach IFRS wird zwischen diesen beiden Werten anzusiedeln sein.

Es besteht Passivierungspflicht bezüglich bestimmter, im Gesetz normierter Tatbestände, wobei die Aufzählung im Gegensatz zum Steuerrecht demonstrativ gehalten ist (§ 198 Abs 8 HGB). Der steuerliche Anwendungsbereich ist demgegenüber deutlich eingeschränkt und beruht auf einer taxativen Aufzählung (§ 9 EStG).

2. Bewertung

IFRS   Der als Rückstellung angesetzte Betrag entspricht der bestmöglichen Schätzung der Aufwendungen, die zur Erfüllung der gegenwärtigen Verpflichtung zum Bilanzstichtag erforderlich sind (IAS 37.36). Die Schätzungen hängen von der Bewertung des Managements, zusammen mit Erfahrungswerten aus ähnlichen Transaktionen und, im Bedarfsfall, unabhängigen Sachverständigengutachten ab (IAS 37.38).

Bei einer wesentlichen Wirkung des Zinseffektes ist eine Rückstellung in Höhe des Barwertes der erwarteten Ausgaben unter Verwendung eines risikofreien Zinssatzes anzusetzen (IAS 37.45).

Wenn Erstattungen einer anderen Partei im Zusammenhang mit einer rückgestellten Verpflichtung erwartet werden, so dürfen diese nur angesetzt werden, wenn ihr Erhalt so gut wie sicher ist (IAS 37.53). Eine Saldierung der Rückstellung mit der Forderung auf Erstattung ist nicht zulässig, ausgenommen die erstattende Partei ist primär für die Zahlung haftbar.

US GAAP   Vergleichbar mit IFRS. Allerdings wird bei Vorliegen einer Bandbreite gleich wahrscheinlicher Schätzbeträge die Untergrenze der Bandbreite an Stelle des Mittelpunkts für die Bemessung der Rückstellung gewählt (FIV 14.3 iVm FAS 5.8). Eine Rückstellung sollte nur dann mit ihrem Barwert angesetzt werden, wenn die Zeitpunkte der zukünftigen Zahlungsströme feststehen.

HGB   Der handelsrechtliche Ansatz erfolgt mit dem nach kaufmännischer Beurteilung notwendigen Wert. Das ist jener Betrag, mit dem die Gesellschaft voraussichtlich in Anspruch genommen werden wird, oder der zur Risikoabdeckung benötigt wird. Im Falle mehrerer wahrscheinlicher Werte erfolgt die Bewertung unter Berücksichtigung des Vorsichtsprinzips (§ 211 Abs 1 HGB).

3. Restrukturierungsrückstellungen

IFRS   Im Falle einer Restrukturierung ist von einer gegenwärtigen Verpflichtung nur dann auszugehen, wenn das Unternehmen eine konkrete Verpflichtung zur Vornahme von Restrukturierungsmaßnahmen eingegangen ist. Dies ist dann als gegeben anzunehmen, wenn eine rechtliche oder eine faktische Verpflichtung in Form eines detaillierten, formalen Restrukturierungsplans besteht (IAS 37.72), von dem das Unternehmen nicht mehr zurücktreten kann. Entweder wurde bereits mit der Umsetzung begonnen, oder wurde bei den Betroffenen (beispielsweise Betriebsrat) durch Ankündigung der wesentlichen Bestandteile des Plans vor dem Bilanzstichtag die gerechtfertigte Erwartung geweckt, dass die Restrukturierungsmaßnahmen durchgeführt werden.

Ein detaillierter Restrukturierungsplan muss zumindest folgende Angaben enthalten:
- die betroffenen Geschäftsbereiche oder Teile eines Geschäftsbereiches,
- die wichtigsten betroffenen Standorte,
- Standort, Funktion und ungefähre Anzahl der Mitarbeiter, die eine Abfindung erhalten werden,
- die entstehenden Ausgaben und
- den Umsetzungszeitpunkt des Plans.

Sind Verzögerungen hinsichtlich der Implementierung der Restrukturierungsmaßnahmen absehbar, oder ist zu erwarten, dass der Abschluss des Restrukturierungsprozesses unverhältnismäßig weit in der Zukunft liegen wird, dann ist die Bildung einer Rückstellung zum Bilanzstichtag nicht gerechtfertigt.

US GAAP   Weitgehend vergleichbar mit IFRS (FAS 146).

HGB   Es besteht keine spezifische Regelung für Restrukturierungsrückstellungen. Der Ansatz von Restrukturierungsrückstellungen könnte im Rahmen der Bildung von Rückstellungen für ungewisse Verbindlichkeiten erfolgen, wobei die Verlautbarung auch nach dem Bilanzstichtag, innerhalb des Werterhellungszeitraums liegen kann. Falls jedoch Bestand und Höhe der Verpflichtung, nicht jedoch die Fälligkeit feststehen, ist handelsrechtlich eine Verbindlichkeit zu bilden.

4. Belastende Verträge

IFRS   IAS 37 verbietet grundsätzlich den Ansatz von Rückstellungen für künf-

tige operative Verluste (IAS 37.18). Eine Ausnahme gilt für belastende
Verträge („Onerous Contracts"). Diese sind dadurch gekennzeichnet,
dass die unvermeidbaren Kosten zur Erfüllung der vertraglichen Verpflichtungen höher sind als der aus dem Vertrag erwartete wirtschaftliche
Nutzen (IAS 37.10). Die gegenwärtige Verpflichtung ist als Rückstellung
anzusetzen und zu bewerten. Ein in der Praxis häufig auftretender Fall
betrifft die Grundmietzeit unkündbarer Leasingverträge, wobei das Lea-
singobjekt, etwa ein Bürogebäude, auf Grund geänderter Umstände
nicht weiter vom Leasingnehmer genutzt wird.

US GAAP Vergleichbar mit IFRS. Im Detail bestehen Regelungen hinsichtlich operativen Leasingverhältnissen. Aktivierte Mietereinbauten und Kosten der
vorzeitigen Beendigung eines Leasingverhältnisses abzüglich Einnahmen
aus einem möglichen Subleasing, auch wenn die Gesellschaft nicht beabsichtigt ein derartiges einzugehen, sind zu jenem Zeitpunkt im Periodenergebnis zu erfassen, zu dem feststeht, dass kein wirtschaftlicher Nutzen
mehr für den Leasingnehmer gegeben ist (FAS 146.16).

HGB Für belastende Verträge kommt handelsrechtlich die Bildung von Rückstellungen für ungewisse Verbindlichkeiten und für drohende Verluste
aus schwebenden Geschäften in Betracht (§ 198 Abs 8 Z 1 HGB), wobei
geringere Anforderungen als nach internationalen Vorschriften gestellt
werden. Künftige Verbindlichkeiten und Verluste sollen bereits in jener
Periode erfasst werden, in der sie erkennbar sind.

5. Laufende Projekte (IASB)

Exposure Draft – Amendment to IAS 37

Im Rahmen dieses Entwurfes werden einzelne Definitionen des IAS 37 überarbeitet
und die Ansatz- und Bewertungsvorschriften teilweise grundlegend geändert.

Der bisherige Begriff Rückstellung („Provision") wird durch die Definition nicht-finanzielle Schuld („non-financial liability) ersetzt. Auch werden Eventualschulden
gänzlich neu definiert. So ist zukünftig zu unterscheiden, ob es sich um bedingte
(„conditional obligations") oder unbedingte Verpflichtungen („unconditional obligations") handelt. Des Weiteren enthält der Entwurf eine Klarstellung, wann von
einer für den Ansatz einer Rückstellung ausreichenden faktischen Verpflichtung ausgegangen werden kann.

Während nach den bestehenden Regelungen eine Rückstellung passiviert werden
musste, wenn – neben anderen Bedingungen – die Wahrscheinlichkeit einer Inanspruchnahme mit größer 50% eingestuft wurde, wird das Wahrscheinlichkeitskon-
zept im Entwurf verworfen. Wenn eine unbedingte Verpflichtung vorliegt, so ist diese
zu bilanzieren, während bedingte Verpflichtungen nicht für eine Passivierung qualifiziert. Unsicherheiten sollen somit nicht beim Ansatz, sondern im Rahmen der Bewertung Berücksichtigung finden.

Nicht-finanzielle Schulden sind mit dem Betrag anzusetzen, der aufgewandt werden
müsste, um die Schuld am Bilanzstichtag zu begleichen oder an einen fremden Dritten zu übertragen. Der Betrag, der mit der höchsten Einzelwahrscheinlichkeit aufgewandt werden wird, dürfte zukünftig nicht mehr zwingend dem Bewertungskonzept

des überarbeiteten IAS 37 entsprechen. Vielmehr könnten erwartete Zahlungsmittel-abflüsse in die Berechnung einfließen.

Zusätzlich werden die Ansatzvoraussetzungen für Restrukturierungsrückstellungen verschärft. Die Ausarbeitung eines Restrukturierungsplanes alleine bildet keine aus-reichende Grundlage für den Ansatz einer Rückstellung. Vielmehr darf eine Passivie-rung nur dann erfolgen, wenn eine Verbindlichkeit vorliegt. So darf eine Rückstellung für eine bevorstehende Vertragsbeendigung (zB mit einem Lieferanten) im Zuge ei-ner Restrukturierung erst dann gebildet werden, wenn der Vertrag mit dem Vertrags-partner gekündigt wurde. Sofern Restrukturierungsrückstellungen Personalkosten zum Inhalt haben, sind diese Vorgänge künftig nach IAS 19 und nicht mehr nach IAS 37 zu bilanzieren.

Rückstellungen für nachteilige Verträge dürfen nur dann erfasst werden, wenn eine Verbindlichkeit besteht. Sofern ein Vertrag durch das eigene Verhalten eines Unter-nehmens nachteilig wird, also die Kosten den Nutzen aus dem Vertrag übersteigen (zB bei einem im Rahmen eines Operating Leasingverhältnisses gemieteten Gebäude, das nicht bis zum Ende der Vertragslaufzeit genutzt wird), so ist eine Rückstellung erst ab dem Zeitpunkt anzusetzen, ab dem das Unternehmen das entsprechende Ver-halten gesetzt hat (zB erst ab Auszug aus dem Gebäude). Im Übrigen wird vorge-schrieben, dass bei der Bemessung der Rückstellung eines nachteiligen Leasingver-trags Einnahmen aus Untermietverhältnissen in Abzug zu bringen sind, sofern diese realistischerweise erwartet werden können, auch wenn das Unternehmen keine Un-termietung beabsichtigt.

IFRIC 6 – Liabilities Arising from Participating in a Specific Market – Waste Electrical and Electronic Equipment

Die Interpretation regelt die bilanziellen Konsequenzen der Richtlinie der Europäi-schen Union über die Elektro- und Elektronik-Altgeräte. Nach dieser Interpretation ist eine Rückstellung für die Rücknahme der Altgeräte, die vor dem 13. August 2005 an private Haushalte geliefert wurden, erst zu dem Zeitpunkt zu erfassen, zu dem der Marktanteil des Unternehmens betreffend der jeweiligen Produkte bestimmt wird. Die Lieferung der Altgeräte selbst stellt hingegen nicht das verpflichtende Ereignis dar, das den Ansatz einer Rückstellung begründen könnte.

6. Relevante Vorschriften

IFRS   IAS 37, IFRIC 1, IFRIC 5, IFRIC 6.

US GAAP   FAS 5, FAS 38, FAS 146, EITF 93-5, SOP 94-6, SOP 96-1, CON 6, FIV 14.

HGB   §§ 198, 211; EStG: § 9.

B. Eventualforderungen/-schulden

1. Eventualforderungen

IFRS   Eventualforderungen („Contingent Assets") stellen mögliche Vermö-gerszuflüsse dar, die aus vergangenen Ereignissen resultieren und deren

Existenz durch das Eintreten oder Nichteintreten eines oder mehrerer unsicherer künftiger Ereignisse, die nicht vollständig unter der Kontrolle des Unternehmens stehen, erst noch bestätigt wird (IAS 37.10). Wenn die Realisierung des mit der Eventualforderung verbundenen Nutzens so gut wie sicher ist („Virtually Certain"), wie beispielsweise im Falle einer Versicherungsdeckung, ist ein entsprechender Vermögenswert anzusetzen (IAS 37.35). Im Regelfall wird dabei auf das Anerkenntnis der Versicherung abgestellt.

US GAAP Grundsätzlich vergleichbar mit IFRS, wobei jedoch die Schwelle für den Ansatz von Versicherungsrückvergütungen niedriger ausfällt als nach IFRS: Die Rückvergütung muss wahrscheinlich sein („Probable"; „Likely to Occur") und nicht so gut wie sicher („Virtually Certain").

HGB Der Ausweis von Eventualforderungen ist nach HGB nicht vorgesehen.

2. Eventualschulden

IFRS Eventualschulden („Contingent Liabilities") stellen mögliche Verpflichtungen dar, die aus vergangenen Ereignissen resultieren und deren Existenz durch das Eintreten oder Nichteintreten eines oder mehrerer unsicherer künftiger Ereignisse, die nicht vollständig unter der Kontrolle des Unternehmens stehen, erst noch bestätigt wird. Eventualschulden sind auch gegenwärtige Verpflichtungen, die nicht erfasst werden, weil ein Abfluss von Ressourcen mit wirtschaftlichem Nutzen zur Erfüllung dieser Verpflichtung nicht wahrscheinlich ist (da das Ausmaß der Wahrscheinlichkeit in die Kategorie „Possible" fällt, im Vergleich zu „Probable" und „Remote"), oder weil die Höhe der Verpflichtung nicht mit hinreichender Zuverlässigkeit geschätzt werden kann (IAS 37.10). In diesem Fall ist die Eventualschuld im Anhang anzugeben, es sei denn, die Möglichkeit eines Abflusses von Ressourcen mit wirtschaftlichem Nutzen ist unwahrscheinlich („Remote").

US GAAP Vergleichbar mit IFRS, wobei der bedeutungsgleiche Begriff „Reasonably Possible" an Stelle von „Possible" verwendet wird. Der Begriff „Reasonably Possible" ist weiter zu sehen als der IFRS-Begriff „Possible".

HGB Verbindlichkeiten nach HGB, mit deren Eintritt üblicherweise nicht gerechnet wird, sind als „Haftungsverhältnisse" unter der Bilanz auszuweisen. Sobald die Inanspruchnahme des Unternehmens wahrscheinlich ist, müsste ein Bilanzposten ausgewiesen werden. Haftungsverhältnisse sind beispielsweise Haftungen aus der Übertragung und Begebung von Wechseln, Bürgschaften, harte Patronatserklärungen und Sicherungsrechte (§ 199 HGB).

Sonstige finanzielle Verpflichtungen, die weder als Verbindlichkeiten in der Bilanz noch als Haftungsverhältnisse unter der Bilanz auszuweisen sind, müssen mit ihrem Gesamtbetrag im Anhang angegeben werden, sofern sie für die Beurteilung der Finanzlage von Bedeutung sind (§ 237 Z 8 HGB).

3. Relevante Vorschriften

IFRS   IAS 37.

US GAAP FAS 5.

HGB   §§ 199, 237.

C. Latente Steuern

1. Darstellung

THEMATIK	IFRS	US GAAP	HGB
Allgemeine Betrachtungen			
Grundlegender Ansatz.	Rückstellungsbildung in voller Höhe (IAS 12.15).	Rückstellungsbildung in voller Höhe (FAS 109.16 iVm FAS 109.17b).	Rückstellung in Höhe des nach der Saldierung mit einer allfällig gebildeten aktiven Steuerabgrenzung verbleibenden Betrages.
Basis für Ermittlung latenter Steueransprüche und -schulden (Deferred Tax Assets and Liabilities).	Temporäre Differenzen („Temporary Differences") – Unterschied zwischen dem bilanziellen Wert eines Vermögenswertes oder einer Schuld (mit Ausnahmen, siehe dazu später) (IAS 12.15).	Vergleichbar mit IFRS (FAS 109.16).	Zeitlich begrenzte Differenzen („Timing-Differences") – Unterschied zwischen handelsrechtlichem Ergebnis und zu versteuerndem Gewinn. Der Begriff der timing differences ist enger gefasst als jener der „Temporary Differences".
Ausnahmetatbestände: Temporäre Differenzen, die nicht zum Ansatz latenter Steuern führen.	Firmenwert: falls dieser für Steuerzwecke nicht abzugsfähig ist, würde keine zu versteuernde temporäre Differenz („Taxable Temporary Difference") entstehen (IAS 12.15).	Vergleichbar mit IFRS (FAS 109.9d).	Nach HGB werden permanente Differenzen nicht abgegrenzt. Hinsichtlich quasi-permanenter Differenzen bestehen Auffassungsunterschiede: In Anlehnung an die internationalen Regelungen sollten aber alle angesetzt werden.
	Negativer Unterschiedsbetrag: falls dieser für Steuerzwecke nicht steuerbar ist, würde keine abzugsfähige temporäre Differenz („Deductible Temporary Difference") entstehen (IAS 12.24).	Vergleichbar mit IFRS (FAS 109.30).	
	Erstmalig angesetzte Vermögenswerte oder Schulden: sofern diese aus Geschäftsvorfällen resultieren, die nicht Unternehmenszusammenschlüsse sind und die zum Zeitpunkt des Geschäftsvorfalles weder	Obwohl die IFRS Terminologie nicht verwendet wird, trifft dieser Ausnahmetatbestand in den meisten Fällen in ähnlicher Weise zu. Latente Steuern werden allerdings unter bestimmten Umständen für Zuwen-	

THEMATIK	IFRS	US GAAP	HGB
	das handelsrechtliche Periodenergebnis (vor Ertragsteuern) noch das zu versteuernde Ergebnis berühren (IAS 12.15 und .24). Es bestehen keine vergleichbaren Regelungen.	dungen der öffentlichen Hand und investitionssteuerliche Gutschriften gebildet. Sondervorschriften bestehen hinsichtlich latenter Steuern auf fremdfinanzierte Leasingverhältnisse („Leveraged Leases") (FAS 109.9c, FAS 109.126, FAS 109.256).	
Einzelfallbetrachtungen			
Nicht-realisierte Zwischengewinne im Konzern, beispielsweise aus Vorratsverkäufen.	Der Ansatz der latenten Steuern erfolgt mit dem Steuersatz des Käufers.	Der Käufer darf in seinen Büchern keine latenten Steuern ansetzen. Der Steuersatz des Verkäufers kommt zum Ansatze (FAS 109.9).	Latente Steuern auf Zwischengewinne und -verluste sind gem § 258 anzusetzen. Es ist grundsätzlich der Steuersatz des liefernden Unternehmens anzuwenden.
Neubewertung von Sachanlagevermögen und immateriellen Vermögenswerten.	Latente Steuern sind im Eigenkapital zu erfassen, falls die Neubewertung das zu versteuernde Ergebnis nicht beeinflusst (IAS 12.20 iVm IAS 12.61).	Nicht anwendbar, da eine Neubewertung verboten ist.	Nicht anwendbar, da eine Neubewertung verboten ist.
Neubewertung von finanziellen Vermögenswerten.	Latente Steuern, die auf Grund der nach IAS 39 geforderten ergebnisneutralen Neubewertung von zur Veräußerung verfügbaren finanziellen Vermögenswerte auf den beizulegenden Zeitwert entstehen, sind – wie die unmittelbare Anpassung auf den beizulegenden Zeitwert (Ausnahme: Impairment!) – im Eigenkapital zu erfassen (IAS 12.20 iVm IAS 12.61).	Alle zur Veräußerung verfügbaren finanziellen Vermögenswerte (und die korrespondierenden latenten Steuern) sind im Eigenkapital zu erfassen.	Nicht anwendbar.
Wechselkursdifferenzen aus der Umrechnung von Jahresabschlüssen von nicht-selbständigen ausländischen Geschäftsbetrieben (beispielsweise eine ausländische Zweigniederlassung).	Latente Steuern werden als Unterschiedsbetrag zwischen dem Buchwert auf der Basis historischer Wechselkurse und dem Steuerwert auf der Basis des Wechselkurses am Bilanzstichtag angesetzt (IAS 12.41).	Es entstehen keine latenten Steuern aus der Umbewertung von Vermögenswerten und Schulden von lokaler in funktionale Währung resultierend aus Wechselkursänderungen oder steuerlich motivierten Indexierungen (FAS 109.9 f).	Nicht anwendbar.

THEMATIK	IFRS	US GAAP	HGB
Anteile an Tochter-unternehmen – Behandlung von nicht ausgeschütteten Gewinnen.	Ansatz latenter Steuern mit Ausnahme des Falls, dass das Mutterunter-nehmen die Aus-schüttungspolitik des Tochterunternehmens kontrollieren kann und es wahrscheinlich ist, dass sich die temporäre Differenz in absehbarer Zukunft nicht umkehren wird (IAS 12.39 ff).	Vergleichbar mit IFRS. Nach 1992 entstandene temporäre Differenzen aus nicht ausgeschütte-ten Gewinnen inländi-scher Tochterunter-nehmen sind bilanzie-rungspflichtig, es sei denn, deren Gewinne können steuerfrei reali-siert werden und es besteht die konkrete Absicht, dies zu tun.	Nicht anwendbar.
Anteile an Joint Venture Unternehmen – Behandlung von nicht ausgeschütteten Gewinnen.	Ansatz latenter Steuern mit Ausnahme des Falls, dass der Investor die Ausschüttungspolitik des Joint Venture Unter-nehmens kontrollieren kann und es wahrschein-lich ist, dass sich die temporäre Differenz in absehbarer Zukunft nicht umkehren wird (IAS 12.39 ff).	Vergleichbar mit IFRS, aber für Investitionen in inländische Joint Venture Unternehmen in Form von Kapital-gesellschaften sind latente Steuern auf nach 1992 angefallene temporäre Differenzen zwingend anzusetzen.	Nicht anwendbar.
Anteile an assoziierten Unternehmen – Behandlung von nicht ausgeschütteten Gewinnen	Es gelten die Ausführun-gen zu Tochterunter-nehmen und Joint Venture Unternehmen mit der Einschränkung, dass eine vertragliche Grundlage vorliegen muss, aus der hervor-geht, dass in absehbarer Zukunft keine Aus-schüttungen erfolgen (IAS 12.42 ff).	Latente Steuern sind grundsätzlich zu bilanzieren, ohne weitere Differenzierung zwischen in- und aus-ländischen assoziierten Unternehmen.	Nicht anwendbar.
Bewertung latenter Steuern			
Steuersätze	Die Bewertung latenter Steuern erfolgt auf der Basis von Steuersätzen und -vorschriften, die gültig sind oder ange-kündigt wurden (IAS 12.47).	Die Anwendung von angekündigten Steuer-sätzen ist nicht erlaubt. Steuersätze und -vor-schriften müssen formell erlassen worden sein (FAS 109.89).	Entspricht den Regelungen nach IFRS.
Ansatz von latenten Steueransprüchen.	Latente Steueransprüche müssen angesetzt werden, wenn es wahr-scheinlich ist, dass in Zukunft ein zu ver-steuerndes Ergebnis in ausreichendem Maße zur Verfügung stehen wird, gegen welches die temporären Differenzen verrechnet werden können (IAS 12.24).	Der Ansatz erfolgt inso-fern anders als nach IFRS, als latente Steuer-ansprüche in voller Höhe bilanziert, dann aber mittels Wertberichtigung korrigiert werden, wenn es hinreichend wahr-scheinlich ist (Wahr-scheinlichkeit von mehr als 50%), dass ein Teil oder der gesamte Betrag des latenten Steuer-anspruchs nicht realisiert	Einzelabschluss: Passivierungspflicht in Form einer Rückstellung. Die Abgrenzung ist ent-weder in der Bilanz gesondert auszuweisen oder im Anhang anzu-geben (§ 198 Abs 9 HGB). Aktivierungswahlrecht (Aktivposten darf gebildet werden) (§ 198 Abs 10 HGB). Im Falle der Aktivierung besteht

THEMATIK	IFRS	US GAAP	HGB
		werden wird (FAS 109.12b).	eine Ausschüttungs-sperre (§ 226 Abs 2 HGB). Konzernabschluss: Aktivierungs- und Passi-vierungspflicht
Abdiskontierung auf den Barwert.	Verboten (IAS 12.53).	Verboten (FAS 109.198 f).	Verboten.
Unternehmenserwerbe			
Aufstockung der erworbenen Vermögens-werte und Schulden auf den beizulegenden Zeitwert.	Latente Steuern werden bilanziert, es sei denn, die Steuerwerte werden auch aufgestockt; eine Ausnahme besteht für steuerlich nicht abzugs-fähigen Goodwill (IAS 12.66 ff).	Vergleichbar mit IFRS.	Nicht vorgesehen.
Vor dem Erwerb nicht angesetzte Steuerverluste des Erwerbers.	Latente Steueransprüche werden bilanziert, falls die Ansatzkriterien für latente Steueransprüche als Ausfluss der Akquisi-tion erfüllt werden (IAS 12.66 ff).	Vergleichbar mit IFRS.	Nicht vorgesehen.
Steuerliche Verluste des erworbenen Unter-nehmens.	Latente Steueransprüche werden bilanziert, falls die Ansatzkriterien für latente Steueransprüche als Ausfluss der Akquisi-tion erfüllt werden (IAS 12.66 ff).	Vergleichbar mit IFRS.	Nicht vorgesehen.
Erfassung von im Akquisitionszeitpunkt bestehenden Steuer-verlusten des erworbe-nen Unternehmens nach dem Akquisitionsstich-tag.	Die (nachträgliche) Bilanzierung des latenten Steueranspruchs ist ergebniswirksam vor-zunehmen (IAS 12.68). Darüber hinaus ist der Geschäfts- oder Firmen-wert anzupassen, so als wäre der latente Steuer-anspruch bereits am Erwerbstag bilanziert worden. Die entspre-chende Verminderung des Goodwill ist als Auf-wand zu erfassen (IFRS 3.65). Es besteht keine zeitliche Begrenzung für die Erfassung des laten-ten Steueranspruchs.	Die Bilanzierung des latenten Steueranspruchs reduziert zunächst den Firmenwert, dann immaterielle Ver-mögenswerte und schließlich den Steuer-aufwand. Auch nach US GAAP besteht keine zeitliche Begrenzung für die Erfassung des laten-ten Steueranspruchs.	Nicht vorgesehen.
Ausweis latenter Steuern			
Aufrechnung von latenten Steuer-ansprüchen und latenten Steuerschulden.	Nur dann erlaubt, wenn das Unternehmen ein einklagbares Recht zur Aufrechnung hat und die aufgerechneten Beträge von der selben Steuerbehörde erhoben wurden (IAS 12.74).	Vergleichbar mit IFRS (FAS 109.42).	Saldierungspflicht. Das bedeutet, in der Bilanz wird entweder ein aktiver (Rechnungsabgren-zungsposten) oder ein passiver latenter Steuer-posten (Rückstellung) ausgewiesen.

THEMATIK	IFRS	US GAAP	HGB
Kategorisierung hinsichtlich Fristigkeit.	Latente Steueransprüche und -schulden sind grundsätzlich als langfristig zu klassifizieren (IAS 1.70). Die Fristigkeiten sind hingegen im Anhang anzugeben (IAS 1.52).	Latente Steueransprüche und -schulden sind entweder als kurz- oder als langfristig auszuweisen, basierend auf der Einordnung der zu Grunde liegenden Vermögenswerte oder Schulden.	Es ist keine Kategorisierung nach der Fristigkeit erforderlich.

2. Relevante Vorschriften

IFRS   IAS 1, IAS 12, IFRS 3.

US GAAP FAS 109.

HGB   §§ 198, 226.

3. Laufende Projekte (IASB)

Short Term convergence

Auf Grund der kontinuierlichen Harmonisierungsbestrebungen zwischen dem IASB und dem FASB wird IAS 12 zwecks Eliminierung von bestehenden Differenzen zu FAS 109 in einzelnen Punkten abgeändert. Die Änderungen werden verschiedene Aspekte betreffen (ua Überarbeitung einzelner Definitionen, Eliminierung der sog „initial difference", Definition und Klarstellung bezüglich des anzuwendenden Steuersatzes, die Bilanzierung von latenten Steuern im Zusammenhang mit der Gruppenbesteuerung bzw Organschaften, Auswirkung von Änderungen des Steuerstatus, getrennter Ausweis von kurzfristigen und langfristigen latenten Steuern in der Bilanz, uvm).

D. Leistungen an Arbeitnehmer

1. Anwendungsbereich

IFRS   Nach IFRS werden fünf Kategorien von Leistungen an Arbeitnehmer unterschieden:

- Leistungen nach Beendigung des Arbeitsverhältnisses („Post-Employment Benefits"),
- andere langfristig fällige Leistungen („Other Long-Term Employee Benefits"),
- Leistungen aus Anlass der Beendigung des Arbeitsverhältnisses („Termination Benefits"),
- kurzfristig fällige Leistungen („Short-Term Employee Benefits"),
- anteilsbasierte Vergütungen („Share-based Payment Transactions").

Während die Bilanzierung der ersten vier Kategorien durch IAS 19 geregelt wird, werden aktienorientierte Vergütungen im Rahmen von IFRS 2 gesondert geregelt.

US GAAP Vergleichbar mit IFRS, wobei die folgenden fünf Vorschriften relevant sind:

FAS 87 – regelt alle Arten von Vereinbarungen, die die betriebliche Altersversorgung von Mitarbeitern einschließlich ausgeschiedener Mitarbeiter betreffen, und zwar unabhängig von der Form des Versorgungsplans und unabhängig von dessen Finanzierung (externer Pensionsfonds oder Rückstellungsbildung);

FAS 88 – betrifft die Bilanzierung von Planänderungen, -kürzungen, -abgeltungen und Abfindungen;

FAS 106 – befasst sich mit Nebenleistungen, die an ehemalige Mitarbeiter oder deren Familienmitglieder gezahlt werden;

FAS 112 – betrifft Leistungen, die an Arbeitnehmer nach Beendigung des Arbeitsverhältnisses, aber vor Antritt der Pension erbracht werden;

FAS 123 R – anteilsbasierte Vergütungen („Share-Based-Payments");

FAS 132 – betrifft Offenlegungen bezüglich Pensionen und anderer Leistungen:

FAS 146 – betrifft Einmalzahlungen („one time termination benefits").

HGB Gesetzlich vorgesehen sind Rückstellungen für Leistungen aus betrieblichen Pensionszusagen und aus Abfertigungsverpflichtungen sowie Jubiläumsgeldrückstellungen. Sonstige Leistungen sind bei Vorliegen der allgemeinen Kriterien als Rückstellungen anzusetzen.

2. Leistungen nach Beendigung des Arbeitsverhältnisses (Pensionen)

a) Grundkonzept

IFRS Leistungen nach Beendigung des Arbeitsverhältnisses umfassen nach der internationalen Intention vor allem Altersversorgungsleistungen. Nach IAS 19 wird verlangt, dass die Kosten aus der Bereitstellung von Pensionsleistungen auf systematische und vernünftige Weise über den Zeitraum, während dessen die Arbeitnehmer Dienstleistungen für das Unternehmen erbringen, verteilt werden. Es wird zwischen beitrags- und leistungsorientierten Versorgungsplänen unterschieden.

US GAAP Vergleichbar mit IFRS.

HGB Neben den Verpflichtungen aus betrieblichen Pensionszusagen entsprechen im Ergebnis auch die traditionellen handelsrechtlichen Abfertigungsverpflichtungen den Leistungen nach Beendigung des Arbeitsverhältnisses nach IFRS. Rückstellungen für Anwartschaften auf Abfertigungen sind entweder nach versicherungsmathematischen Grundsätzen oder finanzmathematisch zu berechnen. Vereinfachend kann auch ein bestimmter Prozentsatz der fiktiven Ansprüche zum jeweiligen Bilanzstichtag angesetzt werden, sofern dagegen im Einzelfall keine Bedenken bestehen (§ 211 Abs 2 HGB).

b) Beitragsorientierte Versorgungspläne

IFRS   Beitragsorientierte Versorgungspläne („Defined Contribution Plans") sind Pläne für Leistungen nach Beendigung des Arbeitsverhältnisses, die das Unternehmen verpflichten, festgelegte Beiträge an eine eigenständige Einheit (dh einen Fonds) zu entrichten. Das Unternehmen hat keine rechtliche oder faktische Verpflichtung, darüber hinausgehende Zahlungen zu tätigen, selbst dann nicht, wenn der Fonds Verluste erwirtschaftet (IAS 19.7). Bei dieser Art von Plänen trägt der Arbeitnehmer die versicherungsmathematischen und die investitionsbezogenen Risiken. Der Periodenaufwand bemisst sich nach den periodischen Beitragszahlungen an den Fonds.

US GAAP Vergleichbar mit IFRS (FAS 87.11 ff).

HGB   Vergleichbar mit IFRS. Die Erfassung erfolgt als Aufwand in der laufenden Periode. Hierunter fallen auch im Rahmen der „Abfertigung Neu" (BGBl I 2002/100) zu erbringende Leistungen.

c) Leistungsorientierte Versorgungspläne

IFRS   Leistungsorientierte Versorgungspläne („Defined Benefit Plans") sind Pläne für Leistungen nach Beendigung des Arbeitsverhältnisses, die nicht unter beitragsorientierte Pläne fallen (IAS 19.7). Bei diesen Plänen trifft den Arbeitgeber die Verpflichtung, eine fest definierte Leistung (im Gegensatz zu Beitrag) nach Beendigung des Arbeitsverhältnisses an den Arbeitnehmer zu erbringen. Die damit verbundenen versicherungsmathematischen und investitionsbezogenen Risiken werden somit vom Unternehmen getragen. Der Periodenaufwand entspricht daher nicht notwendigerweise dem in der Periode fälligen Beitrag (IAS 19.49).

US GAAP Vergleichbar mit IFRS (FAS 97.63 ff).

HGB   Pensions- und Abfertigungsverpflichtungen sind grundsätzlich nach versicherungsmathematischen Grundsätzen zu bewerten (§ 211 Abs 2 HGB). Vereinfachend darf auch ein bestimmter Prozentsatz der fiktiven Ansprüche zum Bilanzstichtag angesetzt werden. Der vereinfachende Ansatz ist nur zulässig, wenn die Vergleichsrechnung ergibt, dass keine erheblichen Bedenken dagegen sprechen (keine erhebliche Abweichung der beiden Berechnungsresultate).

Die Bilanzierung leistungsorientierter Versorgungselemente beinhaltet folgende Kernpunkte:

Thematik: Berechnung der Pensions- und sonstigen Aufwendungen für Altersversorgung.		
IFRS	**US GAAP**	**HGB**
Anwendung der Methode der laufenden Einmalprämien des Anwartschaftsansammlungsverfahrens („Projected Unit Credit Method"; IAS 19.64).	Vergleichbar mit IFRS (FAS 87.40).	Versicherungsmathematische Berechnung; in der Praxis kommt das Gegenwartswertverfahren oder das Teilwertverfahren zur Anwendung (§ 211 Abs 2 HGB). Vereinfachende Verfahren mit Vergleichsrechnung zulässig.

Thematik: Zinssatz zur Diskontierung der Verbindlichkeit.

IFRS	US GAAP	HGB
Verwendung von Marktrenditen erstrangiger festverzinslicher Industrieanleihen; in Ländern ohne liquiden Markt für Industrieanleihen: Verwendung von Marktrenditen für Regierungsanleihen (IAS 19.78). Währung und Laufzeit dieser Anleihen müssen mit Währung und geschätzter Laufzeit der Versorgungspläne übereinstimmen.	Vergleichbar mit IFRS (FAS 87.44).	Um die Geldentwertungsrate bereinigter Kapitalmarktzinsfuss für langfristiges Kapital (3,5 bis 4% für wertgesicherte Pensionsansprüche; 6% wie im Steuerrecht nur unter besonderen Bedingungen).

Thematik: Bewertung von Planvermögen („Plan Assets").

IFRS	US GAAP	HGB
Ansatz zum beizulegenden Zeitwert oder, falls kein Marktwert vorhanden ist, mit den erwarteten künftigen, auf den Stichtag diskontierten Cash-Flows (IAS 19.102).	Vergleichbar mit IFRS (FAS 87.49).	Im Gegensatz zu IFRS hat die Bewertung nach HGB nach den Vorschriften über Finanzanlagen zu erfolgen (gemildertes Niederstwertprinzip, Anschaffungskostenprinzip). Eine Bewertung zum Marktwert ist nach HGB nicht möglich.

Thematik: Häufigkeit versicherungsmathematischer Bewertungen.

IFRS	US GAAP	HGB
Die Bewertungen sollten mit hinreichender Regelmäßigkeit erfolgen, so dass die im Jahresabschluss ausgewiesenen Beträge nicht wesentlich von den am Bilanzstichtag bestehenden Beträgen abweichen.	Eine jährliche Bewertung ist erforderlich.	Jährliche Gutachten sind erforderlich.

Thematik: Ansatz von versicherungsmathematischen Gewinnen und Verlusten („Actuarial Gains and Losses").

IFRS	US GAAP	HGB
In IAS 19.92 wird ein so genannter Korridor als der höhere der beiden folgenden Beträge zum Ende der vorherigen Berichtsperiode definiert: • 10% des Barwerts der leistungsorientierten Verpflichtung vor Abzug des Planvermögens, • 10% des beizulegenden Zeitwerts eines etwaigen Planvermögens. Wenn der Saldo der kumulierten, nicht erfassten versicherungsmathematischen Gewinne und Verluste zum Ende der vorherigen Berichtsperiode den Korridor übersteigt, so ist der übersteigende Betrag über die erwartete durchschnittliche Restlebensarbeitszeit der vom Plan erfassten Arbeitnehmer als Ertrag bzw Aufwand zu erfassen.	Vergleichbar mit IFRS (FAS 87.31 ff).	Ein Korridor ist nach HGB nicht vorgesehen. Die nach steuerlichen Vorschriften erforderliche Wertpapierdeckung bzw eine vom Unternehmen zu seinen Gunsten abgeschlossene Rückdeckungsversicherung stellen kein „funding" wie nach IAS 19 vorgesehen dar. Es ist daher auch keine Saldierung mit Rückstellungen möglich.

Eine schnellere Erfassung versicherungsmathematischer Gewinne und Verluste ist statthaft, sofern das verwendete Verfahren systematisch ist und stetig von Periode zu Periode angewandt wird (IAS 19.93).		
Als weiteres Wahlrecht besteht die Möglichkeit, die versicherungsmathematischen Gewinne und Verluste unmittelbar in einem eigenen Posten im Eigenkapital zu erfassen, vorausgesetzt, diese Bilanzierungsmethode wird einheitlich auf alle Versorgungspläne sowie Gewinne und Verluste angewandt (IAS 19.93A)	Ist in FAS 87 nicht vorgesehen.	

Thematik: Nachzuverrechnender Dienstzeitaufwand („Past Service Cost").

IFRS	US GAAP	HGB
Der nachzuverrechnende Dienstzeitaufwand wird linear über den durchschnittlichen Zeitraum bis zum Eintritt der Unverfallbarkeit der Anwartschaften verteilt. Soweit Anwartschaften sofort nach Einführung oder Änderung eines leistungsorientierten Planes unverfallbar sind, ist der nachzuverrechnende Dienstzeitaufwand sofort ergebniswirksam zu erfassen (IAS 19.96).	Der nachzuverrechnende Dienstzeitaufwand für aktive und ehemalige Arbeitnehmer wird über die verbleibende Dienstzeit der aktiven Arbeitnehmer verteilt. Negative Plananpassungen sind abzugrenzen und mit bestehendem nachzuverrechnendem Dienstzeitaufwand zu verrechnen. Die Erfassung eines etwaigen Überschusses erfolgt analog zur Behandlung nachzuverrechnenden Dienstzeitaufwandes.	Es findet eine laufende Erfassung als Aufwand statt.

Thematik: Gemeinschaftliche Pläne mehrerer Arbeitgeber („Multi-Employer Plans").

IFRS	US GAAP	HGB
Gemeinschaftliche Pläne mehrerer Arbeitgeber sind nach den Regelungen des Plans als beitrags- oder leistungsorientierter Plan einzuordnen und zu bilanzieren. Sofern keine ausreichenden Informationen zur Verfügung stehen, um einen leistungsorientierten Plan als solchen zu behandeln, so ist dies zu erläutern und nach den Prinzipien für beitragsorientierte Pläne vorzugehen (IAS 19.30). Abweichend von dieser grundsätzlichen Erleichterung ist dennoch ein Vermögenswert oder eine Schuld zu bilanzieren, wenn es zwischen dem Unternehmen und der Einheit vertragliche Vereinbarungen gibt, die eine Aufteilung gegebenenfalls entstehender Überschüsse oder eine Finanzierung der Unterdeckung vorsehen (IAS 19.32A). Sind – im Falle einer Unterdeckung – die Ansatzvoraussetzungen für eine Passivierung nicht erfüllt, kann es	Es kommen die Prinzipien der Bilanzierung beitragsorientierter Versorgungspläne zur Anwendung.	Es bestehen keine gesonderten Regelungen im HGB.

dennoch geboten sein, im Anhang über das Vorliegen einer Eventualschuld nach den Vorschriften des IAS 37 zu berichten.		

Thematik: Leistungsorientierter Plan eines Tochterunternehmens als Teil eines Konzernplans.

IFRS	US GAAP	HGB
Es bestehen keine Ausnahmen zu den Standardvorschriften. Der Plan wird als leistungsorientierter Plan behandelt.	Wenn das Tochterunternehmen seinen Anteil an Pensionsvermögen und -schulden nicht bestimmen kann, darf es seine Pensionsverpflichtungen bilanziell wie einen beitragsorientierten Plan behandeln.	Es bestehen keine gesonderten Regelungen im HGB.

d) Relevante Vorschriften

IFRS   IAS 19, IAS 37, IAS 39, IFRS 2.

US GAAP   APB 21, APB 25, FAS 87, FAS 88, FAS 97, FAS 106, FAS 112, FAS 132, FAS 123 R, FAS 146.

HGB   § 211.

3. Anteilsorientierte Vergütungen

a) Anwendungsbereich und Ansatz

IFRS   IFRS 2 regelt erstmals umfangreich die Bilanzierung und Bewertung von anteilsbasierten Vergütungsprogrammen. Dabei unterscheidet IFRS 2 zwischen

- Aktienoptionsprogrammen, bei denen die Mitarbeiter als Vergütung für ihre Arbeitsleistung Eigenkapital erhalten (so genannte „Equity-settled share-based payment transactions");
- Vergütungsprogrammen, bei denen die Mitarbeiter als Vergütung für ihre Arbeitsleistung eine Barzahlung erhalten, wobei sich die Höhe der Vergütung am Wert der Eigenkapitalanteile des Unternehmens orientiert (so genannte „Cash-settled share-based payment transactions");
- kombinierten Vergütungsmodellen, die sowohl eine Eigenkapital- als auch eine Barvergütung vorsehen (IFRS 2.2).

IFRS 2 gilt aber nicht nur für den Hauptanwendungsfall der Mitarbeitervergütungsprogramme, sondern auch für alle Transaktionen mit fremden Dritten, bei denen ein Unternehmen Waren oder Dienstleistungen bezieht und diese mittels Eigenkapitalinstrumenten oder in bar bezahlt, wobei sich die Barzahlung am Wert der Eigenkapitalanteile orientiert. Sämtliche Sacheinlagen mit Ausnahme von Unternehmenserwerben fallen somit ebenfalls in den Anwendungsbereich des IFRS 2.

Allen Vergütungsformen ist gleich, dass für die erbrachte Arbeitsleistung Personalaufwand zu erfassen ist. Sofern sich die gewährten Vorteile auf bereits erbrachte Arbeitsleistungen beziehen und somit unverfallbar sind, ist der Personalaufwand unmittelbar zum Zeitpunkt der Gewährung („grant date") in voller Höhe in der Gewinn- und Verlustrechnung zu erfassen. Steht die Gewährung von anteilsbasierter Vergütung im Zusammenhang mit zukünftig zu erbringender Arbeitsleistung, ist der Personalaufwand raterlich über diesen Zeitraum zu erfassen (IFRS 2.7 iVm IFRS 2.14f).

Im Fall der Begleichung mit Eigenkapitaltiteln ist als Gegenbuchung zum Personalaufwand eine Erfassung im Eigenkapital vorzunehmen (IFRS 2.14). IFRS 2 präzisiert nicht die Eigenkapitalkategorie, es ist jedoch davon auszugehen, dass eine Einstellung in der Kapitalrücklage zu erfolgen hat.

Bei in bar zu begleichenden Vergütungsprogrammen ist eine entsprechende Verpflichtung zu erfassen (IFRS 2.30).

Liegen Vergütungsprogramme vor, bei denen der Vertragspartner das Wahlrecht hat, eine Begleichung in Eigenkapitaltiteln oder in bar zu verlangen, liegt ein zusammengesetztes Finanzinstrument vor, das in einen Eigenkapital- und einen Fremdkapitalanteil aufzuspalten ist (IFRS 2.35ff). Liegt es hingegen im Einflussbereich des Unternehmens, entweder in Eigenkapital oder in bar zu bezahlen, erfolgt ein Bilanzierung in Anlehnung an die Grundsätze zu Aktienoptionen. Hat das Wahlrecht des Unternehmens hingegen keine Substanz, so ist eine Verbindlichkeit zu bilanzieren (IFRS 2.41ff).

US GAAP   Vergleichbar mit IFRS.

HGB   Bis auf detaillierte Offenlegungsvorschriften (§ 239 Abs 1 Z 5 HGB) enthält das HGB keine Regelungen betreffend Bilanzierung und Bewertung von Stock Options, spezifische GoB sind erst zu entwickeln.

Eine Rückstellung für allfällige Bereitstellungskosten und Dienstgeberabgaben ist jedenfalls zu bilden. Diese ist über den Zeitraum beginnend mit der Zusage bis zum Anspruchserwerb durch den/die Dienstnehmer zu verteilen (Sperrfrist – „Vesting Period"), hinsichtlich der Höhe sind Schätzannahmen erforderlich.

b) Bewertung

IFRS   Sowohl Aktienoptionen als auch virtuelle Optionsrechte („Share Appreciation Rights", „Phantom Stocks") sind mit dem beizulegenden Zeitwert der gewährten Optionen anhand eines geeigneten Bewertungsmodells zu bewerten. IFRS 2 schreibt kein konkretes Bewertungsverfahren vor, enthält jedoch in Anhang B des IFRS 2 detaillierte Ausführungen über zu berücksichtigende Parameter und Optionspreismodelle.

Während bei Mitarbeitervergütungsprogrammen, die in Eigenkapitaltiteln beglichen werden, der Wert der Optionsrechte lediglich einmal – bei Gewährung – zu bewerten ist, ist im Fall von virtuellen Optionsrechten zu jedem Bilanzstichtag bzw Zwischenabschlussstichtag eine erneute Berechnung des beizulegenden Zeitwertes der gewährten Vorteile vorzunehmen (IFRS 2.16 iVm Anhang A bzw IFRS 2.30). Diese wiederkehrende Neuberechnung des beizulegenden Zeitwertes hat bis zur endgültigen Begleichung des Planes ergebniswirksam über die Gewinn- und Verlustrechnung zu erfolgen.

Eine besondere Rolle bei der Bewertung und damit der Ermittlung des Personalaufwands spielen die sog Bedingungen, die ein Mitarbeiter erfüllen muss, um die Optionsrechte bzw virtuellen Optionen zu erdienen. Marktorientierte Hürden wie etwa Kurssteigerungen am Aktienmarkt, die erreicht werden müssen, werden unmittelbar im Rahmen der Berechnung des beizulegenden Zeitwertes der Optionen im Optionspreismodell berücksichtigt. Nicht marktorientierte Hürden wie Umsatz- und Ergebnisziele oder Fluktuation werden bei der Anzahl der voraussichtlich unverfallbar werdenden Optionsrechte berücksichtigt.

Während bei in Eigenkapitaltiteln beglichenen Vergütungsprogrammen auch bei Nichterreichen des marktorientierten Ziels keine Stornierung des Personalaufwands erfolgt, ist bei Nichterreichen der nicht-marktorientierten Hürden der bisher erfasste Personalaufwand anteilig ertragswirksam zurückzudrehen. Auf Grund der wiederkehrenden Anpassungen des beizulegenden Zeitwertes bei in bar zu begleichenden Vergütungsprogrammen entspricht der über den gesamten Erdienungszeitraum erfasste Personalaufwand der tatsächlich zu leistenden Zahlung.

US GAAP Vergleichbar mit IFRS. FAS 123 R verlangt die Bewertung nach der Zeitwertmethode (Fair Value Method) mit wenigen Ausnahmen.

HGB Es bestehen keine Regelungen nach HGB.

c) Lohn- und Sozialversicherungsabgaben des Arbeitgebers im Optionsausübungszeitpunkt

IFRS Es bestehen keine spezifischen Vorschriften zur Bilanzierung von Lohn- und Sozialversicherungsabgaben aus dem Nutzen, der den Arbeitnehmern aus der Gewährung von anteilsbasierten Vergütungsprogrammen zufließt. In der Praxis erfolgt im Allgemeinen eine lineare Erfassung anfallender Beträge über den jeweiligen Leistungszeitraum.

US GAAP Bei Ausübung des Optionsrechtes fällig werdende Lohn- und Sozialversicherungsabgaben sind im Zeitpunkt ihres Anfalls als Periodenaufwand zu erfassen.

HGB Es bestehen keine Regelungen im HGB.

d) Relevante Vorschriften

IFRS IFRS 2.

US GAAP APB 25, FAS 123, EITF D-83, EITF 00-16.

HGB § 239.

4. Laufende Projekte (IASB)

IFRIC D11 – Changes in Conbributions to employee share purchase plans

Diese Interpretation regelt ein Sonderproblem im Zusammenhang mit sog Anspar-plänen, bei denen Mitarbeiter laufende Zahlungen leisten und am Ende der Dienst-zeit wählen können, ob sie die eingezahlten Mittel entweder zur Ausübung von Ak-tienoptionen verwenden oder ob sie diese Mittel verzinst zurückerhalten. Wenn Mitarbeiter während der Laufzeit des Planes die Zahlungen einstellen und somit auf die (spätere) Ausübungsmöglichkeit der Aktienoptionen verzichten, wird der Zah-lungsstopp als eine Beendigung des Planes gewertet, mit der Folge, dass der im Rah-men der gewährten Aktienoptionen noch nicht erfasste Personalaufwand in voller Höhe nachzuholen ist (sog „accelerated vesting"). Diese Interpretation wird voraus-sichtlich über den Spezialfall hinausgehende Auswirkungen auf die Bilanzierung von Aktienoptionsplänen haben.

IFRIC D16 – Scope of IFRS 2

Diese Interpretation beschäftigt sich mit der Frage, ob IFRS 2 auch dann anwendbar ist, wenn die erhaltenen Gegenleistungen nicht explizit identifiziert werden können bzw wenn Leistung und Gegenleistung einander nicht entsprechen, also der beizule-gende Zeitwert der gewährten Eigenkapitalinstrumente den beizulegenden Zeitwert der erhaltenen Gegenleistung überschreitet. Das IFRIC geht grundsätzlich von einem sehr weiten Anwendungsbereich von IFRS 2 aus.

IFRIC D17 – Group and Treasury share transactions

Eine der wesentlichen Fragen, der diese Interpretation nachgeht, ist, wie konzern-übergreifende Zusagen in Teilkonzernabschlüssen oder Einzelabschlüssen nachgela-gerter Gesellschaften zu bilanzieren sind, wenn die Zusage in Form von Eigenkapital-titeln der Muttergesellschaft erfolgt.

5. Andere langfristig fällige Leistungen an Arbeitnehmer

IFRS   Folgende Leistungen sind hierunter zu subsumieren (demonstrative Auf-zählung in IAS 19.126):
- Langfristig fällige vergütete Abwesenheitszeiten (beispielsweise Son-derurlaub nach langjähriger Dienstzeit oder andere vergütete Dienst-freistellungen),
- Jubiläumsgelder oder andere Leistungen für lange Dienstzeit,
- langfristige Erwerbsunfähigkeitsleistungen,
- Gewinn- und Erfolgsbeteiligungen, die zwölf oder mehr Monate nach Ende der Periode, in der die entsprechende Arbeitsleistung erbracht wurde, fällig sind, und
- aufgeschobene Vergütungen, sofern diese zwölf oder mehr Monate nach Ende der Periode, in der sie verdient wurden, ausgezahlt werden.

Diese Leistungen werden über die Dienstzeit des Arbeitnehmers ange-sammelt. Eine Schuld wird ratierlich über den Zeitraum eingebucht, während der Arbeitnehmer die den Anspruch begründende Dienstleis-tung erbringt. Der Betrag der Schuld bestimmt sich als Barwert der leis-tungsorientierten Verpflichtung abzüglich dem beizulegenden Zeitwert des Planvermögens, sofern ein solches vorhanden ist (IAS 19.128).

US GAAP Vergleichbar mit IFRS, allerdings bestehen keine eigenen Regelungen. Es bestehen nur Regelungen im Zusammenhang mit Restrukturierungen (FAS 146).

HGB Handelsrechtlich vorgesehen ist die Rückstellungsbildung für Zuwendungen anlässlich von Firmenjubiläen (§ 198 Abs 8 Z 4c HGB). Andere von IAS 19 beschriebene Leistungen sind nach den allgemeinen Voraussetzungen der Rückstellungsbildung als Rückstellungen anzusetzen.

6. Leistungen aus Anlass der Beendigung des Dienstverhältnisses

IFRS Verpflichtungen aus Anlass der Beendigung des Dienstverhältnisses sind nur dann als Schuld und Aufwand zu erfassen, wenn das Unternehmen nachweislich verpflichtet ist,

- entweder das Arbeitsverhältnis vor dem Zeitpunkt der regulären Pensionierung zu beenden, oder
- Leistungen bei Beendigung des Arbeitsverhältnisses auf Grund eines Angebotes zur Förderung eines freiwilligen vorzeitigen Ausscheidens zu erbringen (IAS 19.133).

Die Verpflichtung zur Erbringung von Leistungen aus Anlass der Beendigung des Dienstverhältnisses kann sich aus der Rechtsprechung, aus vertraglichen oder tarifvertraglichen Vereinbarungen mit den Arbeitnehmern oder ihren Vertretern, auf Grund von faktischen, aus der betrieblichen Praxis begründeten Verpflichtungen oder aus einer Gewohnheit ergeben (IAS 19.135).

Entschädigungszahlungen aus Anlass der Beendigung des Arbeitsverhältnisses fallen üblicherweise unabhängig vom Grund des Ausscheidens des Arbeitnehmers an. Die Zahlung solcher Leistungen ist, vorbehaltlich der Erfüllung etwaiger Unverfallbarkeits- oder Mindestdienstzeitkriterien, gewiss, der Zeitpunkt ihrer Zahlung jedoch ungewiss. IAS 19 verlangt, dass Entschädigungszahlungen aus Anlass der Beendigung des Dienstverhältnisses wie Pensionsleistungen und nicht wie Leistungen aus Anlass der Beendigung des Dienstverhältnisses zu behandeln sind (IAS 19.136).

Leistungen aus Anlass der Beendigung des Dienstverhältnisses ermitteln sich nach den zu gewährenden Ansprüchen und der Anzahl der betroffenen Arbeitnehmer. Sofern die Leistungen zwölf Monate nach dem Bilanzstichtag zur Auszahlung gelangen, ist eine entsprechende Abzinsung vorzunehmen. Für die Bestimmung des Zinssatzes gelten die allgemeinen Regelungen für leistungsorientierte Versorgungspläne (IAS 19.139). Werden Aufhebungsangebote ausgesprochen, so ist die Anzahl der, voraussichtlich dieses Angebot annehmenden, Mitarbeiter zu schätzen und der Rückstellungsberechnung zugrunde zu legen (IAS 19.140).

Voraussetzung für den Ansatz einer Rückstellung für Leistungen aus Beendigung des Dienstverhältnisses ist das Vorliegen eines detaillierten Planes sowie der Umstand, dass für das Unternehmen keine realistische Entzugsmöglichkeit bestehen darf (IAS 19.134).

US GAAP　Es bestehen spezifische Richtlinien für die Behandlung von Leistungen nach Beendigung des Arbeitsverhältnisses, wie etwa Gehaltsfortzahlung, Leistungen aus Anlass der Beendigung des Arbeitsverhältnisses, Ausbildung und Beratung. Nach US GAAP wird zwischen drei Kategorien von Leistungen aus Anlass der Beendigung des Arbeitsverhältnisses mit jeweils unterschiedlichen Methoden hinsichtlich der Erfassung von Aufwendungen unterschieden.

Kategorie 1　– 　Spezielle Leistungen: Diese werden in dem Zeitpunkt erfasst, in dem der Arbeitnehmer das Angebot akzeptiert und der Betrag verlässlich geschätzt werden kann.

Kategorie 2　– 　Vertragliche Leistungen: Diese werden in dem Zeitpunkt erfasst, in dem es wahrscheinlich ist, dass der Arbeitnehmer leistungsberechtigt werden wird und der Betrag verlässlich geschätzt werden kann.

Kategorie 3　– 　Leistungen in Verbindung mit einer Restrukturierung: Die Bilanzierung erfolgt, wenn der Restrukturierungsplan vom Unternehmens-Management bewilligt worden ist und zudem gewisse weitere Kriterien erfüllt sind (FAS 88.15v.).

Entschädigungszahlungen aus Anlass der Beendigung des Arbeitsverhältnisses werden nach US GAAP wie leistungsorientierte Versorgungspläne behandelt. Unternehmen können zur Berechnung der unverfallbaren Anwartschaft entweder den versicherungsmathematisch ermittelten Barwert, der sich bei sofortigem Ausscheiden ergibt, oder den versicherungsmathematisch ermittelten Barwert der unverfallbaren Leistungen, der sich bei sofortigem Ausscheiden ergibt, verwenden, allerdings basierend auf dem erwarteten Datum des Ausscheidens aus dem Unternehmen.

HGB　Leistungen aus Anlass der Beendigung des Arbeitsverhältnisses können sich zusammensetzen aus:
- dem gesetzlichen Teil der Abfertigung, und
- den freiwilligen Leistungen im Zusammenhang mit der Beendigung (= freiwillige Zuzahlungen).

Rückstellungen sind in entsprechendem Ausmaß zu bilden.

7. Relevante Vorschriften

IFRS　IAS 19.

US GAAP　FAS 43, FAS 88, FAS 112, FAS 146, EITF 88-1.

HGB　§§ 198, 211.

8. Laufende Projekte (IASB)

Exposure Draft des IASB: Amendment to IAS 19 Employee benefits

Im veröffentlichten Entwurf vom 30. Juni 2005 werden neben einigen Klarstellungen bei einzelnen Definitionen insbesondere die Regelungen zu Leistungen aus der Beendigung des Dienstverhältnisses abgeändert. Entgegen den bisherigen Bestimmungen sollen sich künftig Aufhebungsangebote nur mehr dann für den Ansatz einer Rückstellung qualifizieren, wenn die betreffenden Mitarbeiter eine entsprechende Annahmeerklärung abgegeben haben. Die Schätzung der wahrscheinlich den Plan annehmenden Mitarbeiter wird indes nicht mehr genügen.

Sofern das Unternehmen Dienstnehmer kündigt, dürfen Rückstellungen nur dann angesetzt werden, wenn ein detaillierter Plan vorliegt und die Inhalte des Planes an die betroffenen Mitarbeiter kommuniziert wurden. Eine Rückstellungsbildung ist hingegen dann ausgeschlossen, wenn die betroffenen Mitarbeiter die Ansprüche nur dann erhalten, wenn sie dem Unternehmen noch eine gewisse Zeit zur Verfügung stehen. In diesem Fall sind die Leistungen aus Beendigung des Dienstverhältnisses ratierlich über diese zukünftige Leistungsperiode anzusammeln.

Die Überarbeitung des IAS 19 ist Ausfluss der Harmonisierungsbestrebungen zu FAS 146.

IFRIC D9 – Employee Benefit Plans with a Promised Return on Contributions or Notional Contributions

Diese Interpretation beschäftigt sich mit der Frage, wie Zusagen zu bilanzieren sind, die die Verpflichtung aus einer Garantieverzinsung mit der Verpflichtung aus einer variablen Verzinsung (zB Wertentwicklung eines Referenzvermögenswertes) kombinieren. Diese Zusagen sind als leistungsorientierte Pläne zu bilanzieren, die Details sind jedoch noch offen.

E. Zuwendungen der öffentlichen Hand

1. Erfolgsbezogene Zuwendungen und Zuwendungen für Vermögenswerte

IFRS Eine Erfassung von Zuwendungen der öffentlichen Hand („Government Grants") für Vermögenswerte, einschließlich nicht monetärer Zuwendungen zum beizulegenden Zeitwert, erfolgt nur dann, wenn hinreichende Sicherheit besteht, dass das Unternehmen die damit verbundenen Bedingungen erfüllen wird, und dass die Zuwendungen gewährt werden (IAS 20.7f). Erfolgsbezogene Zuwendungen werden im Zuflusszeitpunkt bilanziell als Abgrenzungsposten erfasst und im Verhältnis zu den tatsächlich anfallenden Aufwendungen, die Gegenstand der Zuwendung sind, im Sinne einer periodengerechten Verteilung erfolgswirksam aufgelöst (sozusagen als Korrekturposten zu den Aufwendungen). Zuwendungen für Vermögenswerte sind ebenfalls bilanziell abzugrenzen und über die Nutzungsdauer des betreffenden Vermögenswertes erfolgswirksam aufzulösen (sozusagen als Korrekturposten zu den Abschreibungen) (IAS 20.12 ff).

Zuwendungen für Vermögenswerte sind in der Bilanz entweder als passiver Abgrenzungsposten darzustellen oder vom Buchwert des betreffenden Vermögenswertes abzuziehen (IAS 20.24). Dies führt zu reduzierten zukünftigen Abschreibungsbeträgen. Es bestehen Sondervorschriften für landwirtschaftliche Vermögenswerte.

US GAAP   Vergleichbar mit IFRS (FAS 116.6 ff).

HGB   Das Vorliegen einer Subvention sowie die Ertragsrealisierung entsprechen grundsätzlich der Vorgehensweise nach IFRS. Prinzipiell erfolgt der Ausweis einer Subvention als eigener Posten nach den unversteuerten Rücklagen. Nicht rückzahlbare Zuschüsse/Subventionen können unter Umständen auch Anschaffungskostenminderungen darstellen, im Falle der Rückzahlbarkeit handelt es sich um Verbindlichkeiten.

Ertragsbezogene Zuwendungen sind wie nach IFRS periodengerecht zu verteilen, eine Saldierung der ertragsbezogenen Zuwendungen mit den entsprechenden Aufwendungen ist handelsrechtlich grundsätzlich nicht möglich.

Im Falle von Subventionen zur Anschaffung eines Vermögensgegenstandes besteht ein Wahlrecht, ob entweder eine Buchwertkürzung vorgenommen, oder ein eigener Passivposten gebildet wird.

2. Zuwendungen für landwirtschaftliche Vermögenswerte

IFRS   Es ist zwischen drei Fällen zu unterscheiden. Zuwendungen für biologische Vermögenswerte, die zum beizulegenden Zeitwert bewertet werden und die an keine Bedingungen geknüpft sind (sog „unconditional grants"): Ertragswirksame Vereinnahmung in dem Zeitpunkt, in dem die Zuwendung einforderbar wird (IAS 41.34). Zuwendungen für biologische Vermögenswerte, die zum beizulegenden Zeitwert bewertet werden und die an Bedingungen geknüpft sind: Ertragswirksame Vereinnahmung zu dem Zeitpunkt, zu dem die Bedingungen erfüllt werden (IAS 41.35). Zuwendungen für biologische Vermögenswerte, die zu Anschaffungskosten bewertet werden: Hier kommen die allgemeinen Vorschriften des IAS 20 bezüglich Zuwendungen für Vermögenswerte zur Anwendung (IAS 41.37).

US GAAP   Nicht spezifiziert.

HGB   Handelsrechtlich bestehen keine Sonderbestimmungen für Zuwendungen für die Landwirtschaft.

3. Relevante Vorschriften

IFRS   IAS 20, IAS 41.

US GAAP   FAS 116.

4. Laufende Projekte (IASB)

Short-term Convergence Project

IAS 20 soll zukünftig an die Bestimmungen des IAS 41 angeglichen werden. Dabei wird IAS 20 voraussichtlich die Unterscheidung zwischen Zuwendungen, die an Bedingungen geknüpft sind („conditional grants") und solchen, die ohne Bedingungen gewährt werden („unconditional grants"), übernehmen.

F. Leasing – Bilanzierung beim Leasingnehmer

1. Finanzierungs-Leasing

IFRS Verlangt die Aktivierung des Leasinggegenstandes und den Ansatz einer korrespondierenden Verpflichtung zur Zahlung künftiger Mieten. Der Betrag ergibt sich als der niedrigere Wert aus dem Vergleich von beizulegendem Zeitwert des Leasingobjektes und Barwert der Mindestleasingzahlungen zu Beginn des Leasingverhältnisses. Für die Ermittlung des Barwerts der Mindestleasingzahlungen ist der dem Leasingverhältnis zu Grunde liegende Zinssatz, sofern dieser auf praktikable Weise ermittelt werden kann, als Abzinsungsfaktor heranzuziehen, ansonsten der Zinssatz, den der Leasingnehmer bei Kreditfinanzierung des Leasinggegenstandes zu entrichten hätte („Incremental Borrowing Rate"/Grenzfremdkapitalzinssatz – IAS 17.20).

Der Leasinggegenstand ist über seine wirtschaftliche Nutzungsdauer bzw gegebenenfalls über die kürzere Laufzeit des Leasingverhältnisses abzuschreiben. Eine Abschreibung über die gegebenenfalls kürzere Laufzeit des Leasingverhältnisses ist nicht gestattet, wenn der spätere Eigentumsübergang auf den Leasingnehmer zu erwarten ist (automatischer Eigentumsübergang oder günstige Kaufoption; IAS 17.27).

US GAAP Vergleichbar mit IFRS. Im Gegensatz zu IFRS stellt US GAAP für Zwecke der Ermittlung der Mindestleasingzahlungen vorrangig auf den Zinssatz, den der Leasingnehmer bei Kreditfinanzierung des Leasinggegenstandes zu entrichten hätte, ab. Nur wenn der dem Leasingverhältnis zu Grunde liegende Zinssatz auf praktikable Weise ermittelt werden kann, und dieser den Zinssatz, den der Leasingnehmer bei Kreditfinanzierung des Leasinggegenstandes zu entrichten hätte, unterschreitet, sollte der dem Leasingverhältnis zu Grunde liegende Zinssatz verwendet werden.

HGB Der anzuwendende Zinssatz ist handelsrechtlich nicht geregelt, eine analoge Anwendung von IAS 17 ist in der Praxis jedoch möglich.

2. Operating-Leasing

IFRS Nach IAS 17 ist der Mietaufwand bei einem Operating-Leasingverhältnis linear über die Laufzeit des Leasingverhältnisses zu verteilen.

US GAAP Vergleichbar mit IFRS.

HGB Nach der handelsrechtlichen Bilanzierungspraxis ist zu differenzieren, ob das Leasingobjekt dem Leasinggeber oder dem Leasingnehmer zuzurechnen ist.
- Zurechnung des Leasinggegenstandes zum Leasinggeber:

  Leasinggeber: Die Leasinggegenstände sind im Anlagevermögen zu aktivieren. Zahlungen aus dem Leasingverhältnis sind als Erträge in der Gewinn- und Verlustrechnung zu erfassen.

  Leasingnehmer: Die Leasingzahlungen sind als sonstiger betrieblicher Aufwand auszuweisen.

- Zurechnung des Leasinggegenstandes zum Leasingnehmer:

Leasinggeber: Ausweis einer Forderung gegenüber dem Leasing-nehmer, je nach Laufzeit entweder als Ausleihung im Anlagevermögen oder unter den Forderungen im Umlaufvermögen.

Die erhaltenen Anzahlungen sind in eine Ertrags- und eine Rückzahlungskomponente aufzuteilen, so-dass sich eine gleich bleibende Verzinsung des aus-stehenden Betrages ergibt.

Leasingnehmer: Aktivierung des Leasinggegenstandes im Anlagever-mögen, Passivierung der Verpflichtung aus dem Lea-singverhältnis.

3. Anreizvereinbarungen – Leasing

IFRS In der Praxis kommt es immer wieder vor, dass Leasinggeber durch das Verschaffen von Anreizen („Incentives") Leasingnehmer zum Abschluss von Anschluss-Leasingverhältnissen ermuntern. Der kumulative Nutzen aus derartigen Anreizen ist bilanziell als Reduktion der Leasingaufwen-dungen über die Laufzeit des Leasingvertrages zu erfassen. Eine lineare Verteilung wird als bevorzugte Alternative betrachtet, es sei denn, eine andere, systematische Verteilung spiegelt die tatsächlichen, aus dem Lea-singobjekt gezogenen Nutzungen besser wider (SIC-15).

US GAAP Vergleichbar mit IFRS.

HGB Handelsrechtlich bestehen keine gesonderten Regelungen zu dieser The-matik. Die EStR 2000 beinhalten ebenso keine diesbezüglichen Bestim-mungen.

4. Sale and Leaseback-Geschäfte

In einem Sale and Leaseback-Geschäft verkauft der Verkäufer einen Vermögenswert an den Käufer und least diesen Gegenstand im Anschluss daran zurück. Die Behand-lung von Gewinnen und Verlusten aus Sale and Leaseback-Transaktionen erfolgt konzeptionell unterschiedlich, wie aus folgender Tabelle ersichtlich wird.

THEMATIK	IFRS	US GAAP	HGB
Finanzierungs-Leasingverhältnisse			
Gewinn oder Verlust aus dem Veräußerungs-geschäft.	Der Gewinn oder Verlust ist abzugrenzen und über die Laufzeit des Leasing-verhältnisses erfolgs-wirksam zu verteilen.	Vergleichbar mit IFRS. Die erfolgswirksame Auflösung findet über die Nutzungsdauer statt, sofern diese kürzer ist als die Laufzeit des Leasing-verhältnisses, wobei Aus-nahmen zu dieser Regel bestehen.	Nicht geregelt; in der Regel wird eine Tren-nung in ein Verkaufs- und ein Leasinggeschäft vorgenommen. Beim Verkaufsgeschäft erfolgt sofortige Gewinn-realisierung.

THEMATIK	IFRS	US GAAP	HGB
Operating-Leasingverhältnisse			
Veräußerung zum beizulegenden Zeitwert.	Sofortige Erfassung des Veräußerungsgewinns bzw -verlustes (IAS 17.61).	Gewinne und Verluste werden normalerweise aktiv bzw passiv abgegrenzt. Es bestehen jedoch Ausnahmen zu dieser Regel.	Nicht geregelt, allfällige Differenzen sind handelsrechtlich sofort erfolgswirksam zu erfassen.
Veräußerungspreis liegt unter dem beizulegenden Zeitwert.	Sofortige Erfassung des Differenzbetrages, es sei denn, der Verlust wird durch zukünftige unter dem Marktpreis liegende Mieten ausgeglichen. In diesem Fall ist der Differenzbetrag über den voraussichtlichen Nutzungszeitraum des Vermögenswertes zu verteilen (IAS 17.61).	Gewinne und Verluste werden normalerweise aktiv bzw passiv abgegrenzt. Es bestehen jedoch Ausnahmen zu dieser Regel.	Nicht geregelt, die Vorgehensweise in der Praxis erfolgt wie nach IFRS.
Veräußerungspreis liegt über dem beizulegenden Zeitwert.	Der den beizulegenden Zeitwert übersteigende Betrag ist über den voraussichtlichen Nutzungszeitraum des Vermögenswertes zu verteilen (IAS 17.61).	Gewinne und Verluste werden normalerweise aktiv bzw passiv abgegrenzt. Es bestehen jedoch Ausnahmen zu dieser Regel.	Nicht geregelt, die Vorgehensweise in der Praxis erfolgt wie nach IFRS.

5. Verdeckte Leasingverträge

IFRS   Vertragsverhältnisse, auch wenn sie nicht explizit als Leasingverträge bezeichnet werden, sondern in Form von Dienstleistungsverträgen oä abgeschlossen werden, können unter den Anwendungsbereich des IAS 17 fallen. IFRIC 4 gibt Kriterien vor, die gegebenenfalls zur Identifizierung eines verdeckten Leasingvertrags führen, mit der Folge, dass die Zahlungen, die auf Grund des Vertrags zu leisten sind, in Leasingzahlungen und sonstige Vergütungsbestandteile (zB reine Dienstleistungskomponenten) aufzuspalten sind. Erstere sind dann nach IAS 17 zu beurteilen und ggf als Finanzierungs-Leasing oder Operating-Leasing zu bilanzieren. Hauptanwendungsfall der Regelungen des IFRIC 4 sind insbesondere Outsourcing-Vereinbarungen in verschiedensten Geschäftsbereichen (zB EDV-Arbeitsplätze, Rechenzentren, sämtliche Hilfskostenstellen wie etwa Energieversorgung oder Fuhrpark).

Ein verdeckter und herauszulösender Leasingvertrag liegt dann vor, wenn der Vertrag ein explizites oder implizites Nutzungsrecht für einen konkreten Vermögenswert beinhaltet und der Abnehmer eine der nachfolgenden Voraussetzungen erfüllt:
- der Abnehmer „nutzt" selbst den konkretisierten Vermögenswert oder kontrolliert dessen Nutzung,
- der Abnehmer hat die Verfügungsmacht über den Vermögenswert, oder
- es besteht neben dem Abnehmer keine andere Partei, die einen bedeutenden „Output" des Vermögenswertes abnimmt und der Abnehmer zahlt weder einen festen Preis pro bezogener Menge noch den Marktpreis.

US GAAP   In US GAAP wird nach EITF 01-08 „Determining Whether an Agreement is a Lease" festgelegt, ob ein „embedded lease" vorliegt. Die weitere Beurteilung unterliegt dann FAS 13.

HGB   Es bestehen keine besonderen Regelungen im HGB. Es gilt der generelle Grundsatz, dass Geschäftsfälle nach ihrem wahren wirtschaftlichen Gehalt zu beurteilen sind.

6. Relevante Vorschriften

IFRS   IAS 17, SIC-15, IFRIC 4.

US GAAP   FAS 13, EITF 01-08, EITF 02-16.

G. Im Zusammenhang mit zur Veräußerung gehaltenen langfristigen Vermögenswerten stehende Schulden

1. Definition und Bewertung

IFRS   Wenn langfristige Vermögenswerte oder eine Gruppe von Vermögenswerten die Kriterien des IFRS 5 „als zur Veräußerung gehalten" erfüllen und diese Sachgesamtheiten auch Schulden beinhalten, so sind diese gleichzeitig mit den Vermögenswerten in einer eigenen Zeile im kurzfristigen Bereich der Passivseite der Bilanz auszuweisen.

Die Bewertung der Schulden richtet sich dabei nach den jeweils einschlägigen Standards, nach denen diese Schulden zu bewerten sind (zB IAS 37, IAS 39).

US GAAP   Vergleichbar mit IFRS.

HGB   Es bestehen keine besonderen Regelungen im HGB.

2. Relevante Vorschriften

IFRS   IFRS 5.

US GAAP   FAS 144.

H. Finanzielle Schulden

1. Definition

IFRS   IFRS definiert finanzielle Schulden („Financial Liabilities") als vertragliche Verpflichtungen, flüssige Mittel oder einen anderen finanziellen Vermögenswert an ein anderes Unternehmen abzugeben oder Finanzinstrumente mit einem anderen Unternehmen unter potenziell nachteiligen Bedingungen austauschen zu müssen bzw vertragliche Verpflichtungen, die in eigenen Eigenkapitalinstrumenten des Unternehmens erfüllt werden. Finanzielle Schulden beinhalten auch derivative Finanzinstrumente (IAS 32.11).

US GAAP   Vergleichbar mit IFRS (FAS 140.364 bzw FAS 107.3).

HGB   Handelsrechtlich bestehen keine von den allgemeinen Regeln für Verbindlichkeiten abweichenden Sonderregelungen für passive Finanzinstrumente. Daher kommen die allgemeinen Bewertungsgrundsätze zur Anwendung.

2. Klassifizierung

IFRS   Wenn für den Emittenten eines Finanzinstrumentes eine vertragliche oder faktische Verpflichtung besteht, flüssige Mittel oder einen anderen finanziellen Vermögenswert an den Inhaber des Finanzinstrumentes abzugeben, ist das Finanzinstrument aus Sicht des Emittenten als finanzielle Schuld auszuweisen, unabhängig davon, auf welche Weise die vertragliche Verpflichtung beglichen wird.

Vorzugsaktien, die nicht oder nur über Option des Emittenten eingelöst werden können und bei denen Gewinnausschüttungen in seinem Ermessensspielraum liegen, sind als Eigenkapital zu qualifizieren. Vorzugsaktien hingegen, die vom Emittenten zu einem fixen oder bestimmbaren Betrag an einem fixen oder bestimmbaren zukünftigen Zeitpunkt zurückgekauft werden müssen, oder bei denen dem Inhaber die Einlösungs-Option eingeräumt wird, sind als Verbindlichkeit zu klassifizieren.

Wenn die Begleichung einer finanziellen Schuld, wie beispielsweise einer Vorzugsaktie, von unsicheren künftigen Ereignissen abhängt, die außerhalb der Kontrolle von Emittenten und Inhaber stehen, muss das Finanzinstrument in den Büchern des Emittenten als Verbindlichkeit ausgewiesen werden (so genannte „Contingent Settlement Provision"). Wenn jedoch gleichzeitig die Wahrscheinlichkeit der Begleichung in Form von flüssigen Mitteln oder einem anderen Finanzinstrument sehr selten und unwahrscheinlich ist, dann ist das Finanzinstrument in den Büchern des Emittenten unter dem Eigenkapital auszuweisen.

Finanzinstrumente, die durch Hingabe von Eigenkapitaltiteln beglichen werden, stellen finanzielle Schulden dar, sofern die Anzahl der auszugebenden Eigenkapitaltitel mit der Höhe ihres beizulegenden Zeitwertes schwankt und immer dem Betrag der vertraglichen Verpflichtung entspricht (IAS 32.11). Der Inhaber der Verpflichtung ist in einem solchen Fall nämlich keinem Gewinn- oder Verlustrisiko durch Kursschwankungen des Eigenkapitaltitels ausgesetzt (IAS 32.11).

US GAAP   Sobald ein Finanzinstrument keinen Anteil am Eigenkapital des Unternehmens darstellt und die Verpflichtung zur Übertragung wirtschaftlichen Nutzens beinhaltet, ist es als Verbindlichkeit auszuweisen. Die Thematik der „Contingent Settlement Provisions" wird nach US GAAP nicht gesondert dargestellt.

HGB   Es bestehen keine gesonderten Vorschriften für Finanzinstrumente.

3. Wandelschuldverschreibungen

IFRS   Hier kommt die Methode der getrennten Bilanzierung („Split Accounting") zur Anwendung. Der Erlös aus der Ausgabe solcher Schuldtitel wird auf zwei Komponenten aufgeteilt: die Schuld, die, unter Verwendung eines Diskontsatzes in Höhe des marktgängigen Zinssatzes für nicht wandelbare Schulden zum beizulegenden Zeitwert bewertet wird und unter den Verbindlichkeiten auszuweisen ist, sowie das Wandlungsrecht, das im Eigenkapital auszuweisen ist (IAS 32.28 ff).

US GAAP   Vergleichbar mit IFRS (FAS 150).

HGB   Die Methode der getrennten Bilanzierung ist handelsrechtlich nicht vorgesehen. Wandelschuldverschreibungen stellen Fremdkapital dar.

Beträge, die bei der Ausgabe von Schuldverschreibungen für Wandlungs- und Optionsrechte zum Erwerb von Anteilen erzielt werden, sind als gebundene Kapitalrücklage auszuweisen, und zwar unabhängig davon, ob vom Umtauschrecht tatsächlich Gebrauch gemacht wird oder nicht (§ 229 Abs 2 Z 2 HGB).

Die Zahl der Wandelschuldverschreibungen und vergleichbaren Optionsrechte ist unter Angabe der Rechte, die sie verbriefen, im Anhang offen zu legen (§ 240 Z 6 HGB).

4. Bewertung

IFRS   Bei erstmaligem Ansatz hat ein Unternehmen die finanziellen Schulden wie auch die finanziellen Vermögenswerte zu ihrem beizulegenden Zeitwert zu bewerten. Im Falle einer finanziellen Verbindlichkeit, die nicht erfolgswirksam zum beizulegenden Zeitwert bewertet wird, erfolgt dies unter Einschluss von Transaktionskosten, die direkt der Emission der finanziellen Verbindlichkeit zuzurechnen sind (IAS 39.43). Es gibt nur zwei Kategorien von finanziellen Schulden: erfolgswirksam zum beizulegenden Zeitwert bewertete Verbindlichkeiten (einschließlich der zu Handelszwecken gehaltenen Verbindlichkeiten) und sonstige finanzielle Schulden. Alle derivativen Finanzinstrumente, die unter Verbindlichkeiten fallen, mit Ausnahme qualifizierter Sicherungsinstrumente, gehören der Kategorie „zu Handelszwecken gehalten" an. Finanzielle Schulden der Kategorie „erfolgswirksam zum beizulegenden Zeitwert bewertete Verbindlichkeiten" werden mit dem beizulegenden Zeitwert bewertet. Die Effekte aus der Änderung des beizulegenden Zeitwertes werden im Periodenergebnis erfasst. Finanzielle Schulden der Kategorie „sonstige" werden zu fortgeführten Anschaffungskosten unter Verwendung der Effektivzinsmethode angesetzt (IAS 39.47).

US GAAP   Vergleichbar mit IFRS.

HGB   Die handelsrechtliche Bewertung erfolgt zu den Anschaffungskosten bzw zu den fortgeführten Anschaffungskosten.

Im Gegensatz zu IFRS ist ein Ausweis mit einem unter den Anschaffungskosten liegenden beizulegenden Zeitwert – fair value – nicht möglich.

5. Ausbuchung einer finanziellen Schuld

IFRS   Eine finanzielle Schuld ist auszubuchen, wenn die im Vertrag genannten Verpflichtungen beglichen („Discharged"), aufgehoben („Cancelled") oder verfallen („Expired") sind, oder die ursprüngliche Verpflichtung aus der Schuld rechtlich auf eine andere Partei übertragen wurde (IAS 39.39). Die Differenz zwischen dem Buchwert einer getilgten oder auf eine andere Partei übertragenen Schuld oder eines Teils derselben, einschließlich nicht amortisierter Anschaffungskosten, und dem hierfür gezahlten Betrag, ist in das Periodenergebnis einzubeziehen (IAS 39.41).

US GAAP Vergleichbar mit IFRS.

HGB   Nicht geregelt.

6. Laufende Projekte (FASB)

Jüngste Vorschläge

Im Oktober 2000 hat das FASB einen Richtlinien-Vorschlag zur Bilanzierung von Finanzinstrumenten herausgegeben, welche die Charakteristika von Schulden, Eigenkapital oder beiden vorgenannten Komponenten aufweisen. Der Vorschlag behandelt insbesondere Klassifizierungsfragen. Die markanteste Änderung besteht darin, dass die Schulden- und Eigenkapital-Bestandteile eines Finanzinstrumentes separat bilanziert werden sollen. Anteile von Minderheitsgesellschaftern würden beispielsweise nicht mehr wie Mezzanin-Kapital auszuweisen sein.

Dieser Richtlinien-Vorschlag ist in das FASB-Rahmenprojekt zum Thema „Schulden und Eigenkapital" eingebettet. Im Rahmen dieses Projektes wird auch die Definition des Begriffs Schulden überarbeitet.

7. Relevante Vorschriften

IFRS   IAS 32, IAS 39.

US GAAP APB 14, FAS 107, FAS 76, FAS 140, FAS 150.

HGB   §§ 229, 240.

I. Eigenkapitalinstrumente

1. Ansatz und Klassifizierung

IFRS   Ein Instrument wird im Eigenkapital bilanziert, wenn es keine Verpflichtung zum Transfer wirtschaftlicher Ressourcen beinhaltet (IAS 32.11). Vorzugsaktien, die nicht oder nur über Option des Emittenten eingelöst werden können, und bei denen Gewinnausschüttungen im Ermessensspielraum des Emittenten liegen, zählen zum Eigenkapital (IAS 32.AG25).

Genossenschaftsanteile sind nach den allgemeinen Grundsätzen regelmäßig als Verbindlichkeit einzustufen. Eine Klassifizierung als Eigenkapital ist nur möglich, wenn keine verpflichtenden Ausschüttungen vorgenommen werden müssen und entweder die Genossenschaft das Recht hat, die Rücknahme der Genossenschaftsanteile zu verweigern oder auf Grund gesetzlicher Vorschriften die Rückzahlung des Genossenschaftsanteiles wesentlich beschränkt ist (IFRIC 2.6ff). Für ausgegebene Anteile ist ein Sonderposten in der Bilanz „für die Anteilseigner verfügbarer Netto-Vermögenswert" vorgesehen. Die Wertänderung dieses Postens sollte erfolgswirksam in der Gewinn- und Verlustrechnung erfasst werden (IAS 32.IE32).

Einlösbare oder nur über Option des Inhabers einlösbare Vorzugsaktien, deren Eintauschwert auf Indices oder anderen nicht von den beteiligten Parteien beeinflussbaren Werten beruht, sind als Verbindlichkeit auszuweisen (IAS 32.15ff).

Derivative Finanzinstrumente, die sich auf eigene Aktien beziehen sind nur dann als Eigenkapital zu klassifizieren, wenn Betrag und Anzahl der auszutauschenden Aktien im Vorhinein feststehen und kein Barausgleich von Wertschwankungen der eigenen Aktien vereinbart ist (IAS 32.AG13)

US GAAP　Das Eigenkapital wird in Nennkapital (mit eigenen Kategorien für nicht einlösbare Vorzugsaktien und Stamm- bzw Grundkapital) und sonstige Eigenkapitalposten umgegliedert (SEC Regulation S-X: Rule 5-02.30 f). Einlösbare Vorzugsaktien sind als Mezzanin-Kapital zwischen Eigen- und Fremdkapital auszuweisen (SEC Regulation S-X: Rule 5-02.28).

HGB　Das Eigenkapital kann als das vom Eigentümer dem Unternehmen direkt oder indirekt zugeführte Kapital verstanden werden. Im bilanziellen Sinn versteht man darunter die Saldogröße aus Vermögen und Schulden zu einem bestimmten Stichtag, eine gesonderte handelsrechtliche Definition besteht nicht (§§ 224 Abs 2 A, 229 HGB). Dieser Reinvermögenswert ist vom tatsächlichen Vermögenswert zu unterscheiden.

2. Erwerb eigener Aktien

IFRS　Eigene Aktien („Own Shares") sind offen vom Eigenkapital abzusetzen. Für den Verkauf, die Ausgabe oder Einziehung eigener Anteile ist kein Aufwand oder Ertrag in der Gewinn- und Verlustrechnung auszuweisen. Eine etwaige empfangene Gegenleistung führt zu einer entsprechenden Änderung des Buchwertes des Eigenkapitals (IAS 32.35). Gleiches gilt für derivative Finanzinstrumente, die sich auf eigene Aktien beziehen und als Eigenkapital klassifiziert wurden.

US GAAP　Werden eigene Aktien („Treasury Stock") mit der Absicht erworben, diese einzuziehen, so hat das Unternehmen die Option, den über den Nennwert hinausgehenden Teil des Kaufpreises entweder in voller Höhe in den Bilanzgewinn einzustellen oder in voller Höhe einer Kapitalrücklage zuzuführen, oder zwischen Bilanzgewinn und Kapitalrücklagen aufzuteilen (ARB 43 ch 1 B).

HGB　Aktiengesellschaften dürfen eigene Anteile bis zu einem Ausmaß von 10% des Grundkapitals zu jedem Zweck mit Ausnahme des Handels in eigenen Aktien – Kursmanipulation – erwerben (§§ 65 ff AktG).

Für den bilanziellen Ausweis eigener Anteile bestehen zwei Möglichkeiten:

• Eigene Anteile können, abhängig von ihrer Zweckbestimmung entweder im Anlage- oder im Umlaufvermögen, als gesonderter Posten „eigene Anteile, Anteile an herrschenden oder mit Mehrheit beteiligten Unternehmen" ausgewiesen werden. In gleicher Höhe ist passivseitig nach den Kapital- und Gewinnrücklagen eine Rücklage für eigene Anteile zu bilden, die nur aus einem Jahresüberschuss, einem Gewinnvortrag bzw Gewinn- und Kapitalrücklagen gebildet werden darf (§ 225 Abs 5 HGB). Dadurch soll gewährleistet werden, dass durch den Aktienrückkauf das „Nettoaktivvermögen" nicht das Nennkapital und die gesetzlichen oder satzungsmäßig erforderlichen (gebundenen) Rücklagen unterschreitet. Besagte Rücklage unterliegt einer Ausschüttungssperre.

• Ebenso kann eine Saldierung der eigenen Anteile in Form einer offenen Absetzung des Aktien(nenn-)betrages vom Nennkapital in der Vorspalte in bestimmten, gesetzlich vorgesehenen Fällen vorgenommen werden (zur sofortigen oder späteren Einziehung – ohne weiteren Hauptversammlungsbeschluss – vorgesehene Aktien; die spätere Veräußerung kann auch von einem Hauptversammlungsbeschluss abhängig gemacht worden sein). Der Unterschiedsbetrag zwischen dem Nennbetrag der Aktien und ihren Anschaffungskosten ist mit nicht gebundenen Kapitalrücklagen und freien Gewinnrücklagen zu verrechnen (§ 229 Abs 1 HGB). Gleichzeitig ist passivseitig eine gebundene Rücklage in Höhe der eingezogenen Aktien zu bilden (§ 192 Abs 5 AktG).

3. Dividenden auf gezeichnetes Kapital

IFRS   Dividenden werden in der Eigenkapitalveränderungsrechnung ausgewiesen.

US GAAP Vergleichbar mit IFRS.

HGB   Im Einzelabschluss ist keine Eigenkapitalveränderungsrechnung vorgesehen, jedoch im Konzernabschluss (seit dem ReLÄG 2004). Dividenden werden beim Anteilseigner unter den Beteiligungserträgen ausgewiesen (§ 231 Abs 2 Z 10 HGB).

4. Relevante Vorschriften

IFRS   IAS 32, IAS 39.

US GAAP ASR 268 (SEC), APB 6, APB 14, SEC Regulation S-X, ARB 43.

HGB   §§ 224, 225, 229, 231; AktG: §§ 65 ff, 192.

J. Derivative Finanzinstrumente

1. Definition

IFRS Nach IFRS sind spezielle Vorschriften für den Ansatz und die Bewertung derivativer Finanzinstrumente vorgesehen. Ein derivatives Finanzinstrument wird als Finanzinstrument definiert, das folgende Merkmale erfüllt (IAS 39.9):

- Sein Wert ist abhängig von Änderungen eines genannten Indexes, beispielsweise eines spezifizierten Zinssatzes, Wertpapierkurses, Rohstoffpreises, Wechselkurses, Preis- oder Zinsindexes, Bonitätsratings, Kreditindexes oder ähnlichen, auch „Basisobjekt" genannten Vermögenswerten.
- Im Erwerbszeitpunkt ist keine oder nur eine geringere Nettoinvestition erforderlich.
- Die Begleichung erfolgt zu einem späteren Zeitpunkt.

US GAAP Nach US GAAP sind vergleichbare Erfordernisse in Spezialvorschriften vorgesehen, abgesehen davon, dass die Vertragsbedingungen einen Nettoausgleich vorschreiben oder zumindest zulassen müssen.

So gibt es derivative Finanzinstrumente, wie etwa Optionen oder Termingeschäfte zum Kauf nicht börsennotierter Eigenkapitalbeteiligungen, die nur nach IFRS, nicht aber nach US GAAP, als solche zu klassifizieren sind.

HGB Handelsrechtlich wird keine Klassifizierung von Finanzinstrumenten wie nach internationalen Vorschriften vorgenommen. Bilanzierung und Bewertung aktiver Finanzinstrumente richten sich nach den allgemeinen Bestimmungen für das Anlage-/Umlaufvermögen.

Im Anhang sind für jede Kategorie derivativer Finanzinstrumente Art und Umfang der Finanzinstrumente, der beizulegende Zeitwert, die Bewertungsmethode, der Buchwert sowie der Bilanzposten, in welchem der Buchwert erfasst ist, anzugeben (§ 237a Abs 1 Z 1 HGB). Gem § 237a Abs 2 HGB gelten als derivative Finanzinstrumente auch Verträge über den Erwerb oder die Veräußerung von Waren, bei denen jede der Vertragsparteien zur Abgeltung in bar oder durch ein anderes Finanzinstrument berechtigt ist. Dies gilt nicht, wenn der Vertrag abgeschlossen wurde, um einen für den Erwerb, die Veräußerung oder den eigenen Gebrauch erwarteten Bedarf zu sichern, sofern diese Zweckwidmung von Anfang an bestand und weiterbesteht und der Vertrag mit Lieferung der Ware als erfüllt gilt.

2. Erstmalige Bewertung

IFRS Derivative Finanzinstrumente stellen finanzielle Vermögenswerte oder finanzielle Schulden dar und sind folglich bei ihrem erstmaligen Ansatz mit den Anschaffungskosten zu bewerten (IAS 39.43).

US GAAP Nach US GAAP stellen derivative Finanzinstrumente ebenfalls finanzielle Vermögenswerte oder Schulden dar und sind mit den Anschaffungskosten anzusetzen.

HGB   Handelsrechtlich erfolgt die erstmalige Bewertung ebenfalls zu den Anschaffungskosten.

3. Folgebewertung

IFRS   Nach IFRS ist die Folgebewertung derivativer Finanzinstrumente, unabhängig vom Vorhandensein etwaiger Sicherungsgeschäfte, mit ihrem beizulegenden Zeitwert vorgesehen (IAS 39.46 und .47). Wertänderungen aus der Neubewertung derivativer Finanzinstrumente werden im Zeitpunkt ihres Entstehens im Periodenergebnis erfasst, es sei denn, sie erfüllen die Kriterien für die Bilanzierung von Sicherungsgeschäften. Nach IFRS werden derivative Finanzinstrumente, sofern sie sich auf Eigenkapital beziehen und durch Eigenkapital zu begleichen sind (wenn deren beizulegender Zeitwert nicht verlässlich ermittelt werden kann), mit ihren Anschaffungskosten bewertet (IAS 39.46, .47).

Der Einbezug von Transaktionskosten in den beizulegenden Zeitwert ist verboten.

US GAAP   Prinzipiell vergleichbar mit IFRS, betreffend den Einbezug von Transaktionskosten bestehen keine gesonderten Regelungen.

HGB   Nach den allgemeinen handelsrechtlichen Regelungen ist eine Folgebewertung zu einem über den Anschaffungskosten liegenden beizulegenden Wert keinesfalls möglich.

4. Relevante Vorschriften

IFRS   IAS 39.

US GAAP   FAS 133, FAS 149.

HGB   § 237a.

K. Bilanzierung von Sicherungsgeschäften

1. Allgemeines

IFRS   IAS 39 enthält detaillierte Richtlinien zur Bilanzierung von Sicherungsgeschäften („Hedge Accounting").

US GAAP   Es bestehen vergleichbare spezifische Regelungen wie nach IFRS (FAS 133, FAS 149).

HGB   Handelsrechtlich bestehen keine gesonderten Regelungen hinsichtlich der Bilanzierung von Sicherungsgeschäften.

Mit dem Fair Value Bewertungsgesetz wurden zusätzliche Erfordernisse für den Lagebericht hinsichtlich Sicherungsgeschäften eingeführt. Nunmehr sind verpflichtende Angaben über das Risikomanagement, die Methoden zur Absicherung aller Arten geplanter Transaktionen, die im Rahmen der Bilanzierung von Sicherungsgeschäften angewandt werden sowie über das Zins-, Kredit- und Marktrisiko im Lagebericht offen zu legen (§ 243 Abs 3 Z 5 lit a HGB). IFRS und US GAAP sehen eine Offenlegung im Anhang vor.

2. Kriterien für die Bilanzierung von Sicherungsgeschäften

IFRS Sicherungsbeziehungen müssen vorgeschriebene Dokumentationsstandards und Kriterien zur Wirksamkeit eines Sicherungsgeschäftes („Hedge Effectiveness") erfüllen, um eine Bilanzierung als Sicherungsgeschäft zu gestatten. Zu Beginn des Sicherungsgeschäftes müssen die Sicherungsbeziehung unter Nennung von Sicherungsinstrument und gesichertem Grundgeschäft sowie die unternehmerischen Zielsetzungen und Strategien zum Risikomanagement formal dokumentiert werden. Es wird weiters verlangt, dass Sicherungsgeschäfte über deren Gesamtlaufzeit hoch wirksam („Highly Effective") sein müssen, das bedeutet, Änderungen des beizulegenden Zeitwerts oder der Cash-Flows eines gesicherten Grundgeschäfts („Hedged Item") müssen nahezu vollständig durch eine Änderung des beizulegenden Zeitwerts oder der Cash-Flows des Sicherungsinstrumentes („Hedging Instrument") kompensiert werden. Die Wirksamkeit des Sicherungsgeschäftes muss durchgehend verlässlich messbar sein (IAS 39.88).

US GAAP Vergleichbar mit IFRS.

HGB Handelsrechtlich sind keine gesonderten Kriterien für die Bilanzierung von Sicherungsbeziehungen festgelegt, es kommen die allgemeinen Vorschriften zur Anwendung. Drohende Verluste aus Sicherungsgeschäften sind entsprechend dem Vorsichtsprinzip des HGB in jedem Fall rückzustellen.

Die Bewertung erfolgt zum Niederstwertprinzip und grundsätzlich nach dem Einzelbewertungsprinzip, Praxis und Lehre sehen jedoch die Zusammenfassung von Grund- und Sicherungsgeschäft zu Bewertungseinheiten vor. Solcherart können Wertschwankungen beider Positionen ausgeglichen werden. Erfolgswirksam werden nur jene Wertschwankungen, die keiner Wertsicherung unterliegen.

3. Wirksamkeit eines Sicherungsgeschäftes

IFRS Als Zulassungsvoraussetzung für die Bilanzierung von Sicherungsgeschäften verlangt IFRS nicht, dass ein Sicherungsgeschäft zur Gänze wirksam sein muss. Vielmehr müssen folgende Bedingungen erfüllt sein (IAS 39.88):
- Es muss die Erwartung bestehen, dass sich Schwankungen der beizulegenden Zeitwerte oder Cash-Flows nahezu vollständig kompensieren werden.
- Tatsächliche Schwankungen liegen in einer Bandbreite von zwischen 80 und 125 Prozent.

US GAAP Vergleichbar mit IFRS, jedoch etwas weniger restriktiv, da die Bandbreite von 80 bis 125 Prozent auch für die erwarteten Schwankungen gilt.

HGB   Nicht geregelt.

4. Gesicherte Grundgeschäfte

IFRS und   Zusätzlich zu den zuvor angeführten allgemeinen Kriterien für die Bilan-
US GAAP   zierung von Sicherungsgeschäften enthalten IFRS und US GAAP Rege-
               lungen für die Bestimmung finanzieller Vermögenswerte und finanziel-
               ler Schulden als gesichertes Grundgeschäft:

HGB   Derartige Kriterien gibt es nach HGB nicht, weswegen sich folgende Ta-
               belle auf die Gegenüberstellung von IFRS und US GAAP beschränkt.

IFRS	US GAAP
Bis zur Endfälligkeit zu haltende Finanzinstrumente können kein gesichertes Grundgeschäft im Rahmen eines Sicherungsgeschäftes gegen Zinsrisiken darstellen, da diese Kategorie von Finanzinstrumenten gleichzeitig eine Erfassung damit verbundener Zinsänderungen ausschließt (IAS 39.79).	Vergleichbar mit IFRS.
Handelt es sich bei dem gesicherten Grundgeschäft um einen finanziellen Vermögenswert oder eine finanzielle Schuld, so kann die Sicherung nur hinsichtlich solcher Risiken erfolgen, deren Wirksamkeit zuverlässig messbar ist (IAS 39.81).	Als mögliche Risiken kommen grundsätzlich Risiken aus Schwankungen • des beizulegenden Zeitwerts oder Cash-Flows, • des Marktzinssatzes, • des Wechselkurses oder • der Kreditwürdigkeit des Schuldners in Betracht.
Handelt es sich bei dem gesicherten Grundgeschäft nicht um einen finanziellen Vermögenswert oder eine finanzielle Schuld, so ist es entweder nur in Bezug auf Kursänderungsrisiken oder in Bezug auf sämtliche bestehenden Risiken als abgesichert zu betrachten. Andere als Kursänderungsrisiken lassen sich nämlich kaum aus dem Gesamtrisiko herausisolieren und somit auch nicht sichern (IAS 39.82).	Vergleichbar mit IFRS. Das gesicherte Risiko muss allerdings Änderungen der beizulegenden Zeitwerte oder Cash-Flows für das gesamte (und nicht nur Teile) gesicherte Grundgeschäft abdecken.
Werden gleichartige Vermögenswerte oder Schulden zusammengefasst und als Portfolio gegen Risiken abgesichert, so müssen sich Änderungen des beizulegenden Zeitwerts (hinsichtlich des abgesicherten Risikos) für einzelne Positionen des Portfolios proportional zur Änderung des beizulegenden Zeitwerts des Gesamtportfolios verhalten (IAS 39.83).	Vergleichbar mit IFRS.
Nicht vorgesehen.	Vermögenswerte oder Schulden, die zu ihrem beizulegenden Zeitwert bewertet werden und deren Wertänderungen im Periodenergebnis erfasst werden, wie etwa Schuldverschreibungen, die der Kategorie „zu Handelszwecken gehalten" angehören, können nicht als gesichertes Grundgeschäft vorgesehen sein.
Nicht vorgesehen.	Ein gesichertes Grundgeschäft kann auch nicht im Zusammenhang mit folgenden Transaktionen oder Bilanzposten stehen: Unternehmenszusammenschlüsse, Erwerbe oder Veräußerung von Tochterunternehmen oder nach der Equity-Methode bilanzierte Beteiligungen.

5. Sicherungsinstrumente

IFRS   In den meisten Fällen können nur derivative Finanzinstrumente als Sicherungsinstrumente dienen. IFRS erlaubt jedoch auch die Verwendung originärer Finanzinstrumente, etwa einer Fremdwährungsverbindlichkeit, als Sicherungsinstrument für Fremdwährungsrisiken (IAS 39.72). Eine geschriebene Option („Written Option") kann nicht als Sicherungsinstrument eingesetzt werden, es sei denn, sie wird mit einer Kaufoption kombiniert und es wird eine Nettoprämie bezahlt (IAS 39.AG94).

US GAAP   Nach US GAAP kann ein nicht-derivatives Finanzinstrument nur in zwei Fällen zur Sicherung von Fremdwährungsrisiken zur Anwendung kommen: Im Falle einer Nettoinvestition in eine ausländische Gesellschaft oder im Falle einer bestehenden Verpflichtung, etwa im Fall von bestellten Vorräten. Schriftliche Optionen werden unter US GAAP vergleichbar mit IFRS behandelt und können in den meisten Fällen nicht als Sicherungsinstrument eingesetzt werden.

HGB   Es bestehen keine expliziten handelsrechtlichen Regelungen betreffend Sicherungsinstrumente.

6. Arten von Sicherungsgeschäften

IFRS   IFRS kennt drei Arten von Sicherungsbeziehungen (IAS 39.86):
- „Fair Value Hedges", mit denen das Risiko einer möglichen Änderung des beizulegenden Zeitwertes eines bilanzierten Vermögenswertes oder einer bilanzierten Schuld abgesichert wird.
- „Cash-Flow Hedges", mit denen das Risiko möglicher Schwankungen künftiger Cash-Flows eines a) bilanzierten Vermögenswertes oder einer bilanzierten Schuld („Recognised Asset or Liability"), oder b) einer nicht bilanzierten, festen Verpflichtung („Unrecognised Firm Commitment") nur im Fremdwährungsrisiko oder vorhergesehenen Transaktion („Forecast Transaction") zum Kauf oder Verkauf etwa von Anlagevermögen oder Vorräten abgesichert wird. In diesem Fall muss die vorhergesehene Transaktion mit hoher Wahrscheinlichkeit tatsächlich eintreten.
- Sicherungsgeschäfte, mit denen die Nettoinvestition in wirtschaftlich selbstständige ausländische Teileinheiten im Sinne von IAS 21 abgesichert wird.

US GAAP   Vergleichbar mit IFRS (FAS 133, FAS 149). Abweichend zu IFRS wird eine noch nicht bilanzierte, bestehende Verpflichtung als Fair Value Hedge klassifiziert. US GAAP verlangt, dass die geplante Transaktion eine hohe Eintrittswahrscheinlichkeit haben muss, andernfalls ist die Bilanzierung des Sicherungsgeschäftes unzulässig.

HGB   Handelsrechtlich bestehen die drei Kategorien von Sicherungsgeschäften nach IFRS nicht. Sofern jedoch Grund- und Sicherungsgeschäft bilanziert sind, besteht die Möglichkeit einer Bildung von Bewertungseinheiten, wodurch Wertschwankungen der beiden Positionen, insoweit sie einander nicht kompensieren, abgebildet werden können. Diese Vorgehensweise bedeutet ein Abgehen vom Grundsatz der Einzelbewertung. Prinzipiell werden Mikro- (Grund- und Sicherungsgeschäft können einander unmittelbar zugeordnet werden) und Portfoliohedges (mehrere gleichnamige Grundgeschäfte werden durch mehrere Sicherungsgeschäfte abgesichert) als zulässig angesehen. Makrohedges (Risikoabsicherung auf Unternehmens- und Konzernebene) werden in der Praxis unterschiedlich gesehen.

7. Sicherungsgeschäfte zur Absicherung des beizulegenden Zeitwertes

IFRS   Sicherungsinstrumente werden mit dem beizulegenden Zeitwert angesetzt. Das gesicherte Grundgeschäft wird ebenfalls mit dem beizulegenden Zeitwert bilanziert, wobei nur durch das Sicherungsgeschäft abgesicherte Zeitwertänderungen erfasst werden, die sich aus den Risikokomponenten ergeben, beispielsweise Währungs- oder Zinsrisiko. Gewinne und Verluste aus der Neubewertung von Sicherungsinstrument und gesichertem Grundgeschäft zum beizulegenden Zeitwert sind im Periodenergebnis zu erfassen (IAS 39.89).

US GAAP Vergleichbar mit IFRS (FAS 133.20 ff, FAS 149).

HGB   Es bestehen keine Regelungen hinsichtlich „Fair Value Hedges".

8. Sicherungsgeschäfte zur Absicherung des Cash Flows

IFRS   Sicherungsinstrumente werden mit dem beizulegenden Zeitwert angesetzt. Bei Vorliegen eines wirksamen Sicherungsgeschäftes sind Gewinne und Verluste aus der Neubewertung des Sicherungsinstrumentes vorübergehend passivisch im Eigenkapital abzugrenzen (IAS 39.95) und gelangen erst in späterer Folge, gemeinsam mit dem gesicherten Grundgeschäft, ins Periodenergebnis (IAS 39.97f).

US GAAP Die Einbeziehung der Ergebnisse aus der Neubewertung des Sicherungsinstrumentes in den Wertansatz des gesicherten Grundgeschäfts („Basis Adjustment") ist nach US GAAP nicht zulässig. Diese werden vielmehr im Zeitpunkt der Bilanzierung des gesicherten Grundgeschäfts in der Gewinn- und Verlustrechnung erfasst.

HGB   Es bestehen keine Regelungen betreffend Sicherungsgeschäfte zur Absicherung des Cash-Flows.

9. Absicherung einer Nettoinvestition in eine wirtschaftlich selbstständige ausländische Teileinheit

IFRS   Die Vorgehensweise ähnelt jener bei Sicherungsgeschäften zur Absicherung des Cash-Flows. Das Sicherungsinstrument wird zum beizulegenden Zeitwert bewertet, wobei Gewinne und Verluste in jenem Ausmaß, in dem das Sicherungsgeschäft wirksam im Sinne von IAS 39 ist, vorübergehend im Eigenkapital abgegrenzt werden. Das beinhaltet Kursgewinne und -verluste, die im Zusammenhang mit der Nettoinvestition entstehen.

Bei Veräußerung der Anteile an der ausländischen Gesellschaft erfolgt eine Umbuchung der im Eigenkapital befindlichen Gewinne und Verluste in das Periodenergebnis.

US GAAP Vergleichbar mit IFRS. Die passivseitige Abgrenzung innerhalb des Eigenkapitals erfolgt über die Position „Other Comprehensive Income". Gewinne und Verluste, die auf den unwirksamen Teil eines Sicherungsgeschäftes entfallen, sind jedoch grundsätzlich im Periodenergebnis zu erfassen.

HGB Es bestehen keine Regelungen hinsichtlich Sicherungsgeschäfte, mit denen Nettoinvestitionen in wirtschaftlich selbstständige ausländische Teileinheiten abgesichert werden.

10. Angaben im Anhang

IFRS Umfangreiche Pflichtangaben betreffen alle Unternehmensformen.

US GAAP Die offen zu legenden Angaben gelten prinzipiell ebenfalls für alle Unternehmensformen, ausgenommen sind lediglich kleine, nicht börsennotierte Unternehmen, die keine Angaben betreffend beizulegende Zeitwerte machen müssen. Was den Inhalt anbelangt, können die Pflichtangaben weitgehend mit jenen nach IFRS verglichen werden, im Detail finden sich jedoch zahlreiche Unterschiede in den einzelnen Anforderungen, so etwa bei Angaben zum Zins-, Kredit- und Marktrisiko, oder bei branchenspezifischen Angaben. Diese Pflichtangaben beinhalten allgemeine Informationen über den Einsatz von Finanzinstrumenten, Informationen über beizulegende Zeitwerte, Details über Sicherungsaktivitäten und Informationen zu Liquiditätsfragen.

HGB Offenlegungspflichten im HGB ergeben sich grundsätzlich aus den allgemeinen Grundsätzen des § 237 Z 8 über die Angabe der sonstigen finanziellen Verpflichtungen, die in der Bilanz nicht angegeben sind, wie Verbindlichkeiten aus Termin- und Optionsgeschäften.

Weiters sind Angaben zu Risikomanagementzielen und -methoden sowie Zins-, Kredit- und Marktrisiko im Lagebericht zu machen (§ 243 Abs 3 Z 5 lit a HGB).

11. Laufende Projekte (IASB; FASB)

Jüngste Vorschläge – IFRS und US GAAP

Im Dezember 2000 veröffentlichte Vorschläge besagen, dass alle Finanzinstrumente zum beizulegenden Zeitwert erfasst werden sollten. Gewinne und Verluste aus Neubewertungen wären demzufolge im Periodenergebnis zu erfassen. Abgrenzungen über das Eigenkapital und die Bilanzierung von Sicherungsgeschäften wären nicht zulässig.

12. Relevante Vorschriften

IFRS   IAS 21, IAS 32, IAS 39.

US GAAP FAS 133, FAS 137, FAS 149.

HGB   § 237, 243.

IX. Sonstige Themen zu Bilanzierung und Berichterstattung

A. Ergebnis je Aktie

IFRS und US GAAP   Das Ergebnis je Aktie („Earnings per Share", EPS) ist sowohl nach IFRS als auch nach US GAAP für börsennotierende Unternehmen verpflichtend offen zu legen. Die Methode zur Berechnung des Ergebnisses pro Aktie ist weitgehend gleich.

HGB   Handelsrechtlich besteht keine Verpflichtung zur Ermittlung eines Ergebnisses pro Aktie.

1. Unverwässertes Ergebnis je Aktie

IFRS   Das unverwässerte Ergebnis je Aktie („Basic Earnings per Share") ist mittels Division des den Stammaktionären der Muttergesellschaft zustehenden Periodenergebnisses durch die maßgeblichen Stammaktien zu ermitteln (IAS 33.10). Die Anzahl der maßgeblichen Stammaktien entspricht der durchschnittlich gewichteten Anzahl der während der Berichtsperiode im Umlauf gewesenen Stammaktien (IAS 33.19). Stammaktien, die im Rahmen der Ausgabe von Gratisaktien begeben wurden, sind so zu behandeln, als ob sie für das gesamte Jahr begeben worden wären. Eine nach dem Bilanzstichtag erfolgende Begebung von Gratisaktien ist ebenfalls in die Berechnung miteinzubeziehen (IAS 33.64). Bei der Ausgabe von Bezugsrechten wird eine theoretische Bezugsrechtsformel zur Ermittlung der Anzahl der einzubeziehenden Bezugsrechte verwendet. Vergleichszahlen des Ergebnisses pro Aktie sind um Gratisaktien bzw Bezugsrechte zu korrigieren. Das unverwässerte Ergebnis umfasst das Periodenergebnis nach Abzug der Vorzugsdividende (IAS 33.12).

Das unverwässerte Ergebnis je Aktie ist getrennt sowohl für das Konzernergebnis als auch für das Ergebnis aus den fortzuführenden Bereichen unterhalb der Gewinn- und Verlustrechnung anzugeben (IAS 33.9, IAS 33.66). Sofern in der Gewinn- und Verlustrechnung ein Ergebnis aus aufgegebenen Geschäftsbereichen ausgewiesen wird, ist auch für diese aufgegebenen Geschäftsbereiche ein unverwässertes Ergebnis je Aktie zu ermitteln. Letztere Angabe kann – abweichend vom unverwässerten Ergebnis je Aktie und Ergebnis für die fortzuführenden Bereiche – wahlweise im Anhang oder unterhalb der Gewinn- und Verlustrechnung erfolgen (IAS 33.68). Diese Angaben gelten analog für das verwässerte Ergebnis je Aktie.

US GAAP   Vergleichbar mit IFRS (FAS 128.8 ff).

HGB   Es bestehen keine handelsrechtlichen Regelungen.

2. Verwässertes Ergebnis je Aktie

IFRS Es besteht keine Untergrenze, unterhalb derer das verwässerte Ergebnis je Aktie („Diluted Earnings per Share") nicht offen zu legen wäre. Beim verwässerten Ergebnis je Aktie ist das den Stammaktionären zurechenbare Periodenergebnis um Dividenden und Zinsen (jeweils nach Steuern) auf verwässernde potenzielle Stammaktien und um jegliche sonstige Änderungen im Ertrag oder Aufwand (wiederum nach Steuern), die sich aus der Umwandlung der verwässernden potenziellen Stammaktien ergeben hätten, zu korrigieren (IAS 33.33). Die Umwandlung der verwässernden potenziellen Stammaktien gilt mit dem Beginn der Periode als erfolgt, oder, falls dieses Datum auf einen späteren Tag fällt, mit jenem Tag, an dem die potenziellen Stammaktien vergeben wurden (IAS 33.36).

„Contingently Issuable Ordinary Shares", dh Stammaktien, die bei Eintreten eines ungewissen zukünftigen Ereignisses ausgegeben werden müssen, sind unter gewissen Umständen in die Berechnung des verwässerten Ergebnisses je Aktie einzubeziehen, nicht jedoch in die Berechnung des unverwässerten Ergebnisses je Aktie (IAS 33.52 ff).

US GAAP Vergleichbar mit IFRS (FAS 128.11 f).

HGB Es bestehen keine handelsrechtlichen Regelungen.

3. Verwässertes Ergebnis je Aktie – Optionsrechte

IFRS Die „Treasury Stock Method" wird zur Berechnung der Auswirkungen von Bezugsrechten und Optionsrechten auf das verwässerte Ergebnis je Aktie angewendet. Die unterstellten Erlöse aus diesen Emissionen sind so zu berechnen, als ob sie aus einer Emission von Stammaktien zum beizulegenden Zeitwert stammen würden. Der Unterschiedsbetrag zwischen der Anzahl der ausgegebenen Aktien und der Anzahl jener Aktien, welche zum beizulegenden Zeitwert ausgegeben worden wären, ist als Ausgabe von Stammaktien ohne Entgelt zu behandeln (also als Gratisaktienausgabe) (IAS 33.45), und ist im Nenner, der zur Berechnung des verwässerten Ergebnisses je Aktie herangezogen wird, zu berücksichtigen. Das Ergebnis wird nicht um die Effekte von Bezugsrechten oder Optionen berichtigt.

Mitarbeiteroptionen zum Erwerb einer bestimmten Anzahl an Aktien zu einem festgelegten Kurs während eines fix definierten Zeitraums sind im Rahmen der Berechnung des verwässerten Ergebnisses je Aktie zu berücksichtigen (IAS 33.47A).

Potenzielle Stammaktien sind ausschließlich dann als verwässernd zu betrachten, wenn ihre Umwandlung in Stammaktien den Periodengewinn je Aktie kürzen würde (IAS 33.41).

US GAAP Vergleichbar mit IFRS (FAS 129.17 ff).

HGB Es bestehen keine handelsrechtlichen Regelungen.

4. Relevante Vorschriften

IFRS   IAS 33.

US GAAP FAS 128.

B. Angaben über Beziehungen zu nahe stehenden Unternehmen und Personen

1. Zweck

IFRS   Mit den Pflichtangaben über Beziehungen zu nahe stehenden Unternehmen und Personen („Related Party Transactions") wird die Sensibilisierung des Lesers des Jahresabschlusses hinsichtlich des Ausmaßes der Beeinflussung des Jahresabschlusses durch solche Beziehungen bezweckt.

Beziehungen zu nahe stehenden Unternehmen und Personen liegen vor, wenn eine der Parteien über die Möglichkeit verfügt, die andere Partei direkt oder indirekt zu beherrschen, oder einen maßgeblichen Einfluss oder gemeinschaftliche Kontrolle – auch indirekt – auf deren Finanz- und Geschäftspolitik auszuüben. Der Kreis nahe stehender Unternehmen und Personen wird unter Einbeziehung von Tochtergesellschaften, assoziierten Unternehmen, Joint Ventures, Mitgliedern der Unternehmensleitung und Aktionären definiert. Darüber hinaus sind auch natürliche Personen mit Beherrschungsmacht, maßgeblichem Einfluss oder gemeinschaftlicher Kontrolle oder ein Familienmitglied dieser natürlichen Personen als nahe stehende Personen iSd IAS 24 zu werten. Darüber hinaus umfasst IAS 24 auch Versorgungseinrichtungen für Leistungen nach Beendigung des Arbeitsverhältnisses (IAS 24.9).

Handelt es sich um ein Beherrschungsverhältnis, so sind folgende Angaben zwingend zu machen, unabhängig davon, ob sich überhaupt Geschäftsvorfälle ereignet haben (IAS 24.12): Art der Beziehung, Name des/der nahe stehenden Unternehmen(s) bzw Person sowie Name der Muttergesellschaft des größten Konzernkreises.

Sofern Transaktionen zwischen nahe stehenden Unternehmen und Personen stattgefunden haben, sind Art der Beziehung und der Transaktion sowie der betragliche Umfang dieser Transaktionen oder offenen Posten anzugeben. Darüber hinaus sind die Zahlungsbedingungen, gewährten Konditionen, erhaltene oder gewährte Sicherheiten im Zusammenhang mit den offenen Posten zu beschreiben als auch hingegebene oder erhaltene Garantien oder die Begleichung von Verbindlichkeiten für oder durch nahe stehende Unternehmen und Personen anzugeben (IAS 24.17).

Für Mitglieder des Managements in Schlüsselpositionen sind darüber hinaus die einzelnen Vergütungskomponenten nach den Kategorien des IAS 19 bzw IFRS 2 gesondert anzugeben (IAS 24.16). Eine Nennung der einzelnen Namen der betroffenen Personen sowie deren individueller Vergütungspakete wird von IAS 24 nicht zwingend vorgeschrieben.

Die Angabe des Umfangs von Geschäften ist in absoluten Zahlen und nicht als prozentuale Größe offen zu legen.

US GAAP Vergleichbar mit IFRS.

HGB Das HGB kennt den Begriff nahe stehende Unternehmen und Personen als solchen nicht. Es werden darunter Unternehmen und Personen verstanden, die in der Lage sind, die andere Partei entweder zu beherrschen oder einen maßgeblichen Einfluss auf deren Geschäfts- und Finanzpolitik auszuüben.

Die handelsrechtliche Berichterstattung besteht nur für verbundene Unternehmen, Beteiligungsverhältnisse und Organe.

Auf EU-Ebene ist im Vorschlag einer Richtlinie zur Abänderung der 4. und 7. EU-Richtlinie vom 28. Oktober 2004 vorgesehen, dass künftig verpflichtend im Anhang Angaben zu Natur, Geschäftszweck und Betrag jeder Transaktion, die das Unternehmen mit nahe stehenden Personen eingegangen ist, zu machen sind, sofern diese Transaktion wesentlich ist und nicht zu regulären wirtschaftlichen Bedingungen abgeschlossen wurde. Zur Anwendung soll die Definition der nahe stehenden Person aus IAS 24 kommen.

2. Angaben im Anhang und Befreiungstatbestände

IFRS Entgegen den Bestimmungen nach US GAAP existieren nach IFRS weder spezifische Regelungen, die eine über die Nennung des obersten Konzernmutterunternehmens hinausgehende Namensnennung von nahe stehenden Unternehmen und Personen vorschreiben, noch ist die Angabe von unterjährigen Geschäftsvolumina vorgeschrieben. Indirekt bestehen derartige Angabepflichten jedoch insofern, als sinnvolle Informationen über die Geschäftsvorfälle mit nahe stehenden Unternehmen und Personen bereitgestellt werden müssen.

US GAAP Art und Umfang sämtlicher Geschäftsvorfälle mit nahe stehenden Unternehmen und Personen sind offen zu legen, einschließlich konkreter Beträge. Entgegen den IFRS-Bestimmungen sind alle wesentlichen Geschäftsvorfälle, mit Ausnahme von Gegenverrechnungen und ähnlichen Fällen, in den Einzelabschlüssen von 100-%igen Tochterunternehmen auszuweisen, es sei denn, diese werden zusammen mit dem Konzernabschluss der Muttergesellschaft in dem selben Dokument veröffentlicht (FAS 57.2).

HGB Folgende Angaben müssen nach HGB gemacht werden.

Einzelabschluss:
- Verbundene Unternehmen: Getrennter Ausweis von Forderungen und Verbindlichkeiten in der Bilanz, sowie einiger Posten der Gewinn und Verlustrechnung; Angaben bezüglich Konsolidierungskreis (§ 237 Z 12 HGB); Haftungsverhältnisse (§ 237 Z 3 HGB); sonstige finanzielle Verpflichtungen (§ 237 Z 8a HGB), Erwerb immaterieller Vermögensgegenstände und Details zu den verbundenen Unternehmen (§ 238 Z 3 HGB); Beteiligungserträge (§ 238 Z 4 HGB);

- Beteiligungsverhältnisse (§ 238 Z 2 HGB);
- Organbezüge (§ 239 HGB).

Nach § 241 HGB können gewisse Angaben, unabhängig von Rechtsform und Größenklasse, unterbleiben. Diese Schutzklausel umfasst unter anderem Angaben, deren Offenlegung nach vernünftiger kaufmännischer Beurteilung geeignet ist, dem Unternehmen oder einem Beteiligungsunternehmen einen erheblichen Nachteil zuzufügen, sowie Angaben, die von untergeordneter Bedeutung sind oder deren Offenlegung öffentlichen Interessen zuwiderlaufen würde. Die Anwendung dieser Ausnahmebestimmung ist im Anhang anzugeben. Die Aufschlüsselung der Bezüge von Vorstands- und Aufsichtsratsmitgliedern sowie der Aufwendungen für Abfertigungen und Pensionen von Vorstandsmitgliedern und leitenden Angestellten kann bei weniger als drei Personen entfallen.

Die Aufgliederung von Umsatzerlösen nach Tätigkeitsbereichen und nach geographisch bestimmten Märkten kann unterbleiben, sofern daraus der Gesellschaft oder einem Unternehmen, an dem die Gesellschaft mit zumindest 20% beteiligt ist, ein erheblicher Nachteil entstehen würde. Die Anwendung dieser Schutzklausel muss im Anhang angegeben werden (§ 237 Z 9 HGB).

Konzernabschluss:
- Zusätzliche Angaben für den Konzernanhang (§§ 265 f).

Im Konzernabschluss können Anhangangaben wie Name und Sitz der einbezogenen und assoziierten Unternehmen sowie Angaben über Kapitalanteile, die vom Mutterunternehmen gehalten werden, unterbleiben, soweit sie geeignet sind, dem Mutter- oder anderen Konzernunternehmen einen erheblichen Nachteil zuzufügen. Die Anwendung dieser Ausnahmebestimmung ist im Konzernanhang anzugeben.

Analog zum Einzelabschluss kann die Aufgliederung von Umsatzerlösen nach Tätigkeitsbereichen und nach geographisch bestimmten Märkten für den Fall eines erheblichen Nachteils für die Gesellschaft oder einem Unternehmen, an dem die Gesellschaft mit zumindest 20% beteiligt ist, auch im Konzernabschluss unterlassen werden. Die Anwendung dieser Schutzklausel muss im Konzernanhang angegeben werden (266 Z 3 HGB).

3. Relevante Vorschriften

IFRS   IAS 24.

US GAAP   FAS 57.

HGB   §§ 237, 238, 239, 241, 265, 266.

C. Segmentberichterstattung

1. Darstellung

Verglichen mit den internationalen Vorschriften („Segment Reporting") besteht bloß eine rudimentäre handelsrechtliche Segmentberichterstattung (§§ 237 Z 9, 266 Z 3 HGB).

THEMATIK	IFRS	US GAAP	HGB
Allgemeine Anforderungen			
Anwendungs-bereich	Börsennotierte Unterneh-men; Unternehmen die im Begriff sind, an die Börse zu gehen; nicht notierte Unternehmen freiwillig (IAS 14.3 ff).	Börsennotierte Unterneh-men; für nicht notierte Unternehmen nicht ver-pflichtend, aber erwünscht (FAS 131.9).	Mittelgroße und große AG, große GmbH, sowie ent-sprechende Kapitalgesell-schaften & Co.
Segmente und Segmentberichts-formate	Geschäftssegmente („Business Segments") und geographische Segmente („Geographical Segments"), wobei eines als primäres und das andere als sekundäres Berichtsformat zu wählen ist (IAS 14.9). Das sekundäre Berichts-format sieht weniger Angaben vor.	Operative Segmente („Operating Segments") (FAS 131.10).	Im Anhang sind die Umsatzerlöse nach Tätig-keitsbereichen sowie nach geographisch bestimmten Märkten aufzugliedern (§ 237 Z 9 HGB). Eine Trennung in ein primäres und sekundäres Berichts-format besteht nicht.
Bestimmung von Segmenten			
Allgemeiner Ansatz	Basiert auf dem Risiko- und Ertragsprofil des Unter-nehmens und der internen Finanzberichterstattung (IAS 14.26 ff).	Die Segmentierung entspricht den operativen Einheiten, die im internen Berichtswesen verwendet werden (FAS 131.16).	Regionale Aufgliederung (nach Absatzmärkten) und Aufgliederung nach Tätig-keitsbereichen.
Zusammen-fassung von ähnlichen Geschäfts-/ operativen Segmenten	Nach IAS 14 wird anhand von fünf Faktoren be-stimmt, ob ähnliche Pro-dukte und Dienstleistungen vorliegen (IAS 14.9).	Nach US GAAP finden die gleichen Kriterien An-wendung (FAS 131.17).	Nicht geregelt.
Zusammen-fassung von ähnlichen geo-graphischen Segmenten	Vergleichbar mit der Vor-gehensweise bei Geschäfts-segmenten bestehen sechs Faktoren mit Ausrichtung auf wirtschaftliche und politische Konditionen, spezielle Risiken, Devisen-bestimmungen und Kurs-änderungsrisiken (IAS 14.9).	Nicht vorgesehen; Es be-stehen bestimmte Offen-legungspflichten von Erlösen und Vermögens-werten unter Herausrech-nung von Konsolidierungs-effekten für Inland und Ausland jeweils kumuliert und für alle wesentlichen Länder individuell (FAS 131.38).	Nicht geregelt; bei stark abweichenden Tätigkeits-bereichen wird allenfalls eine regionale Differenzie-rung der Produkt- und Leistungsgruppen durch-geführt.
Schwellenwert für berichts-pflichtige Segmente	Segmenterlöse, -ergebnis oder -vermögenswerte übersteigen jeweils 10% der Gesamterlöse, -ergebnisse bzw -vermögenswerte des Unternehmens. Wenn die Erlöse der so identifizierten	Vergleichbar mit IFRS (FAS 131.18 und FAS 131.20).	Nicht geregelt.

THEMATIK	IFRS	US GAAP	HGB
	berichtspflichtigen Segmente weniger als 75% der gesamten konsolidierten Erlöse ausmachen, sind zusätzliche berichtspflichtige Segmente zu bestimmen, bis der 75%-Schwellenwert erreicht wird (IAS 14.35–.37).		
Nicht-berichts-pflichtige Segmente	Segmente, die nach dem bisher beschriebenen Schema nicht als berichts-pflichtig identifiziert werden, sind als nicht zuge-ordneter Ausgleichsposten einzubeziehen, wenn sie nicht alleine oder zusam-mengefasst mit ähnlichen Segmenten freiwillig be-richtet werden (IAS 14.36).	Vergleichbar mit IFRS (FAS 131.21).	Nicht geregelt.
Maximale Anzahl der berichts-pflichtigen Segmente	Es besteht keine Ober-grenze.	Aus Praktikabilitätsgrün-den wird vorgeschlagen, nicht mehr als zehn Segmente auszuweisen (FAS 131.20).	Nicht geregelt.
Bewertung			
Bilanzierungs- und Bewertungs-methoden für Segmente	Segmentinformationen sind in Übereinstimmung mit den im Konzern-abschluss angewendeten Bilanzierungs- und Be-wertungsmethoden zu erstellen (IAS 14.44). Zu-sätzliche, auf freiwilliger Basis offen gelegte Seg-mentinformationen dürfen abweichend hiervon nach internen Bilanzierungs- und Bewertungsmethoden ausgewiesen werden, sofern die Bewertungsgrundlagen entsprechend erläutert werden (IAS 14.46).	Es sind die im internen Berichtswesen verwendeten Bilanzierungs- und Bewertungsmethoden anzuwenden (FAS 131.29).	Nicht geregelt.
Verteilung von Vermögens-werten/Schulden, Erträgen/Auf-wendungen auf die einzelnen Segmente	Es wird eine symmetrische Verteilung verlangt (IAS 14.47).	Eine symmetrische Verteilung ist zwar nicht zwingend vorgeschrieben, etwaige asymmetrische Verteilungen sind jedoch angabepflichtig.	Nicht geregelt.
Wesentliche Angabepflichten im Anhang			
Faktoren, die zur Bestimmung von berichtspflich-tigen Segmenten verwendet werden	Es sind keine spezifischen Angaben erforderlich.	Angabepflicht (FAS 131.26).	Nicht angabepflichtig.

THEMATIK	IFRS	US GAAP	HGB
Erlöse aus Verkäufen an Kunden und aus Transaktionen mit anderen Segmenten	Erlöse aus Verkäufen an Kunden sind angabepflichtig. Erlöse aus Transaktionen mit anderen Segmenten sind nur im primären Berichterstattungsformat angabepflichtig (IAS 14.51, .69).	Angaben sind auf konsolidierter Ebene erforderlich und auf Segmentebene nur dann, wenn sie auch für Zwecke der internen Berichterstattung im Segmentgewinn oder -verlust enthalten sind.	Nicht angabepflichtig.
Segmentergebnis	Angabepflichtig (IAS 14.52).	Angabepflichtig.	Nicht angabepflichtig.
Segmentvermögenswerte und Segmentschulden	Segmentvermögenswerte sind anzugeben, Segmentschulden hingegen nur für das primäre Berichtsformat (IAS 14.55–.56, .69).	Segmentvermögen muss angegeben werden, nicht hingegen Segmentschulden (FAS 131.27).	Nicht angabepflichtig.
Investitionsausgaben	Angabepflichtig (IAS 14.57, .69).		Nicht angabepflichtig.
Planmäßige Abschreibungen und sonstige wesentliche nicht zahlungswirksame Aufwendungen	Diese Angaben sind nur für das primäre Berichtsformat erforderlich (IAS 14.58 und .61).	Für berichtspflichtige Segmente auf Basis der für die Segmentberichterstattung angewandten Bilanzierungs- und Bewertungsmethoden angabepflichtig, aber nur dann, wenn diese auch im Segmentergebnis der internen Berichterstattung enthalten sind oder in sonstiger Weise regelmäßig an die operativen Entscheidungsträger im Unternehmen berichtet werden (FAS 131.27).	Nicht angabepflichtig.
Ungewöhnliche Aufwendungen und Erträge	Angabe im primären Berichtsformat wünschenswert, aber nicht verpflichtend (IAS 14.59).		Nicht angabepflichtig.
Zinserträge und Zinsaufwendungen	Nicht angabepflichtig.		Nicht angabepflichtig.
Einkommensteuer	Nicht angabepflichtig.		Nicht angabepflichtig.
Außerordentliche Aufwendungen und Erträge	Nicht anwendbar, da IFRS keinen ao Posten in der Gewinn- und Verlustrechnung kennt.		Nicht angabepflichtig.
Gewinne und Verluste aus Investitionen, die nach der Equity Methode bilanziert werden	Angabepflichtig, wenn die Geschäftstätigkeit des assoziierten Unternehmens im Wesentlichen einem bestimmten Segment zugeordnet werden kann (IAS 14.64).		Nicht angabepflichtig.
Großkunden	Nicht angabepflichtig.	Für jeden externen Kunden mit einem Anteil von mehr als 10% am konsolidierten Umsatzerlös sind dessen Gesamtumsatzerlöse und das jeweilige Segment, in welchem diese berichtet werden, anzugeben (FAS 131.39).	Nicht angabepflichtig.

THEMATIK	IFRS	US GAAP	HGB
Beschaffenheit der Segmente	Prinzipiell ist auf die Art der Produkte und Dienstleistungen, die in jedem berichtpflichtigen Geschäftssegment einbezogen sind, und auf die Zusammensetzung jedes geographischen Segments hinzuweisen (IAS 14.81).	Vergleichbar mit IFRS (FAS 131.26).	Nicht angabepflichtig.

2. Laufende Projekte (IASB)

Short-term Convergence Project – Segment Reporting

Im Hinblick auf eine Harmonisierung der Rechnungslegungsvorschriften hat das IASB angekündigt, IAS 14 and FAS 131 dahingehend anzupassen, dass die Bestimmung der berichtspflichtigen Segmente nach dem internen Berichtswesen (dem sog „Management Approach") und nicht mehr nach den Risiko- und Chancenprofil des Unternehmens erfolgen soll.

3. Relevante Vorschriften

IFRS   IAS 14.

US GAAP   FAS 131.

HGB   §§ 237, 266.

D. Aufgegebene Geschäftsbereiche

1. Darstellung

IFRS   IFRS 5 regelt sowohl die Definition als auch Ausweis und Bewertung von aufgegebenen Geschäftsbereichen. Die speziellen Ausweis- und Bewertungsvorschriften des IFRS 5 sind ab dem Zeitpunkt anzuwenden, ab dem der Geschäftsbereich die Kriterien als „zur Veräußerung gehalten" erfüllt oder das Unternehmen den Geschäftsbereich veräußert hat (IFRS 5.IN6f).

US GAAP   Nach US GAAP bestehen Bestimmungen für Bewertung und Offenlegung von einzustellenden Bereichen (FAS 144).

HGB   Handelsrechtlich bestehen keine Sonderregelungen zur Einstellung von Bereichen. Das Ergebnis aus der Betriebsaufgabe ist in der Regel unter den außerordentlichen Posten auszuweisen und bei Vorliegen von Wesentlichkeit im Anhang zu erläutern (§ 233 HGB). Prinzipiell kann auch von einer Informationspflicht im Lagebericht ausgegangen werden.

Folgende Übersicht stellt daher nur die Regelungen nach IFRS und nach US GAAP dar.

Thematik: Definition	
IFRS	**US GAAP**
Ein Unternehmensbestandteil, der veräußert wurde oder als zur Veräußerung gehalten klassifiziert wird und: (a) einen gesonderten, wesentlichen Geschäftszweig oder geografischen Geschäftsbereich darstellt, (b) Teil eines einzelnen, abgestimmten Plans zur Veräußerung eines gesonderten wesentlichen Geschäftszweigs oder geografischen Geschäftsbereichs ist, oder (c) ein Tochterunternehmen darstellt, das ausschließlich mit der Absicht einer Weiterveräußerung erworben wurde („Discontinued Operation"; IFRS 5 Anhang A).	Geschäftsbereich („Component" auch als „Disposal Group" bezeichnet) des Unternehmens in der Ausgestaltung als Berichtssegment bzw operatives Segment iSv FAS 131.10, als kleinste zahlungsmittelgenerierende Einheit iSv FAS 142.30 ff, als Tochterunternehmen oder als Gruppe von Vermögenswerten („Asset Group") iSv FAS 144.4 (FAS 144.41).

Thematik: Art der Aufgabe	
IFRS	**US GAAP**
Entweder wurde der Geschäftsbereich veräußert oder erfüllt die Kriterien als „zur Veräußerung gehalten" (IFRS 5 Anhang A).	Entweder wurde der Bereich veräußert oder wird als zur Veräußerung bestimmt vorgesehen (FAS 144.42).

Thematik: Beabsichtigter Zeitplan	
IFRS	**US GAAP**
Im Zeitpunkt der Klassifizierung des Geschäftsbereichs als zur Veräußerung bestimmt muss bereits die Vermutung bestehen, dass der Veräußerungsvorgang innerhalb eines Jahres abgeschlossen sein wird (IFRS 5.8). Diese Bedingung wird durch die in IFRS 5.9 iVm Anhang B angeführten Ausnahmetatbestände eingeschränkt, dh durch Ereignisse oder Umstände, welche durch das Unternehmen nicht beeinflusst werden können und zu einer Überschreitung des einjährigen Zeithorizonts führen können, unter der Voraussetzung, dass das Unternehmen weiterhin an seinem Plan zum Verkauf festhält.	Im Zeitpunkt der Klassifizierung des Geschäftsbereichs als zur Veräußerung bestimmt muss bereits die Vermutung bestehen, dass der Veräußerungsvorgang innerhalb eines Jahres abgeschlossen sein wird (FAS 144.30d). Diese Bedingung wird durch die im FAS 144.31 angeführten Ausnahmetatbestände eingeschränkt, dh durch Ereignisse oder Umstände, welche durch das Unternehmen nicht beeinflusst werden können und zu einer Überschreitung des einjährigen Zeithorizonts führen können.

Thematik: Beginn der Angabepflicht	
IFRS	**US GAAP**
Ab dem Zeitpunkt der Klassifizierung des Geschäftsbereichs als „zur Veräußerung gehalten" bzw. bei Veräußerung.	Ab dem Zeitpunkt der Klassifizierung des Geschäftsbereichs als zur Veräußerung bestimmt.

Thematik: Bewertung	
IFRS	**US GAAP**
Aufgegebene Geschäftsbereiche sind zum niedrigeren Wert aus Buchwert der Vermögenswerte und Schulden und beizulegendem Zeitwert abzüglich noch anfallender Veräußerungskosten zu bewerten. Langfristige Vermögenswerte werden nicht mehr planmäßig abgeschrieben. Jene Vermögenswerte, die keine langfristigen Vermögenswerte darstellen, sind nach den jeweiligen	Geschäftsbereiche sind zum Buchwert oder niedrigeren beizulegenden Zeitwert, jeweils um Veräußerungskosten gekürzt, auszuweisen. Langlebige Vermögenswerte („Long-Lived Assets") dürfen nicht weiter planmäßig abgeschrieben werden. Zinsaufwendungen und sonstige mit den Schulden des Geschäftsbereichs im Zusammenhang stehende Aufwendungen sind hingegen weiterhin periodengerecht abzugrenzen (FAS 144.34).

Vorschriften (zB IAS 2, IAS 39) unmittelbar vor Klassifizierung als „zur Veräußerung gehalten" zu bewerten (IFRS 5.18). Sofern die aufsummierten Buchwerte (einschließlich der langfristigen Vermögenswerte) den beizulegenden Zeitwert überschreiten, ist eine Wertminderung („impairment") zu Lasten ausschließlich der langfristigen Vermögenswerte zu erfassen. Die Zuteilung der Wertminderung folgt dabei den allgemeinen Regeln des IAS 36 (IFRS 5.23 iVm IAS 36).

In Folgeperioden ist der beizulegende Zeitwert abzüglich Veräußerungskosten zu prüfen. Sollte der beizulegende Zeitwert abzüglich Veräußerungskosten den Buchwert (oder die kumulierten Buchwerte) unterschreiten, ist zusätzlicher Wertminderungsaufwand zu erfassen. Steigt hingegen der beizulegende Zeitwert abzüglich Veräußerungskosten, so ist eine Zuschreibung vorzunehmen, allerdings nur im Umfang von bisher nach IAS 36 und IFRS 5 vorgenommenen außerplanmäßigen Wertminderungen (IFRS 5.21 ff). Die Zuschreibung folgt dabei ebenfalls den allgemeinen Grundsätzen des IAS 36.

Wertminderungsverluste aus dem Ansatz zum niedrigeren beizulegenden Zeitwert sind in voller Höhe im Periodenergebnis zu erfassen. Etwaige spätere Wertsteigerungen dürfen maximal im Umfang zuvor bilanzierter Wertminderungsverluste erfolgswirksam berücksichtigt werden (FAS 144.37).

Thematik: Darstellung

IFRS	US GAAP
Die Konsolidierung dieser Bereiche ist fortzuführen, bis der Geschäftsbereich veräußert bzw. die Einstellungsaktivitäten abgeschlossen sind. Ab Erfüllung der Kriterien des IFRS 5 bis zum Abgang bestehen zusätzliche Offenlegungspflichten: • Die Vermögenswerte und Schulden des Geschäftsbetriebs sind in jeweils eigenen Zeilen im kurzfristigen Bereich der Bilanz auszuweisen. Folgende Angaben sind zwingend in der Gewinn- und Verlustrechnung vorzunehmen (IFRS 5.33): • Ergebnis nach Steuern des aufgegebenen Geschäftsbereichs • Ergebnis nach Steuern aus der Bewertung mit dem beizulegenden Zeitwert abzüglich Veräußerungskosten bzw Veräußerungserlös.	Die operativen Ergebnisse einzustellender Bereiche sowie Veräußerungsgewinne bzw -verluste iSv FAS 144.37 sind als gesonderte Posten in der Gewinn- und Verlustrechnung – bei gesondertem Ausweis der hierauf entfallenden Steuern – nach dem Ergebnis der fortgeführten Bereiche („Income from Continuing Operations") auszuweisen (FAS 144.43). Die Bilanzkonsolidierung wird fortgeführt, solange die Einstellung nicht abgeschlossen ist.

Thematik: Ort der Angaben

IFRS	US GAAP
Die Angaben erfolgen teilweise zwingend in der Gewinn- und Verlustrechnung selbst oder wahlweise im Anhang (IFRS 5.33).	Vergleichbar mit IFRS (FAS 144.43, FAS 144.47).

Thematik: Inhalt der Angaben

IFRS	US GAAP
Die detaillierte Zusammensetzung des Ergebnisses erfolgt entweder in der Gewinn- und Verlustrechnung oder im Anhang: • Erlöse, Aufwendungen und Ergebnis vor Steuern des aufgegebenen Geschäftsbereichs; • der zugehörige Ertragsteueraufwand; • Gewinn oder Verlust, der bei der Bewertung mit dem beizulegenden Zeitwert abzüglich Veräußerungskosten sowie Veräußerungserlös; • der zugehörige Ertragsteueraufwand. Ebenfalls anzugeben sind die Netto-Cash-Flows, die dem aufgegebenen Geschäftsbereich zuzurechnen sind. Darüber hinaus sind weitere erläuternde Angaben über den zu veräußernden Geschäftsbereich anzugeben (IFRS 5.41).	Folgende Angaben sind vorzunehmen (FAS 144.47): • Beschreibung der Umstände, die zur geplanten Veräußerung führten; • geschätzter Zeitpunkt und Art der Veräußerung; • falls nicht in der Bilanz gesondert dargestellt: Buchwerte der Hauptkategorien an Vermögenswerten und Schulden des Geschäftsbereichs; • der nach FAS 144.37 ermittelte Veräußerungsgewinn oder -verlust; • dem Geschäftsbereich zuzurechnende Umsatzerlöse und vorsteuerliches Ergebnis; • falls zutreffend: das Berichtssegment, dem der Geschäftsbereich zugeordnet ist.

Thematik: Ende der Angabepflicht	
IFRS	**US GAAP**
Die Angabepflicht endet mit dem Verkauf des Geschäftsbetriebs.	Vergleichbar mit IFRS.

2. Relevante Vorschriften

IFRS   IFRS 5.

US GAAP APB 30, FAS 131, FAS 142, FAS 144.

HGB   § 233.

E. Ereignisse nach dem Bilanzstichtag

1. Berücksichtigungspflichtige Ereignisse nach dem Bilanzstichtag

IFRS   Ereignisse nach dem Bilanzstichtag sind Ereignisse, die zwischen dem Bilanzstichtag und jenem Tag eintreten, an dem der Abschluss zur Veröffentlichung freigegeben wird („Authorized for Issue"). Es handelt sich dabei um berücksichtigungspflichtige Ereignisse („Post Balance Sheet Events"), die weitere substanzielle Hinweise zu Gegebenheiten liefern, die bereits am Bilanzstichtag vorgelegen haben und die zum Bilanzstichtag ausgewiesenen Beträge wesentlich beeinflussen (IAS 10.3). Eine Anpassung des Jahresabschlusses ist zwingend geboten, um solche Ereignisse widerzuspiegeln (IAS 10.8).

US GAAP Vergleichbar mit IFRS (AU Section 560.3 f).

HGB   Bestimmte Ereignisse zwischen Bilanzstichtag und Aufstellung des Jahresabschlusses sind trotz grundsätzlicher Anwendung des Stichtagsprinzips dennoch zu beachten. Hierbei handelt es sich um so genannte werterhellende Faktoren. Hierunter fallen alle jene Informationen, die das abgeschlossene Geschäftsjahr betreffen, aber erst nach dem Bilanzstichtag bekannt geworden sind, und deren Berücksichtigung zur Darstellung der tatsächlichen Verhältnisse am Abschlussstichtag beiträgt (§ 201 Abs 2 Z 4b HGB).

2. Nicht zu berücksichtigende Ereignisse nach dem Bilanzstichtag

IFRS   Nicht zu berücksichtigende Ereignisse nach dem Bilanzstichtag liegen vor, wenn wesentliche Ereignisse nach dem Bilanzstichtag auftreten, die Umstände betreffen, die zum Bilanzstichtag noch nicht vorlagen (IAS 10.3b). Für den Fall, dass Bilanzadressaten ohne Kenntnis dieser Ereignisse in ihrer Einschätzung beeinträchtigt werden, müssen Art und voraussichtliche finanzielle Auswirkungen im Jahresabschluss im Rahmen der Vermittlung eines möglichst getreuen Bildes der Vermögens-, Finanz- und Ertragslage des Unternehmens offen gelegt werden, ohne dass es jedoch zu betragsmäßigen Anpassungen kommen würde (IAS 10.10).

US GAAP Vergleichbar mit IFRS (AU Section 560.5 f).

HGB Ereignisse nach dem Bilanzstichtag, die im Jahresabschluss nicht berücksichtigt werden, fallen in der Regel unter die Kategorie der wertbeeinflussenden Umstände.

Als wertbeeinflussend werden Umstände bezeichnet, die tatsächlich erst nach dem Bilanzstichtag eingetreten sind und deren Entstehung nicht bereits dem Abschlussjahr zugeordnet werden kann, wenngleich sie in weiterer Folge Konsequenzen für die betreffende Bilanzposition haben. Grundsätzlich werden diese Tatbestände im Jahresabschluss nicht berücksichtigt.

Diese sind von Gesetzes wegen im Lagebericht anzugeben (§ 243 Abs 3 Z 1 HGB), und zwar jedenfalls hinsichtlich ihrer Art. Betragsmäßige Angaben können unter gewissen Voraussetzungen bei Wesentlichkeit ebenfalls erforderlich sein.

3. Ankündigung von Dividenden nach dem Bilanzstichtag

IFRS Verbindlichkeiten für Dividendenzahlungen dürfen nur dann passiviert werden, wenn die entsprechende Ankündigung vor dem Bilanzstichtag erfolgt (IAS 10.12). Sofern Dividendenzahlungen nach dem Bilanzstichtag, aber noch vor Freigabe des Jahresabschlusses zur Veröffentlichung beschlossen werden, ist darüber im Anhang zu berichten (IAS 10.13).

US GAAP Rein bare Dividendenzahlungen dürfen nicht berücksichtigt werden, Dividendenzahlungen in Form einer Aktienbegebung hingegen schon.

HGB Nach dem Bilanzstichtag festgestellte Dividenden sind von einer Berücksichtigung am Abschlussstichtag grundsätzlich ausgeschlossen. Einen Sonderfall stellt die phasenkongruente Ertragsrealisierung dar. Entsprechend dem Urteil des EuGH vom 27. Juni 1996, C-234/94, sind für die Anwendung der phasenkongruenten Dividendenrealisation folgende Voraussetzungen zu erfüllen:
- Beherrschungsmöglichkeit der Mutter,
- der Bilanzstichtag des Tochterunternehmens darf nicht nach dem des Mutterunternehmens liegen,
- Feststellung des Jahresabschlusses des Tochterunternehmens muss vor dem der Mutergesellschaft (und bei Prüfungspflicht geprüft) sein,
- die Muttergesellschaft muss den Dividendenertrag auch tatsächlich in den Gremien der Tochtergesellschaft vor Feststellung des eigenen Jahresabschlusses beschlossen haben.

4. Relevante Vorschriften

IFRS IAS 10.

US GAAP AU Section 560.

HGB §§ 201, 243.

F. Zwischenberichterstattung

1. Börsenrechtliche Anforderungen

IFRS IAS 34 schreibt nicht vor, wann ein Unternehmen eine Zwischenberichterstattung zu erstellen hat. Wenn hingegen ein Unternehmen nach lokalrechtlichen Vorschriften zur Erstellung eines Zwischenabschlusses verpflichtet ist oder freiwillig eine Zwischenberichterstattung vornimmt, dann ist IAS 34 für die Zwischenberichterstattung anzuwenden. Das IASB empfiehlt für börsennotierte Unternehmen die Vornahme der Zwischenberichterstattung (IAS 34.1).

US GAAP Nach APB 28 sind US-amerikanische (inländische), bei der SEC registrierte Unternehmen verpflichtet, den speziellen Berichterstattungserfordernissen nach SEC Regulation S-X Folge zu leisten. Diese Bestimmungen beziehen sich auf Quartalsabschlüsse, wobei diese binnen 40 Tagen nach Quartalsende zu veröffentlichen sind. Bei der SEC registrierte Unternehmen haben ebenfalls eine „Management Discussion and Analysis" in Kurzform zum finanziellen Umfeld sowie zu den operativen Ergebnissen beizuschließen. Foreign Private Issuer müssen ebenfalls quartalsweise Zwischenberichte legen.

HGB Die Vorschriften zur Zwischenberichterstattung finden sich im Börsegesetz (§ 87 BörseG) und gelten für alle an der Wiener Börse notierenden Unternehmen, unabhängig davon, ob der Sitz des Unternehmens in Österreich liegt oder nicht. Börsennotierte Gesellschaften müssen Quartalsberichte aufstellen, die spätestens innerhalb von zwei (nach dem Regelwerk der Wiener Börse für den Prime Market) bzw drei Monaten nach Ablauf der Berichtsperiode zu veröffentlichen (§ 78 BörseG) und seit dem 1. 4. 2002 der Finanzmarktaufsicht zu übermitteln sind. Prinzipiell sind Zwischenberichte in deutscher Sprache abzufassen – mit Ausnahmegenehmigung dürfen ausländische Gesellschaften Zwischenberichte in Englisch erstellen. Zwischenberichte unterliegen keiner Prüfungspflicht durch einen Wirtschaftsprüfer.

Insbesondere erfüllen Zwischenberichte nicht den Zweck einer Zwischenbilanz und sie stellen, verglichen mit den umfangreichen Zwischenberichten nach den internationalen Vorschriften, nur eine eingeschränkte Berichterstattung dar.

2. Weitere Grundsätze

IFRS und US GAAP IFRS und US GAAP enthalten ähnliche Richtlinien und Empfehlungen hinsichtlich folgender Bereiche:
- Zwischenberichte sind nach den Grundsätzen der Stetigkeit und Vergleichbarkeit zu erstellen, und zwar bezogen auf den Jahresabschluss der Vorperiode als auch auf vorangegangene Quartalsabschlüsse der laufenden Berichtsperiode.
- Stetige Anwendung von Bilanzierungs- und Bewertungsgrundsätzen in Übereinstimmung mit den Jahresabschlüssen vorangegangener Ge-

schäftsjahre. Falls feststeht, dass geänderte Bilanzierungs- und Bewertungsgrundsätze im Folgeabschluss zum Tragen kommen (beispielsweise infolge der Erstimplementierung eines neuen Standards), sollten diese bereits in den vorangehenden unterjährigen Quartalsabschlüssen angewendet werden.

- Die Erfolgs- und Aufwandsrealisierung im Zwischenabschluss erfolgt derart, als wäre der zu Grunde liegende Berichtszeitraum Grundlage für einen eigenen Jahresabschluss – und nicht nur Teil eines Wirtschaftsjahres. Nicht abgeschlossene Transaktionen sind wie am Bilanzstichtag entsprechend zu bilanzieren. US GAAP ermöglicht jedoch die Aufteilung bestimmter Kosten, welche in mehr als einem Quartal zu Nutzungen führen, zwischen den entsprechenden Zwischenberichtsperioden. Zudem gestattet US GAAP die Abgrenzung bestimmter Kostenabweichungen, von denen erwartet wird, dass diese bis zum Jahresende ausgeglichen werden. In beiden Regelwerken hängt die Höhe des in der Zwischenberichterstattung zu berücksichtigenden Ertragsteueraufwandes von dem erwarteten Effektivsteuersatz für das Gesamtjahr, umgelegt auf das Ergebnis der Zwischenberichtsperiode, ab.
- Verkürzte Gewinn- und Verlustrechnung (einschließlich Segmenterlöse und -ergebnisse), verkürzte Bilanz, verkürzte Geldflussrechnung, verkürzte Darstellung der realisierten Gewinne und Verluste sowie ausgewählte Anhangangabe.
- Verbale Erläuterungen.

Nach beiden Regelwerken stammen die Bilanzvergleichszahlen aus dem Jahresabschluss des vorangegangenen Geschäftsjahres. Für die übrigen Bestandteile des Jahresabschlusses sind die kumulierten Vergleichszahlen des entsprechenden Quartalsabschlusses des Vorjahres auszuweisen.

HGB Zwischenberichte müssen ein den tatsächlichen Verhältnissen entsprechendes Bild der Finanzlage und des allgemeinen Geschäftsganges vermitteln. Die Vergleichbarkeit zwischen Jahresabschluss (Einzel- bzw Konzernabschluss) samt Lagebericht und den Quartalsberichten (bzw in konsolidierter Form) ist jedenfalls zu gewährleisten.

Es sind die Grundsätze des Börsegesetzes sowie das seit 1. 1. 2002 für Unternehmen des Prime Market geltende Regelwerk der Wiener Börse zu beachten, wo bestimmte Verhaltensregeln für die notierenden Unternehmen in den einzelnen Segmenten festgelegt sind.

Folgender Inhalt ist für Zwischenberichte nach dem Börsegesetz vorgesehen (§ 87 BörseG):
- Umsatzerlöse in aufgegliederter Form (nach geographischen/geschäftsbereichsbezogenen Gesichtspunkten),
- Ergebnis vor oder nach Steuern,
- Auftragslage,
- Kosten- und Preisentwicklung,
- Arbeitnehmeranzahl,
- Investitionen,
- Vorgänge von wesentlicher Bedeutung, die Auswirkungen auf das Ergebnis der Geschäftstätigkeit haben könnten,

- besondere Umstände, die die Entwicklung der Geschäftstätigkeit beeinflusst haben,
- Prognose für das laufende Jahr.

Auf Antrag der Gesellschaft kann die Wiener Börse von der Aufnahme bestimmter Punkte absehen, sofern die Gefahr besteht, dass die Veröffentlichung dem börsennotierten Unternehmen erheblichen Schaden zufügen könnte und dem weder ein öffentliches Interesse entgegensteht noch die Angaben für die Beurteilung durch den Anleger unerlässlich sind.

Nach dem Regelwerk der Wiener Börse sind für Quartalsberichte folgende Mindestbestandteile verpflichtend vorgesehen:

- Bilanz,
- Gewinn- und Verlustrechnung,
- Geldflussrechnung,
- Eigenkapitalveränderungsrechnung,
- Erläuternde Bemerkungen.

Die Quartalsberichte sind in deutscher und englischer Sprache zu erstellen.

Der letzte Quartalsbericht entspricht dem Jahresabschluss. Das Regelwerk der Wiener Börse schreibt für den Prime Market die Erstellung nach IFRS oder nach US GAAP vor.

3. Relevante Vorschriften

IFRS   IAS 34.

US GAAP APB 28, FAS 130, FAS 131, SEC Regulation S-X.

HGB   BörseG: §§ 78, 87.

G. Operativer und finanzwirtschaftlicher Lagebericht

1. Darstellung

IFRS   IFRS empfiehlt börsennotierten und großen, nicht an der Börse notierten Kapitalgesellschaften die Miteinbeziehung eines operativen und finanzwirtschaftlichen Lageberichtes („Operating and Financial Review", OFR) in den Geschäftsbericht, und zwar als eigenen Bestandteil neben dem Jahresabschluss. Es bestehen Richtlinien hinsichtlich des möglichen Inhaltes dieses Berichtes.

IFRS empfiehlt die Berücksichtigung nachstehender Aspekte:
- wesentliche Kennzahlen und Einflussfaktoren zur betrieblichen Leistung der laufenden Berichtsperiode;
- Änderungen im Geschäftsumfeld, vom Unternehmen getroffene Gegenmaßnahmen/Reaktionen darauf sowie deren Auswirkungen auf die Ertragslage;
- Angaben betreffend die Investitionstätigkeit in der Berichtsperiode zur

Erhaltung bzw zum Ausbau der Leistungsfähigkeit des Unternehmens in zukünftigen Perioden; und
• Finanzierungsquellen, Fremdfinanzierungspolitik und Strategien zum Risikomanagement.

US GAAP US GAAP hingegen sieht für SEC registrierte Gesellschaften zwingend die Erstellung einer so genannten Management Discussion and Analysis („MD&A") zusätzlich zum Jahresabschlussbericht vor.

MD&A legt Schwerpunkte in den Bereichen Liquiditätslage, Eigenkapitalausstattung und operatives Ergebnis, bezogen auf die im Jahresabschluss dargestellte 3-Jahres-Periode. Unter anderem sind folgende Aspekte zu berücksichtigen:
• Erläuterung der wesentlichen Abweichungen in den ausgewiesenen Salden hinsichtlich jedes einzeln zu berichtenden Segments, und zwar dann, wenn die Segmenterlöse, Segmentergebnisse und Kapitalanforderungen in einem Missverhältnis zueinander stehen;
• allgemeine wirtschaftliche Rahmenbedingungen einschließlich jener des Industriezweiges. Bekannte und als verlässlich zu bewertende Informationen über zukünftige Entwicklungen sind zu berücksichtigen;
• unübliche Ereignisse oder Transaktionen; und
• die wahrscheinliche Auswirkung von neu veröffentlichten Standards auf zukünftige Perioden, sofern diese noch nicht auf den Jahresabschluss der Gesellschaft angewendet wurden.

Ausländische, in den USA börsennotierte Gesellschaften haben ebenfalls relevante Angaben über die politische Lage, steuerliche oder monetäre Bestimmungen zu machen, sofern sich daraus Auswirkungen auf die Gesellschaft selbst oder aber auf deren US-Kapitalanleger ergeben könnten. Weiters sollten diese Gesellschaften die wichtigsten Unterschiede zwischen US GAAP und den lokalen Rechnungslegungsbestimmungen erläutern.

HGB Die gesetzlichen Vertreter von Kapitalgesellschaften sind dazu verpflichtet, neben dem um den Anhang erweiterten Jahresabschluss einen Lagebericht aufzustellen (§ 222 Abs 1 HGB). Kleine Gesellschaften mit beschränkter Haftung (im Sinne von § 221 HGB) sind von der Erstellung eines Lageberichts befreit (§§ 243 Abs 4, 246 Abs 3 HGB). Der Lagebericht soll den Geschäftsverlauf so darstellen, dass ein möglichst getreues Bild der Vermögens-, Finanz- und Ertragslage gewährleistet ist, sowie auf bestimmte, demonstrativ aufgezählte Punkte eingehen (§§ 243 HGB für den Einzelabschluss, § 267 HGB für den Konzernabschluss). Mit dem ReLÄG 2004 wurden die erforderlichen Inhalte des Lageberichts und des Konzernlageberichts erweitert. Die zusätzlichen Angaben gelten für Lageberichte von Geschäftsjahren, die nach dem 31. Dezember 2004 beginnen.

Einzelne Inhalte des Lageberichtes nach HGB sind nach IFRS bereits im Anhang darzustellen (beispielsweise Forschung und Entwicklung: IAS 38.126 f; Ereignisse nach dem Bilanzstichtag bei Vorliegen bestimmter Voraussetzungen: IAS 10.20). Außerdem werden handelsrechtlich tendenziell eher verbale Erläuterungen und weniger quantitative Angaben vorgenommen.

Handelsrechtlich werden in demonstrativer Aufzählung für Lageberichte zu Einzel- (§ 243 HGB) bzw Konzernabschlüssen (§ 267 HGB) folgende Inhalte vorgeschrieben:

- Darstellung des Geschäftsverlaufs und der Lage des Unternehmens bzw Konzerns auf eine Art und Weise, die ein möglichst getreues Bild der Vermögens-, Ertrags- und Finanzlage vermittelt;
- Darstellung des Geschäftsergebnisses sowie die Beschreibung wesentlicher Risiken und Ungewissheiten, denen das Unternehmen ausgesetzt ist;
- ausgewogene und umfassende, dem Umfang und der Komplexität der Geschäftstätigkeit angemessene Analyse des Geschäftsverlaufs, einschließlich des Geschäftsergebnisses und der Lage des Unternehmens sowie Angabe der wichtigsten finanziellen Leistungsindikatoren mit Erläuterung unter Bezugnahme auf die im Jahresabschluss ausgewiesenen Beträge und Angaben;
- Erläuterung von Vorgängen von besonderer Bedeutung nach dem Bilanzstichtag (wertbeeinflussende Umstände);
- Beschreibung der voraussichtlichen Entwicklung des Unternehmens;
- Darstellung der Bereiche Forschung und Entwicklung;
- Einzelabschluss: die bestehenden Zweigniederlassungen;
- bei Verwendung von Finanzinstrumenten, sofern dies für die Beurteilung der Vermögens-, Finanz- und Ertragslage von Bedeutung ist, sind anzugeben:
  - die Risikomanagementziele und -methoden, einschließlich der Methoden zur Absicherung aller wichtigen Arten geplanter Transaktionen, die im Rahmen der Bilanzierung von Sicherungsgeschäften angewandt werden, sowie
  - bestehende Preisänderungs-, Ausfall-, Liquiditäts- und Cashflow-Risiken;
- Große Kapitalgesellschaften und Konzernabschluss: Angabe der wichtigsten nichtfinanziellen Leistungsindikatoren, einschließlich Informationen über Umwelt- und Arbeitnehmerbelange.

Bei einem Konzernabschluss nach § 245a HGB muss in jedem Fall ein Konzernlagebericht aufgestellt werden.

2. Relevante Vorschriften

IFRS   IAS 1, IAS 10, IAS 38.

US GAAP   SEC Regulation S-K, SEC FRR 36.

HGB   §§ 221, 222, 243, 245a, 246, 267.

3. Laufende Projekte (IASB) – Amendment to IAS 1 Presentation of Financial Statements – Capital Disclosures

Durch diese überarbeitete Version des IAS 1, die verpflichtend für Geschäftsjahre ab dem 1. 1. 2007 anzuwenden ist (eine frühere Anwendung wird empfohlen), werden die Pflichtangaben zur Kapitalausstattung, Finanzierungspolitik und zum Risikomanagement wesentlich erweitert.

Neben einer Beschreibung seiner Zielsetzung, Strategie und internen Abläufe zur Kapitalausstattung und dem Liquiditätsmanagement hat ein Unternehmen auch quantitative Daten offen zu legen, ua welche Finanzierungen wie gesteuert werden, welche Veränderungen sich im Berichtsjahr ergeben haben und ob Nebenbedingungen im Zusammenhang mit gewährten Finanzierungen bestehen und ob diese verletzt wurden sowie deren Auswirkungen.

H. Sarbanes-Oxley Act von 2002

Um das öffentliche Vertrauen in die Rechnungslegungsprozesse wiederherzustellen und den Schutz der Investoren zu verstärken, wurde Mitte 2002 der Sarbanes-Oxley Act in den USA erlassen.

Durch den Sarbanes-Oxley Act wurden strenge Regeln für das Management, Wirtschaftsprüfer, Rechtsanwälte, Analysten und die Wertpapierbörsen eingeführt. Anwendbar sind die Regeln für alle Unternehmen, die gemäß Securities und Exchange Act of 1934 an einer US-amerikanischen Börse gelistet sind, also auch für die so genannten Foreign Private Issuer (alle nicht US-Unternehmen).

Folgende Bereiche werden zB geregelt:

- Unabhängigkeit der Wirtschaftsprüfer, Partner Rotation;
- Unternehmensverantwortungen, zB des Audit Committees, von CEO und CFO, Insider Transaktionen;
- verstärkte Offenlegungsvorschriften im Anhang;
- Einführung einer Berichterstattung zur Internal Control (Rule 404);
- Gründung des Public Company Accounting Overright Boards (PCAOB);
- ausgedehnte Strafen für betrügerische und kriminelle Handlungen.

I. Geplante Änderungen auf Ebene der Europäischen Union

Am 21. Mai 2003 hat die Kommission den Aktionsplan zur Modernisierung des Gesellschaftsrechts und zur Verbesserung der Corporate Governance in der EU verabschiedet. Darin kündigte die Kommission an, die kollektive Verantwortlichkeit der Direktoren für Jahresabschlüsse und wesentliche nicht-finanzielle Informationen zu bestätigen, die Transparenz von konzerninternen Beziehungen und Transaktionen mit verbundenen Parteien zu stärken und die Offenlegung von Corporate Governance Praktiken zu verbessern.

Zu diesem Zweck wurde ein „Vorschlag für eine Richtlinie des Europäischen Parlaments und Rates zur Abänderung der Richtlinien 78/660/EWG und 83/349/EWG hinsichtlich der Jahresabschlüsse bestimmter Arten von Unternehmen und konsolidierter Abschlüsse" erarbeitet.

Der Entwurf sieht folgende Punkte vor:

Festlegung der kollektiven Verantwortung von Organmitgliedern

Die Mitgliedstaaten sollen garantieren, dass Organmitglieder gemeinsam zumindest gegenüber dem Unternehmen verantwortlich sind. Sie können zusätzlich die kollektive Verantwortung direkt auf Aktionäre und andere interessierte Kreise ausweiten.

Transaktionen mit nahe stehenden Personen

Bisher sind lediglich Anhangangaben betreffend einbezogene Tochterunternehmen vorgesehen. Künftig soll die Definition der nahe stehenden Person aus IAS 24 übernommen werden.

Die neue Regelung soll für sämtliche Unternehmen mit wesentlichen Transaktionen mit nahe stehenden Personen gelten. Den Mitgliedstaaten bleibt es überlassen, kleine Unternehmen von der Offenlegungspflicht zu befreien.

Der Entwurf sieht vor, dass im Anhang die Natur, der Geschäftszweck sowie der Betrag jeder Transaktion mit nahe stehenden Personen anzugeben ist, sofern diese wesentlich ist und nicht zu regulären Bedingungen erfolgte.

Transparenz von nicht bilanzierten Geschäften

Künftig sind verpflichtende Anhangangaben betreffend
- Art und Geschäftszweck der Geschäfte, die nicht in die Bilanz einbezogen sind, sowie
- die finanzielle Auswirkung dieser Geschäfte auf das Unternehmen

insoweit zu machen, als die Informationen wesentlich sind und die Einschätzung der finanziellen Lage des Unternehmens unterstützen.

Einführung einer Corporate Governance Erklärung

Im Entwurf ist vorgesehen, alle börsennotierten Unternehmen zu verpflichten, in ihrem Lagebericht eine Corporate Governance Erklärung aufzunehmen. Diese soll ein getrennter Teil des Lageberichts sein und ua folgende Informationen enthalten:
- einen Verweis auf den Corporate Governance Kodex, den das Unternehmen anzuwenden beschlossen hat,
- eine Erklärung, ob und zu welchem Ausmaß das Unternehmen dem Corporate Governance Kodex entspricht,
- eine Beschreibung des internen Kontroll- und Risikomanagementsystems des Unternehmens,
- die Funktionsweise der Hauptversammlung und ihrer wesentlichen Befugnisse sowie eine Beschreibung der Aktionärsrechte,
- die Zusammensetzung und Funktionsweise der Organe und ihrer Ausschüsse.

Stichwortverzeichnis

Die Zahlen beziehen sich auf Seiten.

Steiner/Jirousek

Index Internationales Steuerrecht

Betriebsstätten

2006. 598 Seiten. Br. EUR 99,–
ISBN-10: 3-214-01950-3
ISBN-13: 978-3-214-01950-1

Nachschlagen lohnt sich!

In Fortsetzung der bewährten Reihe „Index Internationales Steuerrecht" (bisher erschienen „Steueroasen", „Verrechnungspreise" sowie „Ansässigkeit und DBA-Auslegung") bietet das Handbuch „Betriebsstätten" einen **Überblick über das gesamte Quellenmaterial zum Thema Betriebsstättenbesteuerung.** Mehr als 3000 Fundstellen in- und ausländischer Verwaltungsentscheidungen, Judikate und Literaturbeiträge – strukturiert aufbereitet und mit Querverweisen versehen – sind enthalten. Dem lexikalen Charakter der Fundstellensammlung folgend, kommt es zu einer Abarbeitung aller relevanten Schlagworte wie zB „Bauausführung", „Montage/Vertreterbetriebsstätte", „Hilfsstützpunkt", „abhängiger Vertreter" oder „Verlustverwertung".